国家林业和草原局普通高等教育"十四五"规划教材

高等院校古树保护专业方向系列教材

古树生理生态

北京农学院　组织编写

江泽平　胡增辉　常二梅　主编

中国林业出版社

CHINA FORESTRY PUBLISHING HOUSE

内 容 简 介

《古树生理生态》教材共分为 10 章：第 1 章绪论，第 2 章古树生长发育与调控，第 3 章古树水分生理，第 4 章古树矿质营养，第 5 章古树光合作用，第 6 章古树呼吸作用，第 7 章古树次生代谢，第 8 章古树与环境，第 9 章古树群，第 10 章古树持续生长的生物学基础。教材通过图文并茂的形式，介绍了古树在长期生长过程中表现出的生理生态特征，结合现代植物学、生态学和环境科学等多学科的理论，阐述古树的生长机制、适应性以及与环境的交互关系。

本教材不仅可作为普通高等院校林学、园林、风景园林等相关专业本科生和研究生的理论基础教材，还可用作农林科技工作者及古树保护与管理人员的参考资料。

图书在版编目（CIP）数据

古树生理生态 / 北京农学院组织编写；江泽平，胡增辉，常二梅主编. — 北京 ：中国林业出版社，2025.

1. —（国家林业和草原局普通高等教育"十四五"规划教材）（高等院校古树保护专业方向系列教材）.

ISBN 978-7-5219-2989-8

Ⅰ. S717. 2

中国国家版本馆 CIP 数据核字第 202416NN26 号

策划编辑：康红梅
责任编辑：康红梅
责任校对：苏 梅
封面设计：北京钧鼎文化传媒有限公司
封面摄影：华熳鑫

出版发行：中国林业出版社
　　　　　（100009，北京市西城区刘海胡同 7 号，电话：010-83223120，83143551）
电子邮箱：jiaocaipublic@ 163. com
网　　址：https：//www. cfph. net
印　　刷：北京印刷集团有限责任公司
版　　次：2025 年 1 月第 1 版
印　　次：2025 年 1 月第 1 次印刷
开　　本：787mm×1092mm　1/16
印　　张：13. 75 印张
字　　数：335 千字
定　　价：59. 00 元

高等院校古树保护专业方向系列教材
编写指导委员会

孙振元(中国林业科学研究院)

王小艺(中国林业科学研究院)

杨传平(东北林业大学)

杨光耀(江西农业大学)

杨志华(北京市园林绿化局)

张齐兵(中国科学院植物研究所)

赵良平(国家林业和草原局)

《古树生理生态》编写人员

主　　编　江泽平　胡增辉　常二梅

副 主 编　刘建锋　李　艳

编写人员　(按姓氏拼音排序)

常二梅(中国林业科学研究院)

丁　易(中国林业科学研究院)

代永欣(山西农业大学)

高文强(中国林业科学研究院)

葛　伟(北京农学院)

何祥凤(北京农学院)

胡增辉(北京农学院)

纪　敬(国家林业和草原局野生动植物保护监测中心)

贾子瑞(中国林业科学研究院)

江泽平(中国林业科学研究院)

李国敏(北京农学院)

李　涛(山西农业大学)

李　艳(北京农学院)

李　永(中国林业科学研究院)

刘建锋(中国林业科学研究院)

刘俊祥(中国林业科学研究院)

刘　雪(重庆市中药研究院)

王林龙(中国林业科学研究院)

王卫锋(山西农业大学)

吴　峰(贵州大学)

杨新兵(河北农业大学)

杨永川(重庆大学)

赵匡记(四川农业大学)

赵秀莲(中国林业科学研究院)

赵亚洲(北京农学院)

主　审　夏新莉(北京林业大学)

冷平生(北京农学院)

出版说明

党的二十大报告明确提出了从二〇三五年到本世纪中叶把我国建成富强民主文明和谐美丽的社会主义现代化强国。报告指出，我国的现代化是人与自然和谐共生的现代化，大自然是人类赖以生存发展的基本条件。尊重自然、顺应自然、保护自然是全面建设社会主义现代化国家的内在要求。报告强调"提升生态系统多样性、稳定性、持续性，加快实施重要生态系统保护和修复重大工程，实施生物多样性保护重大工程"。古树名木是有生命的"文物"，是生物多样性的重要组成，具有重要的生态、历史、文化、科学、景观和经济价值。加强古树名木保护，对于保护自然和社会发展、弘扬生态文化，推进生态文明和美丽中国建设具有十分重要的意义。

目前，全国范围内关于古树的研究还处于探索阶段，还有很多难题需要破解。第一，在古树资源方面，全国城市和村镇附近的古树名录基本建立，但古树的生境、生存状态等数据缺乏，特别是野外偏远的古树还有很多未登记在册。第二，在古树基础科学研究方面，整体研究水平比较薄弱，对古树的生物学与生态学特性与形成机制不够了解，这制约了古树保护及复壮技术的创新发展。第三，在古树保护技术方面，对新技术、新材料的开发和应用不够，甚至出现"保护性破坏"的现象。第四，在古树文化景观价值研究与应用方面，对古树文化的发掘和利用不够，不合理利用或过度旅游开发对古树资源造成了破坏。第五，在古树专业人才培养方面，缺乏专门的人才培养，导致古树保护从业人员鱼目混珠，技术人员缺乏。基于此，2020年北京农学院在国内率先设立了林学专业（古树保护方向），同时在林学一级学科下设立了古树专业硕士方向，并于2021年正式招生。我国部分高等学校和职业院校林业与园林相关院系正在推动古树保护专业建设和人才培养。因此，统筹全国各地的专业力量，系统构建古树保护的专业知识，编写出版古树保护专业教材势在必行。

由北京农学院牵头组织编写的高等院校古树保护方向系列教材列入了"国家林业和草原局普通高等教育'十四五'规划教材"，并成立了高等院校古树保护专业方向系列教材编写指导委员会，第一批将出版《古树导论》《古树生理生态》《古树养护与复壮》《古树历史文化》和《古树保护法规与管理》五部教材，教材内容涵盖古树资源与生物学基础、古树健康诊断与环境监测、古树养护与复壮技术、古树文化历史及古树法规与管理等。教材编写实行主编负责制，邀请高校教师、科研院所研究人员、行业专家、企业一线技术人员组成编写组，经过各编写组两年多的努力，并经古树保护专业方向系列教材编写指导委员会多次审定，该系列教材即将付梓。该系列教材的出版是古树保护专业方向建设和行业发展的里程碑，必将对推动我国古树学科与专业发展、推动我国古树保护事业发挥重要作用。该系列教材具有以下特点：

（1）科学性：系统介绍相关的知识原理与技术，内容与结构布局合理，著述严谨规范，逻辑性强，图文并茂。

（2）实用性：古树保护为应用学科，教材内容紧贴古树保护实践，聚焦技术与方法，既有理论层面更有应用层面。

（3）时代性：梳理当前古树保护中的问题与需求，反映国内外古树研究与技术最新进展。

（4）适用面宽：既可作为本科与研究生教材，又可作为从业人员的培训教材与工具书。

作为全国第一套古树保护专业方向教材，我们竭尽所能追求完美。但由于时间仓促和能力所限，恐难以完美呈现，真诚希望各位读者提出宝贵意见，以便今后不断完善提高。

北京农学院

2023 年 7 月

总　序

　　古树名木是自然界和前人留下来的珍贵遗产，是森林资源中研究树木衰老生理科学的宝贵资源，也是探究老树复壮科学技术的重要材料；当然，古树也是有生命的"文物"，具有重要的生态、历史、文化、科学、景观和经济价值。构建古树的研究与保护教材体系，是树木生物学的重要学术方向和尚需探索发展的科学学术领域，其囊括古树生物学、古树生态学、树木衰老生理学、古树养护与复壮应用技术、古树保护法规及古树文化等方面的知识。这一学术领域的开拓与建设对于加强古树名木保护、生态环境建设、弘扬生态文化、推进生态文明和美丽中国建设具有重要意义。

　　中华民族自古就有爱树护树的传统。党的十八大以来在习近平生态文明思想指引下，我国的生态保护与生态建设取得了举世瞩目的成就，古树名木保护工作也得到了前所未有的重视。2021年4月，习近平总书记在广西桂林毛竹山村考察时，看到一株800多年的酸枣树郁郁葱葱，他说："我是对这些树龄很长的树，都有敬畏之心。人才活几十年？它已经几百年了……环境破坏了，人就失去了赖以生存发展的基础。谈生态，最根本的就是要追求人与自然和谐。要牢固树立这样的发展观、生态观，这不仅符合当今世界潮流，更源于我们中华民族几千年的文化传承。"古树作为大自然对人类慷慨的恩赐，也是中华民族文明史的最真实的见证，在将生态文明建设作为中华民族永续发展战略核心的新时代，其生命会因我们的保护得以延续，其价值会因我们的重视得以发挥。因此，古树科学的探索和教材的编写及其相关人才的培养皆是生态文明时代的需求。

　　我国是世界古树名木资源最为丰富的国家之一，2022年第二次全国古树名木资源普查结果显示，全国普查范围内的古树名木共计508.19万株，其中，散生122.13万株，群状386.06万株。这些植物跨越人类文明的梯度、经历严寒酷暑的考验、目睹历史朝代的更替、接受自然灾害和人类干预的洗礼，不惧千磨万击、不畏风吹雨打，体现了树木生命力的顽强，也体现了树木衰老生理科学的自我维护能力。因此，编写古树保护系列教材，汇集古树生命科学研究成果和开创古树复壮科技人才培养，填补了我国林学和生态学古树领域的学术空白，完善了林业教学和林学学科的内涵。

　　随着科技进步和研究手段的创新，古树保护理论与应用技术必将不断地拓展，从关注古树形态表现向关注古树生理转变；从注重古树简单修补向关注植物衰老与复壮的基础生物学理论转变；从关注地上树体功能衰退向关注地上地下整体衰老与复壮联动机制转变；

从关注古树自身的复壮向探索古树与其周边生境的相互影响转变。总而言之，古树的保护和研究还是一个全新的领域，还有很多需要破解的科学问题。因此，即将出版的"高等院校古树保护专业方向系列教材"是我国首套古树保护专业方面的专业教材，难免有不足之处，望予指正。

中国工程院院士　尹伟伦

2023 年 8 月于北京林业大学

前　言

古树是弥足珍贵的种质资源，蕴含丰富的遗传信息和生态适应性特征。在新时代，古树是生态文明建设的重要象征，也是践行"两山"理念的重要载体。如何维持古树健康是古树保护的首要任务，其前提是要深入了解古树生长发育过程中的生理生态机制，并对古树与环境之间的关系有充分认知。因此，了解古树的生理生态机制对科学合理地开展古树保护工作具有重要意义。

国内外学者已在古树生长和环境适应性等方面开展了广泛的研究，发现古树的生理生态过程与生态环境的相互作用有其特殊性。目前国内已有的《植物生理生态学》《木本植物生理学》《植物生态学》等著作，均未就古树的生理生态进行系统和专门的介绍。在此背景下，北京农学院组织业内专家编写《古树生理生态》，作为林学古树保护方向系列教材之一，以期为古树保护专业人才的培养提供理论支持和实践指导。

本教材内容包括绪论、古树生长发育与调控、古树水分生理、古树矿质营养、古树光合作用、古树呼吸作用、古树次生代谢、古树与环境、古树群、古树持续生长的生物学基础，共 10 章。全书内容系统、全面，可作为林学古树保护专业方向的本科生、研究生教材和从事古树保护工作人员的参考书。

本教材由北京农学院组织编写，编写团队由来自 9 所农林高校和科研院所具有多年一线教学和科研实践经验的 25 位教师和科研人员组成。具体编写分工如下：第 1 章由江泽平、常二梅、胡增辉、纪敬编写；第 2 章由王林龙、葛伟、何祥凤、胡增辉、赵亚洲、赵匡记、李国敏编写；第 3 章由代永欣编写；第 4 章由刘俊祥编写；第 5 章由李涛编写；第 6 章由赵匡记编写；第 7 章由刘雪编写；第 8 章由高文强、李永、李艳、贾子瑞、赵秀莲编写；第 9 章由丁易、刘建锋、杨新兵、高文强、杨永川编写；第 10 章由常二梅、王卫锋、吴峰、杨新兵编写。全书由常二梅、胡增辉统稿。李艳、李国敏进行校对、图表排版。在教材编写过程中，许多专家、学者提出了宝贵意见和建议，并且参考了大量国内外文献和资料，谨此向所有作者和贡献者表示衷心感谢。

由于古树生理生态领域的研究内容广泛且发展迅速，限于编者水平，教材中难免存在疏漏和不足，祈望广大读者批评指正。

编　者

2024 年 8 月

目　录

第 1 章

绪　论

本章提要

　　本章介绍了古树生理生态的基本概念和主要研究内容，探讨了古树生理生态研究的独特性和研究方法，回顾了国内外古树生理生态研究的发展历程，重点分析了古树生长发育、防御机制及其环境适应性等方面的主要研究进展，并展望了古树生理生态研究的未来趋势，旨在为古树保护与可持续管理提供依据。

1.1　古树生理生态概述

1.1.1　古树生理生态定义

　　植物生理生态学（plant ecophysiology）是一门融合生态学和植物生理学理论和方法的学科，旨在通过植物生理学手段，揭示植物基本生命过程及其与环境相互作用规律。古树生理生态（ancient tree ecophysiology）是植物生理生态学的重要分支，主要研究树龄 100 年以上的古树在生长发育过程中的生理生态特征及其与环境相互作用的规律，旨在揭示古树如何维持生理功能的稳定性、适应环境变化，以及与生态系统相互作用的机制。

1.1.2　古树生理生态研究内容

　　古树生理生态是一个多尺度、跨学科的研究领域，其研究对象涵盖分子、细胞、器官、个体、群体和生态系统等多个层面，探讨古树形态特征、基本生理过程、资源利用、环境适应与胁迫响应，以及在森林群落和生态系统中的相互作用等方面的特性。古树生理生态主要包括以下研究内容：

　　①分析古树在营养生长、生殖生长、生长相关性、衰老和器官脱落等方面的特征，探讨这些特征与环境的相互作用机制；②总结古树在水分、养分、光照等资源利用方面的特性，探讨古树独特的生理功能和生存策略；③阐明古树如何适应环境（温度、降水、光照等），以及抵御逆境（病害、虫害、极端气候等）和应对人为干扰的机制，探讨古树在环境

胁迫条件下的生理调节与应激反应机制；④介绍古树群的结构特征、生长动态，分析古树群的组成和演替规律，以及古树与其他植物、动物、微生物的相互关系等，揭示古树在维持生态系统稳定性和生物多样性方面的重要性；⑤总结古树持续生长的生物学基础，探讨其适应性机制。

1.1.3　古树生理生态研究特点

①周期长　古树的生命周期跨越数百年甚至数千年，其生长发育过程受到遗传及环境因素的影响。要全面了解古树的生长规律，通常需要数十年甚至数百年的长期监测。

②多学科交叉　古树生理生态研究内容涉及植物生理学、生态学、遗传学等多个学科，需从分子、细胞、个体、种群和群落等多层面进行综合分析，探讨古树与环境的相互作用机制。

③独特性　古树具有独特的生长环境和遗传背景，表现出多样化的生理生态特征。例如，侧柏(*Platycladus orientalis*)和银杏(*Ginkgo biloba*)等树种经过长期进化形成了特有的生存和防御策略。

④方法特殊　古树体型庞大且具有重要的生态和文化价值，研究方法需科学且非破坏性。常用方法包括遥感技术和生长监测等，确保在不损伤树体的前提下获取数据。

⑤系统性　古树作为一个复杂的生命系统，其各器官和功能之间存在高度的协调性。因此，研究古树需要采用系统生物学的方法，整合多尺度和多层面的数据，以揭示古树的生态适应机制和对环境变化的响应。

1.2　古树生理生态研究方法

①生长监测　通过监测古树的树高、胸径、冠幅等生长指标，评估其生长速率和健康状况。采用树木年轮学方法，结合历史数据分析树龄和环境变化对古树生长模式的长期影响。

②生理生态指标检测　测定光合速率、呼吸速率、蒸腾速率、水分运输效率及营养元素[如氮(N)、磷(P)、钾(K)]的含量等，分析环境因子对古树生理生态功能的影响及其适应机制。

③生化物质含量分析　采用高效液相色谱(HPLC)、气相色谱-质谱联用(GC-MS)等技术，分析叶绿素、类胡萝卜素、植物激素等生化物质的含量，测定抗氧化酶活性探讨古树对环境变化的响应机制。

④分子机制解析　利用基因组学、转录组学、代谢组学等技术，分析古树在不同环境条件下的分子响应机制。利用宏基因组学，研究古树根际微生物群落的功能及其相互作用。

⑤遥感与无人机监测　综合运用卫星遥感、激光雷达(LiDAR)和无人机技术，获取古树空间分布、冠层结构等信息。利用光谱分析，估算叶片生理生态指标(如叶绿素含量、水分状况)，并进行大尺度生长状况和生态变化的动态监测。

⑥环境因子监测　通过气象站和传感器监测古树生长环境中的关键生态因子(如温度、降水、光照等)，分析微环境变化对古树生长的影响，建立长期生态监测数据库。

⑦群落与生态位分析　采用样方法、点格法等传统生态学方法，结合现代统计分析技术，研究古树在群落中的生态位，分析其与其他植物、动物、微生物的相互关系，揭示其在生态系统中的功能及生理适应策略。

⑧生态模型与预测　利用生态模型模拟古树在不同环境条件下的生长、发育和适应行为，评估气候变化、环境干扰或管理措施对古树生理生态过程的潜在影响。

1.3　古树生理生态研究史

古树生理生态作为植物生理生态学的一个重要分支，与植物进化、生态环境演变、生理适应机制及生物多样性紧密相关。植物生理生态学的研究核心在于揭示植物与环境间的相互作用及基本原理。1898 年，德国植物生态学家安德烈亚斯·弗朗茨·威廉·辛珀尔（Andreas Franz Wilhelm Schimper，1856—1901 年）在其经典著作《基于生理学的植物地理学》中强调了植物生理生态学研究的重要性，为后续的科学研究奠定了理论基础。近年来，随着多部植物生理生态学著作的出版，该领域的研究范畴得到了完善，同时明确了未来的发展方向。这些著作将植物视为独立的生物学实体，探讨了植物的形态结构、功能特性及其对环境胁迫的响应和适应机制，为古树生理生态研究提供了理论基础和科学方法。

在木本植物生长发育研究领域，树木生理学的开拓者科兹洛夫斯基（Kozlowski）和克莱默（Kramer）在 1960 年编写的专著《树木生理学》，后于 1979 年修订为《木本植物生理学》，被公认为树木生理学研究领域具有里程碑意义的著作。30 年后，帕拉尔迪（Pallardy）结合木本植物生理学领域的新进展和研究成果，对这部经典著作再次进行了修订，并于 2008 年出版了《木本植物生理学》（第 3 版）。《木本植物生理学》为研究木本植物的生长发育，特别是古树生理生态提供了参考资料。但相较于多数寿命较短的草本植物，长寿命树木生长过程的生理生态机制研究仍相对薄弱。

古树生理生态的起源可以追溯到古希腊时期，亚里士多德早在公元前 350 年就曾提出："我们需要找出树木具有长寿特征的原因"，这标志着早期学者对树木长寿特性的关注。20 世纪以来，学者们开始进行古树资源调查和形态特征记录，并逐步开展古树光合作用、水分利用效率等生理特性的研究。随着科学技术的进步和对生态环境认知的深化，近年来学者们在古树生理特性与环境变化相互影响领域取得了新的进展，推动了古树生理生态的快速发展。总体上，古树生理生态的研究可以分为 3 个发展阶段。

1.3.1　观察描述阶段

在 20 世纪初至中期，古树生理生态研究聚焦于古树资源的调查和形态特征的记录。学者们通过测量胸径、树高、冠幅等指标，分析了古树的生长与健康状态。这些研究揭示了古树的一些共性特征，如较长的寿命、庞大的树体以及相对缓慢的生长速率。在这一阶段，学者们通过对美国西部等地区古树的树龄、分布区域和数量进行调查，发现了当时已知树龄最大的长寿松（*Pinus longaeva*），其树龄超过 4700 年。这一发现拓展了人们对树木潜在寿命的认知，激发了学者对树木长寿机制进一步探索的兴趣。此外，研究还发现古树往往生长在人类活动较少的环境中，如崖柏属（*Thuja*）和杜松属（*Juniperus*）树木常见于北美和欧洲的垂直悬崖上,这些树种能够在贫瘠土壤、干旱和强风等极端环境条件下生长,展示了其强大的抗逆性和适应性,这些特征为理解古树的长寿机制提供了重要线索。1901年,A. E. 道格拉斯(Andrew Ellicott Douglass)创立了树木年轮学,为古树研究提供了新的方法。通过分析树木的年轮,学者追溯了古树的生长历史,并探究了气候变化对其生长的影响。这一方法为古树生理生态研究提供了宝贵的历史数据和新的研究视角。这些早期工作不仅提供了大量基础数据,还启发了后续的生理、生态和遗传学研究,为古树生理生态的发展起到了积极的推动作用。

1.3.2　理论方法初步形成阶段

20世纪中期到末期,古树生理生态研究逐渐从早期的形态调查深入到个体生理特性的探究。这一时期,研究重点聚焦于碳平衡、水分运输及衰老机制等问题,为理解古树的生理适应策略提供了新视角。这些研究得益于植物生理生态研究方法的进步,学者们采用气体交换测定、树液流动监测和稳定同位素分析等手段,探究古树的抗旱能力、耐寒性以及营养物质分配的动态变化,从而全面地理解古树的生理适应机制。值得注意的是,树龄对古树生理生态特性的影响成为这一时期研究的重要内容之一。随着树龄的增长,大部分古树呈现出相似的生理变化,如养分和水分含量下降,酶活性降低,膜脂过氧化程度加剧,光合能力减弱,激素及蛋白质含量显著下降,细胞保护机制受损以及代谢平衡逐渐失调。这些生理变化可能最终导致古树部分组织、器官乃至整株的衰老甚至死亡。通过上述生理研究,学者不仅揭示了古树随年龄变化的内在生理过程,还为理解古树在生命历程中维持生理平衡的机制提供了重要线索。诺登和利奥波德(Noodén & Leopold, 1988)对植物衰老(包括古树)的生理机制进行了总结,提出了几个重要理论,如氧化应激、端粒缩短假说、激素调控失衡及基因表达变化等,这些理论为"衰老理论"和"生长限制理论"提供了重要依据。

在古树与环境关系的研究中,学者们逐渐将视野从个体生理特性扩展到更宏观的生态系统层面,探讨古树与环境复杂的相互作用及其适应机制。这一领域涵盖了多个方面,包括气候变化响应、生物间相互作用、形态结构适应、种群动态及适应性进化等,重点研究了古树在应对环境胁迫时表现出的复杂生理响应。在干旱和高温条件下,古树通过调节气孔开闭来平衡水分损失和碳获取,如古树的根系展现出强大的调节能力,能适应水分的变化,木质部的水力学特性在水分运输和维持方面也起着重要作用。叶绿素荧光技术被广泛应用于评估古树光合能力对温度胁迫的响应,叶绿素荧光参数的动态变化可作为评估光系统Ⅱ效率的重要指标;通过测定分析超氧化物歧化酶(SOD)和过氧化氢酶(CAT)的活性变化,揭示了古树对氧化胁迫的部分防御机制;古树根际共生微生物,特别是菌根真菌的多样性(如外生菌根和丛枝菌根真菌的种类和数量)在古树抗逆性及养分吸收中发挥作用。学者也探讨了古树种群的长期动态和适应性进化过程,为理解古树的生存策略提供了依据。朱蒂·莱温特(Judy Levitt, 1980)在这些研究成果的基础上,探讨了古树对各种环境胁迫的生理响应。这一时期的研究成果不仅深化了对古树个体生理特性的理解,还结合生态系统背景开展研究,为理解植物长期适应环境的机制提供了理论基础,也为古树生理生态的快速发展奠定了基础。

1.3.3 现代古树生理生态发展阶段

自21世纪以来，古树生理生态研究迈入了一个新的阶段，逐步深入到微观层面。这一时期，转录组学、基因组学和代谢组学等前沿组学技术得到了广泛应用，科学家们从基因层面解析古树长寿与适应性的分子机制。通过全基因组测序和比较基因组学分析，学者筛选出了长寿树种的抗胁迫、代谢调控、脱氧核糖核酸（DNA）修复及抗衰老相关的关键基因及其调控网络。对夏栎（*Quercus robur*）等长寿树种基因组的研究表明，核苷酸结合位点亮氨酸富集重复序列（*NB-LRR*）相关蛋白基因和受体样激酶（*RLK*）编码基因家族显著扩张，表明这些基因在环境适应中发挥着重要作用。古树的适应性进化不仅依赖于个体基因组的变异，还与表观遗传调控密切相关。如甲基化修饰、组蛋白修饰及非编码核糖核酸（ncRNA）在调控古树对环境胁迫的适应中也发挥了重要作用。此外，代谢组学研究揭示了银杏、侧柏等古树体内次生代谢产物（如酚类、黄酮类和类胡萝卜素）的动态变化，这些代谢产物在抗氧化、抗衰老及环境适应中起着重要作用。塞尔吉·穆内-博什（Sergi Munné-Bosch, 2018）提出的植物（包括古树）长寿整合性理论框架指出，古树的长寿特性是生理、遗传及环境因素相互作用和动态平衡的结果。这些研究为深入理解古树长寿与环境适应的分子机制提供了重要依据。

现代科技的进步不仅提升了古树生理生态研究深度和广度，还在古树生态适应策略、古树群落的生物多样性与遗传多样性，以及在土壤微生物群落对古树的影响等领域取得了重要进展。例如，欧洲温带森林树木的寿命与干旱程度呈负相关，在较干旱地区，树木的平均寿命通常比湿润地区缩短20%~30%；通过全球树轮分析，发现热带树木的寿命随温度升高而显著下降，揭示了气候因子对古树寿命的显著影响；全球范围内关于树木干旱适应机制的研究表明，长寿树种通过调节木质部结构和功能（如增加导管密度和减小导管直径）来适应干旱环境；利用微卫星标记技术研究表明欧洲南部古树群落仍保留了高水平的遗传多样性，这与物种的长期生存有关；通过单核苷酸多态性（SNP）分析发现，不同古树群体间（包括分散群体之间）存在一定程度的基因交流，这有利于维持种群的遗传多样性。此外，古树树洞、树皮及根际土壤中的微生物群落也成为研究的重点，研究发现根际微生物多样性与古树的生长速率和抗病能力呈正相关，阐释了微生物群落的组成及其在有机物分解、养分循环等生态功能中的积极作用。这些研究不仅拓展了古树生理生态学的理论体系，也推动了古树生理生态研究进一步发展。

1.4 古树生理生态研究展望

未来古树生理生态研究将重点关注以下关键科学问题。首先，将关注古树如何在长期生命历程中维持生理功能，并适应环境变化。古树衰老机制的研究将揭示古树衰老过程的生理和分子层面的变化，为延缓古树衰老提供参考。同时，非生物胁迫响应机制的研究有助于理解古树如何应对干旱、高温和污染等非生物胁迫，为提高古树抗逆性提供科学依据。这些研究不仅能够深化对古树生理生态机制的理解，还对古树保护具有重要的意义。其次，碳循环、水循环与生态系统服务的研究有助于评估古树在气候变化中的作用，并为制定生态补偿和保护政策提供科学依据。极端环境适应策略的探索将为理解古树如何应对气候变化，并为生态系统管理提供指导。遗传多样性与进化的研究能为古树基因资源保护和种群管理提供依据。古树群落动态与更新的研究能为理解森林生态系统的演替过程，并为古树群落保护提供理论支持。微生物群落互作的研究将为古树健康管理提供新思路，并深化对古树生态系统功能的理解。这些研究将为更好地保护古树，为应对未来的环境挑战提供解决方案。

在全球气候变化和人类活动日益加剧的背景下，探讨气候和人为因素对古树生长、分布及生态功能的长期影响具有重要意义。气温升高、降水模式改变及极端气候事件频发，已对古树的生长和分布产生了显著影响。未来的研究将重点关注古树的水力结构特性，揭示其在水分管理、蒸腾优化和抗干旱等方面的机制，进而阐明古树在极端气候条件下的生存策略。在城市化进程中，温度波动、环境污染和空间限制等胁迫因子对古树健康状况、生命活动及生理生态过程的影响日益显著，也将成为未来研究的重点内容。这些研究对于理解古树的适应能力与生态角色，以及制定保护和管理策略具有理论和实践意义。

随着现代技术的快速发展，古树生理生态研究领域不断引入多样化和精细化的研究方法与技术，为探究古树的适应机制和健康状况提供重要支撑。综合应用转录组学、代谢组学、功能基因组学和表观遗传学等技术，为揭示古树的适应机制提供了重要的研究手段。利用热红外成像、植物表型分析平台和稳定同位素分析等技术，结合远程监测系统，可准确地评估古树健康状况及其对极端气候的变化响应。非破坏性检测技术，如核磁共振成像（NMR）和电阻率成像（ERI），可用于监测古树树干和根系的水分动态、内部结构健康及稳定性，为古树的动态评估与精准养护提供数据支持。高分辨率遥感技术（如航空激光雷达LiDAR、卫星遥感和无人机遥感技术）可用于分析古树的空间分布、面积变化和生长趋势，监测其健康状况及自然灾害影响，并构建预测模型，提升古树生态研究的广度和精度。这些技术的应用不仅能深化人们对古树生长过程、群落动态及环境响应的理解，也为古树的保护与可持续管理提供科学依据。

古树生理生态研究正逐步向跨学科协同方向发展，整合植物学、生态学、气候学、微生物学、遥感技术和人工智能等多学科知识，可更全面解析古树的生理生态过程及其环境适应性。结合基因组数据与生理数据，解析与抗逆性及长寿相关的关键基因及其调控机制，可为揭示古树长寿与环境适应分子机制提供新的理论依据。整合遥感数据与地面实测数据，监测古树在不同环境条件下的生长动态，评估其对气候变化及极端天气事件（如干旱、热浪、寒潮等）的适应能力，能为理解古树的生理响应提供科学依据。在试验与模型研究相结合的基础上，探索土壤—植被—微生物系统的协同作用机制，进一步揭示微生物共生在促进古树养分吸收和提高逆境适应性中的作用，可为制定科学的古树保护和恢复策略提供理论支持。

小 结

本章介绍了古树生理生态概念和研究内容，回顾并概述了国内外古树生理生态的研究进展，特别是在古树生长机制、生态功能和环境适应性等方面的内容。同时，本章通过分析研究趋势和未来研究方向，为后续各章节的深入探讨奠定了基础，有助于读者更好地理解古树生理生态研究的核心内容和背景。

思考题

1. 古树生理生态的研究特点是什么？
2. 古树生理生态的研究内容是什么？
3. 古树生理生态分为哪几个研究阶段？

推荐阅读书目

植物生理生态学(第 2 版). 蒋高明等. 高等教育出版社，2022.

植物衰老及其调控. 陆定志等. 中国农业出版社，1997.

植物衰老生物学. 宋纯鹏. 北京大学出版社，1998.

第 *2* 章

古树生长发育与调控

本章提要

本章概述了树木生长发育过程，探讨了古树器官生长发育的特点，结合生态环境因素的影响，以及营养生长和生殖生长的相关性及其调控机制，揭示了古树在应对环境变化时的特殊适应机制，分析了其生命周期各个阶段的特点，并阐释了古树衰老和器官脱落腐烂的规律。本章为了解古树的生长状态及采取合理的保护手段提供了理论依据。

树木的生长和发育是其生命过程中最重要的活动，涵盖从种子的发芽、营养组织的形成、生殖器官的形成、开花、授粉、受精到结果，最终步入衰退和死亡的全过程。基因遗传和周围环境等因素导致不同树种从幼苗到老树的时间跨度不同。树木的生命周期包括幼年期、青壮年期、成熟期和衰老期。古树之所以能在持续变化的环境中生存，是因为其生长和发育具有一定的独特性。

影响树木生长的因素主要包括遗传特性和环境因素，不同的树种生长速率不一。如桉树(*Eucalyptus robusta*)和毛白杨(*Populus tomentosa*)等速生树种生长迅速，但寿命较短；而长寿树种如油松(*Pinus tabuliformis*)、侧柏、银杏等的生长速率相对缓慢，更有可能成为古树。树木生长受环境条件的影响，如我国南方地区阳光充足、气温适宜，树木的生长速率通常快于北方。干旱、土壤贫瘠等不利环境会减缓树木的生长，海拔也会导致树木生长表现出显著的异质性。在低海拔地区，由于气温较高、降水充沛且无霜期较长，尽管气候条件较为宜人，但树木之间的竞争相对激烈，会导致生长速率较缓和胸径较小。相反，在高海拔地区，环境较为开阔，树木间的竞争较小，心材面积相对较大，树木胸径通常较粗。

对于单株树木而言，尽管环境因素可能导致生长速率波动，但整个生长周期通常保持一定的稳定性，其生长模式呈现典型的"S"形曲线(图2-1)：随着树龄增长，生长速率较为缓慢，而后逐渐加快，最后又趋于放缓。树木在生长初期，即幼年期，生长缓慢；进入青壮年期后，生长速率显著加快，表现为指数增长；成熟期到来时，生长速率放慢，甚至停止。在整个生长过程中，树高、胸径和材积的增长并非完全同步。早期，树高和胸径的增长较为迅速，而到了生长的中后期，材积的积累速度则显著加快。

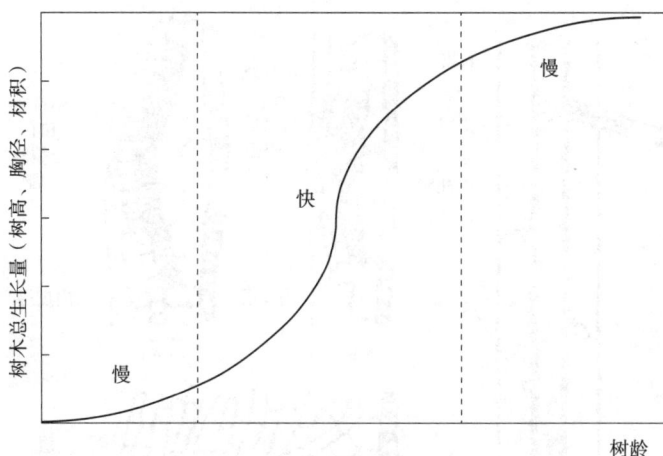

图 2-1　树木生长曲线

2.1　古树营养生长

2.1.1　树木营养生长概述

根据树木器官功能的不同可将其划分为营养器官和生殖器官。根、茎和叶等统称为营养器官，其生长构成了营养生长，这是包括树木在内的植物生长发育所必经的阶段，能为生殖生长积累必要的营养。

2.1.1.1　树木根系结构特征

树木根系是树木与其周围环境进行物质和能量交换的主要器官，具有吸收、传输、存储、固定与支撑等多种功能，其中吸收功能尤为重要。根系从土壤中吸收养分和水分，为树木的生长发育过程提供必需的原料（吴楚 等，2004；孙启祥和张建锋，2007）。作为植物营养生长的一部分，根系的生长是当前国内古树研究的热点之一。

根据根在植物上发生部位的不同，可以将植物的根分为主根、侧根和不定根。植物的主根由种子胚的胚根或根分生组织发育而来。当主根生长一段时间，会在主根上形成分支，分支继续生长可再形成分支，即为侧根。当侧根发生时，几个中柱鞘细胞变成具有分生组织活性的细胞，并且进行平周分裂，产生的细胞继续平周分裂和垂周分裂，进而形成穿过内皮层、皮层和表皮的突起的侧根原基（图 2-2）。侧根原基细胞继续分裂、生长，逐渐分化出侧根的根冠和生长点。生长点细胞的分裂和生长所产生的根冠分泌物溶解母根的皮层和表皮细胞，使根冠突破主根系组织表面深入土壤。

由胚根发育而来的主根和侧根称为定根。当一些植物生长在特定的环境、主根生长受损或生长停止时，会在胚轴、茎、叶或老根等不同部位生长出根系，这些根发生的位置不固定，称为不定根。侧根和不定根又称次生根。此外，根据直径可以将树木的根分为粗根和细根。直径大于 2mm 的根为粗根，直径小于 2mm 的根为细根，包括菌根和较大根系顶端直径小于 2mm 的节段。但是不同树种根系生长特性不同，可综合直径、根序等因素来定义细根。

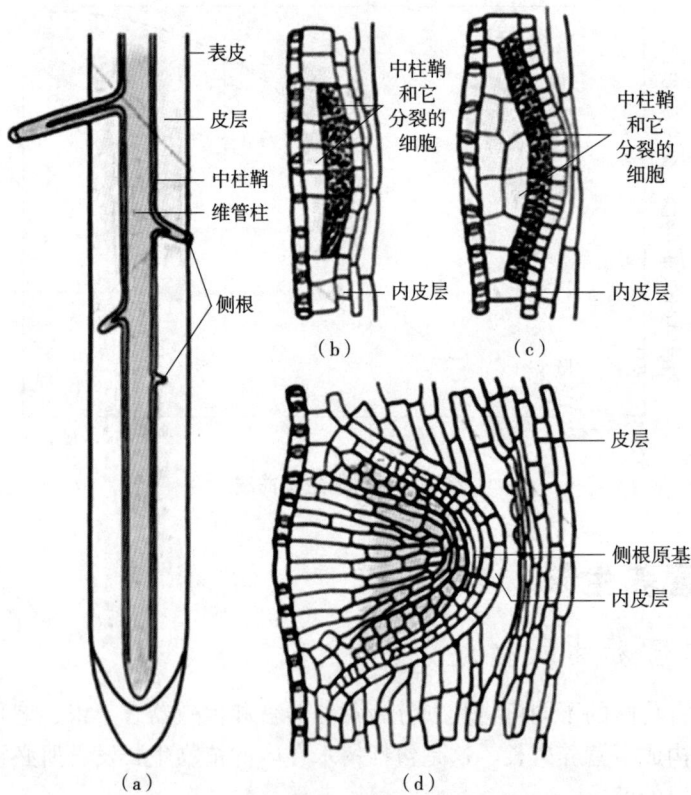

图 2-2　侧根的发生(马炜梁，2015)

(a)侧根发生图解　(b)~(d)侧根发生各时期细胞图

细根的快速更新是树木中碳和养分从植物体向土壤流动的主要途径。细根的生长受环境和植物个体遗传因素的影响。对苏格兰东北部野生樱桃(*Prunus pseudocerasus*)细根存活和寿命的研究发现，树龄和季节对根系产量的影响较为复杂。欧洲桤木(*Alnus glutinosa*)和夏栎(*Quercus robur*)的细根长度、表面积、体积和根尖数随林龄的增长而增加，直到 50 年左右达到稳定状态，但欧洲水青冈(*Fagus sylvatica*)的这些指标则随林龄的增长而降低(Jagodziński et al.，2016)。

2.1.1.2　树木枝干结构特征

被子植物的树干由树皮、形成层、木质部和髓心组成。

典型的成熟树干形态表现为一个渐细的木质圆柱状，由一系列连续的年轮层组成，它们逐年累积并依次叠加，形成多个重叠圆柱组合结构。树皮覆盖在最外面，将这些圆柱围起来(图 2-3)。树皮通常分为外表皮、周皮和韧皮部。外表皮，又称死皮，由角质化的细胞组成，颜色通常较深，起着保护树木不受外界因子影响及抵御机械损伤的作用。周皮是树干加粗生长时代替外表皮起保护作用的次生保护组织，可控制水分散失，防止病虫害以及外界因素对树体内部组织的损伤。韧皮部是活组织，由韧皮细胞和筛管细胞构成，在树木生长过程中负责将叶片通过光合作用合成的营养物质运输到其他部位。

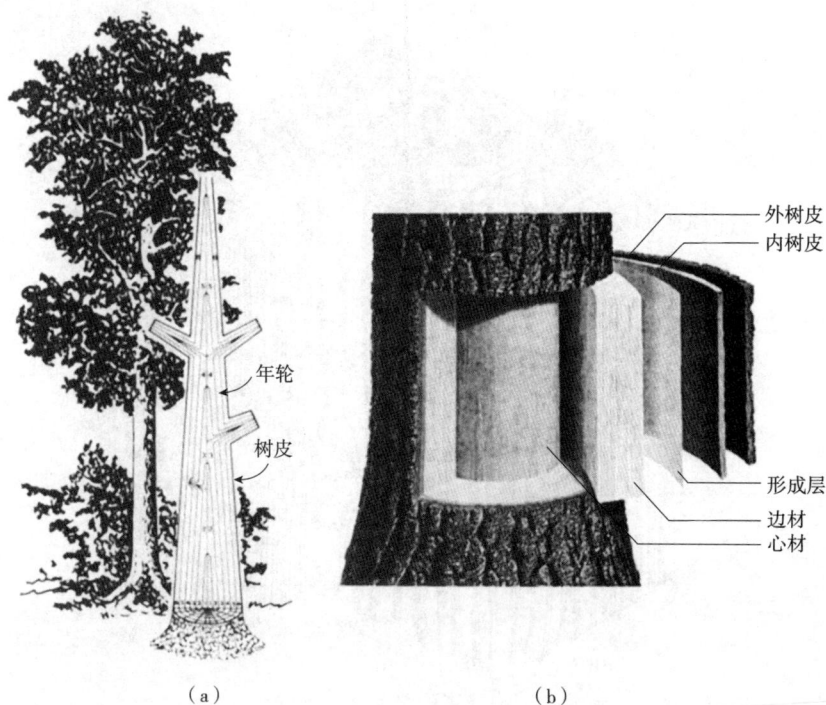

图 2-3　树木茎干结构（Stephen，2008）
（a）树干纵切图　（b）树木茎的一般结构

　　形成层由位于木质部和韧皮部之间的一层或几层具有旺盛分裂能力的细胞组成，这些细胞向外分裂生成新的韧皮部，向内分裂形成新的木质部，表现为树干的径向生长。

　　木质部由心材和边材组成，位于树干中心的老化木质部称为心材，颜色较深，主要起增加机械强度和支撑树干作用。心材通常较硬，不再参与水分和营养物质的输送。边材是心材外围的活跃木质部，负责输送水和矿物质。边材比心材更年轻，颜色通常较浅。韧皮部位于木质部外侧，主要负责运输光合产物。边材中薄壁细胞组成横向木射线，可以贮存营养，此外，许多木本植物还有由轴向薄壁细胞组成的竖直纵向木射线。边材中平均有10%的细胞是活细胞。

　　髓心位于树干的中心部位，被木质部包围。髓心的形状、大小、颜色、构造等因树种的不同而异，是识别木材的依据之一。多数树木的髓心在横切面上呈圆形或椭圆形，如马尾松（*Pinus massoniana*）、榆（*Ulmus pumila*）、色木槭（*Acer pictum*），但也有其他形状，如枫香树（*Liquidambar formosana*）树干髓心为星状，大叶黄杨的为菱形，白杨的为五角形。

　　在大多数裸子植物的树干中，木质部纵向结构主要由管胞、少量轴向的薄壁细胞和上皮细胞组成（图 2-4）。轴向薄壁细胞只存在于北美红杉属（*Sequoia*）和崖柏属植物中，在松属植物木质部中则不存在。还有一些裸子植物树干中存在散生的纵向或横向的树脂道，是由形成层发育而成的胞间隙形成的管道，具有分泌和输送树脂的功能。树脂道通常是松属、云杉属（*Picea*）、落叶松属（*Larix*）和黄杉属（*Pseudotsuga*）的特征。横生的树脂道仅在木射线中形成，在树干中相对较少。

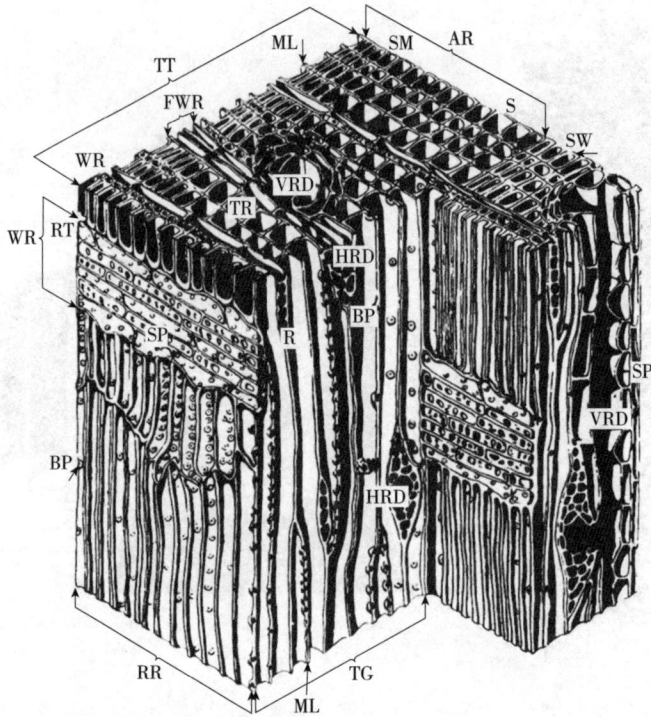

图 2-4 裸子植物木材的解剖构造(Stephen, 2008)

TT. 横切面　RR. 径向切面　TG. 切向切面　TR. 管胞　ML. 中层　S. 早材　SM 或 SW. 晚材　AR. 年轮
WR. 木射线　RT. 射线管胞　FWR. 纺锤射线　SP. 单纹孔　BP. 具缘纹孔　HRD. 横向树脂道　VRD. 纵向树脂道

　　枝条是从树干延伸到树叶的分支结构。树干分支出主枝，主枝再分支出次级枝和小枝，树叶生长在小枝上。生长中的枝条由茎节和节间组成，叶片着生在茎节处。通常茎节也指长枝条或轮生枝着生的茎段，节间是相邻两个节之间的茎段。枝条顶端分生组织的分裂生长导致了枝条的伸长。枝条伸长是一个高度有序的过程，包括连续的细胞分裂和随后的细胞伸长。

　　枝条可依其生长位置分为顶生、侧生或基部生长的枝条。松属、石杉属(*Huperzia*)树木，以及夏栎和山核桃(*Carya cathayensis*)等枝条的生长起点是主干或侧枝顶端的顶芽。单轴分枝的树种每年通常只有一个顶芽能开放，有时也会相继形成两个或更多的芽在同年开放。合轴枝条的树种，伸展的枝条来自次级轴，当枝条顶端出现生殖结构或枝梢枯萎时，往往引发合轴生长。

2.1.1.3 树木叶片结构特征

　　叶片是植物进行自养的主要器官，可利用光能固定碳，为植物的生长发育积累所需养分。叶片的生命周期是以叶原基为起点，在生长发育过程中不断进行光合作用以累积养分，最后受环境因子的诱导进入衰老阶段，在形态、生理和分子水平上发生一系列变化，并最终凋落。典型被子植物的叶片通常是由叶柄支撑，形状宽而扁，内部含有叶肉组织，外部由上下表皮包被(图 2-5)，外表面由蜡和角质组成的角质层覆盖。角质层的厚度常为 1~15μm，由一层果胶固定在表皮细胞上。叶肉组织中存在充裕的细胞间隙，通过表皮上

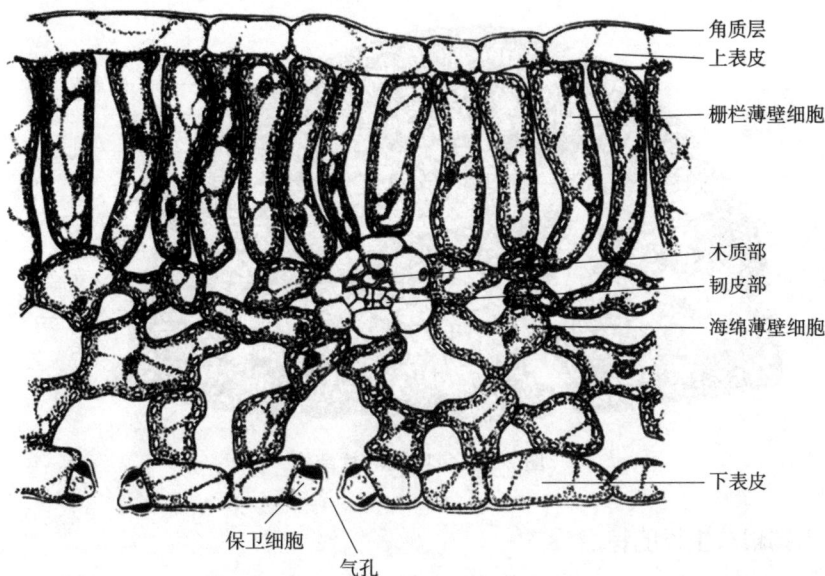

图 2-5　阔叶树叶片结构（Raven et al.，1992）

开放的气孔与外界进行大气交换。

气孔由两个特殊的保卫细胞和两者间的孔道组成，是植物以水蒸气形式散失水分的主要通路，同时，二氧化碳（CO_2）可以通过气孔渗入叶片内部，用于叶肉细胞进行光合作用。叶肉细胞通常有两种类型，一种是靠近上叶面的柱状栅栏薄壁细胞；另一种是靠近下叶面的形状不规则的海绵薄壁细胞。最上面的一层栅栏细胞最长，而最内层的栅栏细胞在大小和形状上有时与海绵薄壁细胞相似。尽管栅栏细胞排列很紧密，但是其垂直的细胞壁大部分暴露于细胞间隙。

叶脉通常由一至数根维管束构成，薄壁组织组成的维管束鞘包裹在维管束外层。叶脉布满叶肉组织，负责运输碳水化合物、水和矿物质。叶肉组织中小细脉的主要作用是从叶肉细胞收集光合产物。随着叶脉变粗，其功能从最初的收集光合产物转变为从叶向不同的库（利用的部位）转运光合产物。

针叶植物叶片具备厚实的表皮细胞壁以及小的细胞腔，并且排列紧凑，被较厚的角质层所覆盖。在表皮之下，存在 1~3 层木质化的厚壁细胞层，称为下皮层。此外，叶片的气孔装置呈纵向排列，并且保卫细胞下沉，副卫细胞表现为旱生叶结构，呈拱顶状。在叶肉中，还分布树脂管道。叶子的中央位置有一条叶脉，内含两束外韧维管束，周围是由管胞和薄壁细胞构成的传输组织。在这些传输组织的外侧，还有一层紧密排列的细胞层，称为内皮层（图 2-6）。

2.1.2　古树营养生长特点

古树作为处于老年期或衰老期的树木，其生长速率缓慢，有的古树一年只能增粗 1~2mm，树高增长也很有限，并且往往表现出不规律的间断性，生长期和休眠期交替出现，这可能与季节变化、水分供给等因素的影响有关。从幼树期到老年期，古树的生长模式会发生相应转变，幼年期表现为较快生长，到老年期则生长缓慢以持续生存。

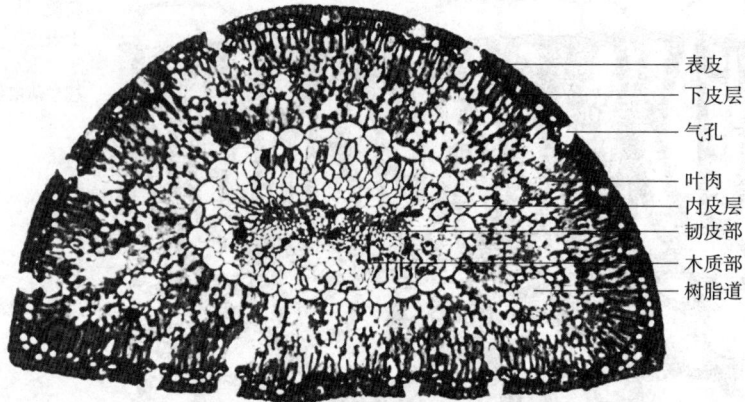

表皮
下皮层
气孔
叶肉
内皮层
韧皮部
木质部
树脂道

图 2-6　针叶树叶片结构

2.1.2.1　古树根系生长的特点

与大多数树木一样，古树的根系生长发育也经历主根、侧根、细根的生长，衰老及死亡 3 个阶段，主要有以下特点：

①古树的根系通常分布范围广，横向扩展距离远，有时甚至超过树冠垂直投影范围。广布的根系有助于古树稳固地扎根在土壤中，同时大幅增加了吸收水分和养分的范围。

②健康古树受损或老化的根系能够再生，重新长出新的根系，这是古树适应环境胁迫和保持长寿的关键机制之一。

③古树细根的生长在一年中呈现周期性变化。一般情况下，树龄较小的树木细根在秋冬季节大量周转更替并死亡，细根数量急剧减少，而古树的细根则容易在春季死亡（图 2-7）。

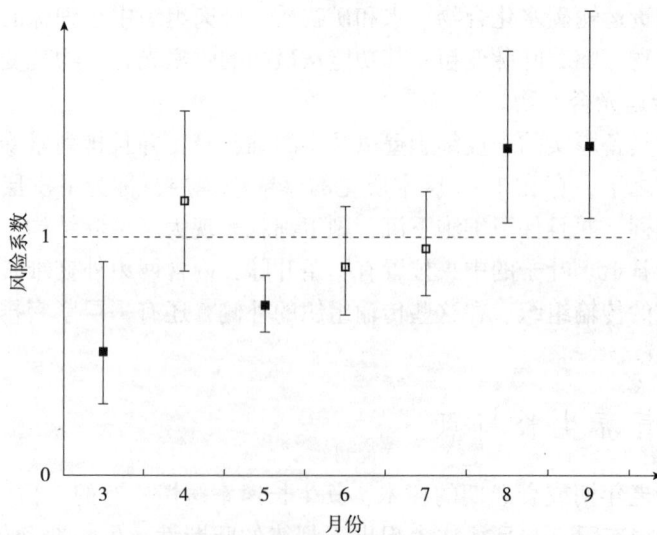

图 2-7　幼树（黑色）与老树（白色）根系月份风险系数
（Baddeley & Watson；2005）

④古树根系生长受到环境的影响，包括海拔、土壤营养元素和通气状况等。随海拔上升，古树根系生物量逐渐降低(姚冠男，2017)，而充足的营养对古树根系生长具有促进作用。土壤有效氮含量通过影响根系碳水化合物分配间接影响根系生物量，与古树根系生物量呈抛物线关系(Qiu et al.，2015)。通气状况较好的土壤有利于古树根系的生长，细根活力较强。

2.1.2.2　古树枝干生长的特点

(1)古树枝干形态变化

随着古树进入衰老期，生长速率减缓，枝干生长量减少，有些针叶树的树冠会逐渐"变平"(Greenwood & Hutchison，1993)。古树初级枝条通常会在达到最大高度时停止增高，枝条的生长和伸展也会变缓。有学者发现某些松树更容易辨别其树龄较大。如树龄较大的油松、黄松(*Pinus massoniana×thunbergii*)和黑松(*P. thunbergii*)顶端梢头生长量通常很少，当侧枝达到与顶端相近的高度时，树冠顶部趋于扁平。此外，随树龄增长，树干的分枝越来越粗，较低的分枝往往下垂，由高增长转变为加粗树干，树干生物量占林木总生物量的比例增加，而树冠层生物量(叶和枝)的比例逐渐降低，因此，与幼龄树相比，古树通常具有较粗的树干及相对较少的枝叶(Ma et al.，2015)。

(2)古树枝干解剖结构变化

树龄增长对树木茎枝结构的影响并不显著。在树木的整个生命周期中，形成层细胞保持着分裂的能力，即使在树龄为4700年的长寿松中，也没有发现形成层和树龄相关的变化(Connor & Lanner，1991)。不过在同一株古树树干中，离髓心较近的早期年轮宽度要明显大于外部年轮宽度，导致从髓心到树皮的年轮宽度呈下降趋势(Panyushkina et al.，2003)。大盆地长寿松的管胞直径、形成层功能相关的木质部和韧皮部等指标未与树龄表现出显著相关性(Lanner & Connor，2001)。树木的树皮随着树龄的增加逐渐增厚，如云杉胸高处的树皮厚度与树龄呈显著的正相关性(Sönmez et al.，2007)。树龄百年以上的北美巨杉(*Sequoiadendron giganteum*)树皮厚度平均达到30cm，最厚可以超过60cm。较厚的树皮不仅是树龄增长的自然结果，也是对环境胁迫(如火灾、寄生虫侵袭和机械损伤)的适应。健康的古树在生长过程中展现出较强的愈伤和再生能力，即使主枝被砍伐或自然断裂，也能通过生长新枝条和叶片来恢复受损部分。

形成层的活性往往代表了古树的持续生长能力。健康古树的形成层细胞往往保持着较高的活力和分裂能力，但随着树龄的增长，形成层逐渐变薄。健康古银杏的形成层在从200年开始至600年时仅略有减少，而平均横断面积增量随着树龄增长而持续增加，说明形成层保持了较高的分化能力(图2-8)。

2.1.2.3　古树叶片生长的特点

(1)古树叶片形态变化

树木生长发育过程中，叶面形态会随树龄增长而发生变化，叶片生物量也在树木步入衰老阶段时开始下降。在松林衰老过程中，叶重和叶面积随着林龄的增长而逐渐下降(Yoder et al.，1994)。树龄25年的欧洲赤松(*P. sylvestris*)年叶片增长量约为 0.25kg/m²，到树龄200年时降至 0.1kg/m²(Martínez-Vilalta et al.，2007)。随着树龄增长，红杉叶

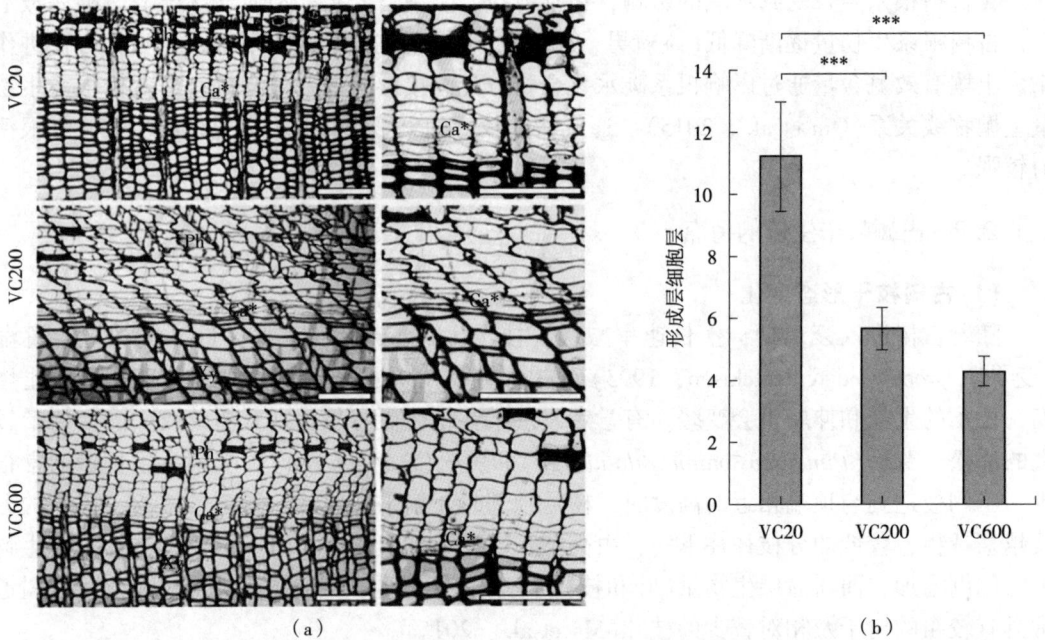

图 2-8　不同树龄银杏古树形成层结构(Wang et al. , 2020)

(a)不同树龄形成层带横切面　Ca*. 维管形成层　Ph. 韧皮部　Xy. 木质部(比例尺, 100μm)

(b)形成层细胞层数柱状图和误差条表示均值和标准差(n=3)

*** $P<0.001$；VC20、VC200、VC600 指树龄 20 年、200 年、600 年

片比叶面积减小，针叶宽度和长宽比增加(图 2-9、图 2-10)。与幼树相比，花旗松(*Pseudotsuga menziesii*)古树的针叶较短，维管柱较大，皮下细胞较多，光合叶面积平均减少11%(表 2-1)。

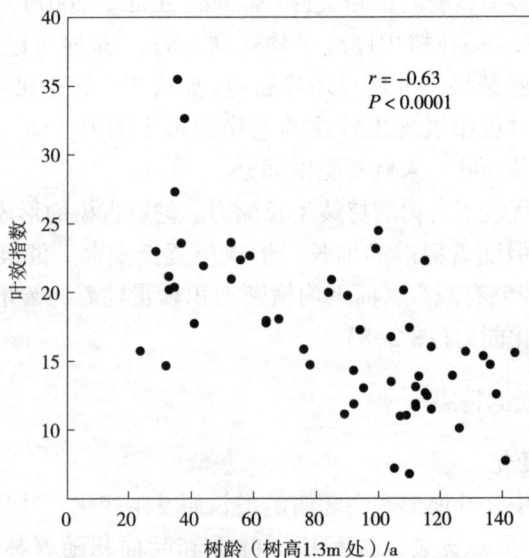

图 2-9　红杉树龄与叶效指数之间的关系(Michael, 2001)

叶效指数是指每单位叶质量的生物量(g)

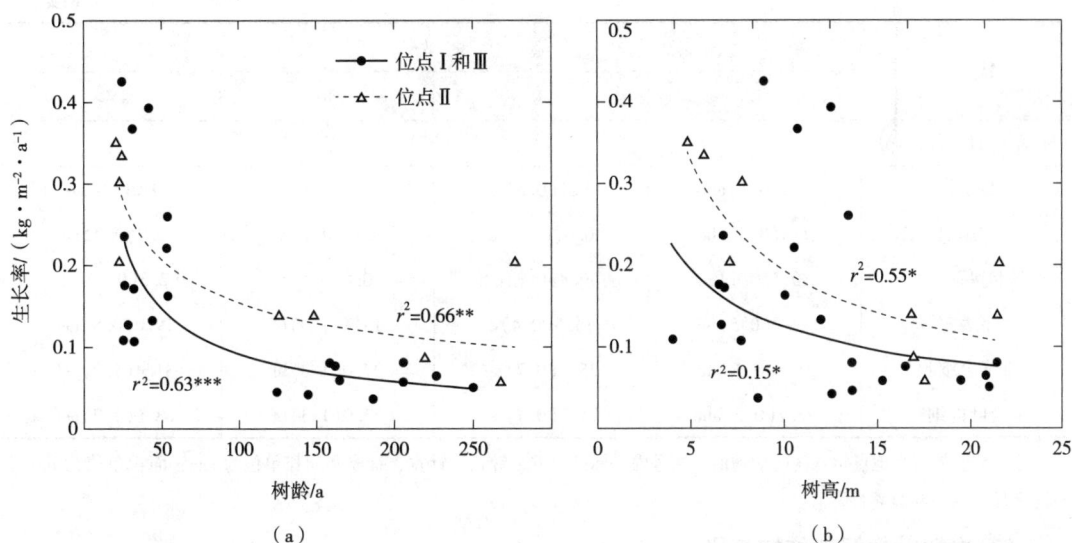

图 2-10　红杉生长率(十年间单位叶面积平均生长率)与树龄(a)和高度(b)之间的关系(Michael, 2001)

注: 不稀疏(Ⅰ和Ⅲ)和稀疏(Ⅱ)位点的数据分别用幂函数拟合

* 0.05>P≥0.01；　** 0.01>P≥0.001；　*** P<0.001

表 2-1　10 年、20 年、40 年和 450 年树龄的花旗松针叶的解剖参数比较(Martha-Apple, 2002)

特　征	树　龄/a			
	10	20	40	450
针　长	21.875(2.282)	23.340(1.056)	25.400(1.616)f	18.880(0.668)f
针　厚	0.430(0.019)abc	0.562(0.017)a	0.573(0.030)b	0.516(0.016)c
针　宽	1.282(0.057)c	1.265(0.016)	1.297(0.045)	1.095(0.038)cef
针厚/针宽	0.341(0.021)abc	0.365(0.016)abc	0.446(0.027)b	0.476(0.022)c
针圆度	0.683(0.018)abc	0.840(0.019)ad	0.792(0.014)bd	0.836(0.006)
横截面周长	3.060(0.135)	3.069(0.045)	3.210(0.115)	2.810(0.756)
横截面面积	0.493(0.039)	0.565(0.018)e	0.598(0.046)f	0.446(0.031)ef
叶肉面积	0.388(0.039)	0.428(0.015)e	0.455(0.045)f	0.319(0.024)ef
维管柱面积	0.035(0.003)ab	0.052(0.003)a	0.059(0.006)bf	0.043(0.004)f
树脂道面积	0.007(0.002)abc	0.003(0.002)ae	0.003(0.001)b	0.001(0.001)ce
皮下组织/切片面积	42.177(6.103)abc	112.920(7.871)a	133.497(7.929)b	123.812(6.499)c
下表皮区面积	0.068(0.003)abc	0.082(0.003)a	0.093(0.006)b	0.084(0.003)c
星状石细胞面积	0.006(0.003)ac	0.006(0.001)ae	0.004(0.002)f	0.01(0.002)cef
星状石细胞周长	0.082(0.041)ac	0.461(0.108)ae	0.328(0.141)f	0.812(0.128)cef
星状石细胞	0.200(0.105)ac	0.900(0.152)ae	0.580(0.211)f	1.940(0.266)cef
星状石细胞占比/%	22.0(10.2)ac	80.0(8.4)ad	48.0(13.9)df	96.0(4.0)cf

（续）

特　征	树　龄/a			
	10	20	40	450
横截面面积所占百分比				
维管柱	7.1(0.1)abc	9.1(0.5)a	9.8(0.4)b	9.6(0.4)c
树脂道	1.4(0.3)abc	0.6(0.02)a	0.5(0.1)b	0.2(0.02)c
星状厚壁细胞	0.1(0.1)c	0.8(0.3)e	0.8(0.4)f	2.5(0.3)cef
下表皮	13.2(0.5)bc	14.5(0.4)e	15.7(1.0)bf	19.0(0.8)cef
非光合细胞	21.8(0.5)abc	25.3(0.7)ae	27.0(1.3)bf	31.4(1.2)cef
光合叶肉细胞	78.2(0.5)abc	74.7(0.7)ae	73.0(1.3)bf	68.6(1.2)cef

注：数值是每个地点每棵树的平均值，括号内是标准误差。针长、针宽、针厚和周长单位为 mm，面积单位为 mm²，不同字母表示差异显著性。

（2）古树叶片解剖结构变化

随着树龄的增长，古树叶片的内部结构逐渐变得松散。对于阔叶树来说，随树龄的增长，叶片表面角质层和蜡质增厚，栅栏细胞排列先紧密后松弛，宽度先增大后减小，长度先伸长后缩短。例如，在 500 年树龄的古樟树（*Camphora officinarum*）叶片中，近轴面第二层栅栏细胞变为海绵组织状；800 年树龄时，新叶中的第二层栅栏细胞几乎消失。随树龄增长，古侧柏叶片的角质层和表皮变薄，树脂腔变宽，叶片变厚。古侧柏叶片中的光合细胞比例明显小于低龄树，并且叶片的厚度、角质层和表皮厚度随着长势的减弱而减小（表 2-2）。衰老针叶古树的树脂通道变宽且结构紊乱，严重影响了叶肉细胞的数量和分布，导致光合作用减弱。

表 2-2　不同健康程度的侧柏古树针叶的解剖结构参数（Zhou et al.，2019）

健康程度	叶片厚度/μm	角质层厚度/μm	表皮厚度/μm	海绵薄壁组织细胞厚度/μm	栅栏薄壁细胞厚度/μm	栅栏组织海绵组织比例	树脂腔宽度/μm
健　康	387.11±46.18c	5.68±1.29a	21.68±1.78a	36.53±2.40b	61.93±6.23b	1.70±0.21a	93.60±11.25c
亚健康	645.68±41.79b	3.91±0.84b	18.37±2.04b	30.75±3.10a	54.01±5.90c	1.77±0.25a	128.44±10.09b
衰　老	1009.85±19.83a	3.15±0.75c	18.74±2.82b	39.00±3.90a	68.56±7.12a	1.77±0.24a	252.93±29.21a

注：不同字母表示差异显著性。

（3）古树叶片亚细胞结构变化

健康古树的叶片细胞器结构随树龄变化并不显著。健康古树的新叶呈嫩绿色，叶绿体结构不完善，功能尚不成熟，而成熟叶片呈深绿色，叶绿体数量多。同一树种不同树龄的古树叶片细胞中的叶绿体大小和形态并无显著差异,超微结构基本一致(郑波 等,2006)。陕西黄帝陵古侧柏的叶片细胞结构与树龄的关系不大(表 2-3)。研究表明,对于健康的古树而言,树龄对叶片叶绿体结构的影响不显著。

表 2-3 不同衰老程度的古侧柏叶肉细胞亚细胞结构参数(Zhou et al.,2019)

衰老程度	线粒体宽度 /μm	线粒体数量	淀粉粒长度 /μm	淀粉粒宽度 /μm	淀粉粒数量
健 康	0.68±0.32a	10.1±2.08a	2.00±0.62a	1.10±0.53a	1.8±0.42a
亚健康	0.55±0.12a	8.0±1.15b	1.49±0.29b	0.78±0.23a	1.6±0.70a
衰 老	0.52±0.24a	6.0±1.15c	1.54±0.43b	0.79±0.30a	1.0±0.00b

衰老程度	细胞壁厚度 /μm	叶绿体长度 /μm	叶绿体宽度 /μm	叶绿体数量	线粒体长度 /μm
健 康	0.26±0.03a	3.67±0.61a	2.13±0.71a	5.3±1.25b	0.97±0.60a
亚健康	0.21±0.02b	3.55±0.54a	1.70±0.32a	4.7±0.48b	0.71±0.15a
衰 老	0.19±0.02b	4.19±1.14a	2.14±0.64a	9.7±0.95a	0.67±0.28a

在衰老古树中,叶肉细胞失去了正常结构,细胞壁变得又薄又弯,线粒体和叶绿体大量解体,液泡破碎。叶绿体结构的变化导致的叶绿素含量减少是古树衰弱的重要标志。在衰老的银杏和槐(*Styphnolobium japonicum*)古树中,叶片叶绿体基粒片层数量与清晰度下降,片层模糊(张艳洁 等,2009)。相比于健康古树,衰弱古树的叶绿体离细胞壁边缘较远,内含巨大淀粉粒,基粒数目受到限制,类囊体垛叠减少,致使光合作用下降,造成了古树生长势进一步衰弱。线粒体作为叶肉细胞中另一个重要的细胞器,在衰老古树中也发生明显变形,如嵴变小、基粒堆变薄等。在衰弱古树中,叶片细胞线粒体积累了大量活性氧(ROS),导致线粒体嵴的损伤,降低了线粒体产能率(Nemoto et al.,2000)。

2.1.3 古树营养生长与环境的关系

古树根系生长发育受生物与非生物因子影响,其中,生物因子如病原体等,非生物因子如海拔、营养元素、水分条件、土壤通气状况等。

2.1.3.1 古树营养生长与非生物环境

随树龄的增大,古树根系逐渐伸长,空间分布由土壤浅层朝向深层伸展,其根系分布、生长和形态特征显著受到土壤水分和养分影响。由于树木周围地下水和养分的分布存在空间异质性,根系受向肥性与向水性驱动,会向水肥充沛的区域伸展,而原方向的细根则会因养分减少而逐渐老化。

不同海拔地区的气候条件会对古树叶片生长产生影响。随着海拔升高,野生古茶树的叶片表皮厚度、角质层厚度、栅栏组织厚度、海绵组织厚度、主脉厚度等呈现增—降—增的变化趋势(王菲 等,2021)。

季节变化对古树叶片结构存在一定影响，这可能与光对叶绿体结构的维持作用有关。夏季日照长且强烈，叶绿体结构和功能得到充分发挥，而冬季日照短，古树代谢也较缓慢，叶绿体结构和功能受到限制。

2.1.3.2 古树营养生长与生物环境

病原微生物会引发古树病害，抑制其营养生长。通常情况下，一些病菌难以侵染树木根系，只有当树龄增长、树木抵抗力下降，或当树木遭受某种胁迫，病原物才可能侵染树木并引起根系的衰老或死亡（Wargo et al.，1993）。然而，也有些微生物有助于古树的生长，如使用外生菌根真菌——彩色豆马勃菌接种白皮松（*Pinus bungeana*）古树后，能加快其对土壤中氮、磷等营养元素的吸收，显著促进其生长（汤姚华，2013）。

2.2 古树生殖生长

2.2.1 树木生殖生长概述

植物的生殖器官包括花、种子和果实，因此这些器官的生长称为生殖生长。当植物营养生长到一定年龄以后，便开始形成花芽，进入生殖生长阶段，而后开花、结果，形成种子。花的发育是植物从营养生长向生殖生长转变的标志。种子是裸子植物和被子植物特有的繁殖体，由胚珠经过传粉受精所形成。果实是被子植物受精以后，由子房（或心皮）发育形成，是种子在其中发育并有助于种子传播的器官。

2.2.1.1 花的生长发育

花器官原基的形成标志着营养阶段转变为生殖阶段，此时茎端分生组织的活动发生改变，不再形成营养叶，而是产生花器官原基，其形状和内部结构也会发生变化，这个阶段的茎端分生组织称为花分生组织。花器官在花分生组织上的起源与叶相似，在茎端由外向内分别形成萼片原基、花瓣原基、雄蕊原基和雌蕊原基，进一步发育形成花的结构。

裸子植物的花分雄球花和雌球花，即小孢子叶球和大孢子叶球（图2-11、图2-12）。大多数裸子植物的两种孢子叶球生于同一株树上，如松属植物。但苏铁（*Cycas revoluta*）等雌雄异株植物的大小孢子叶球生长在不同的植株上。孢子叶球的发育通常是在传粉前，不同树种或生于不同立地条件的相同树种，其孢子叶球发育时间存在差异（尹伟伦 等，2011）。

花是适应于繁殖功能的变态短枝。典型被子植物的花由花萼、花瓣、雄蕊群和雌蕊群组成（图2-13）。最外层的花萼能保护幼花的内部结构。花瓣除了在花发育期对雄蕊和雌蕊有保护作用外，还能为花的开放提供伸展动力，且成熟的花瓣常常具有颜色，可以吸引昆虫等动物进行传粉。雄蕊由花丝和花药组成，是产生精子细胞的器官。雌蕊由子房、花柱和柱头等组成，子房是产生卵细胞的器官，双受精后发育成果实及种子（杨世杰，2017）。

2.2.1.2 种子的生长发育

种子大小的差异性，是植物适应环境和进化的结果（Moles et al.，2005）。作为植物的重要性状之一，种子大小也是植物生活史中的一个核心特征（Westoby et al.，1992）。随树

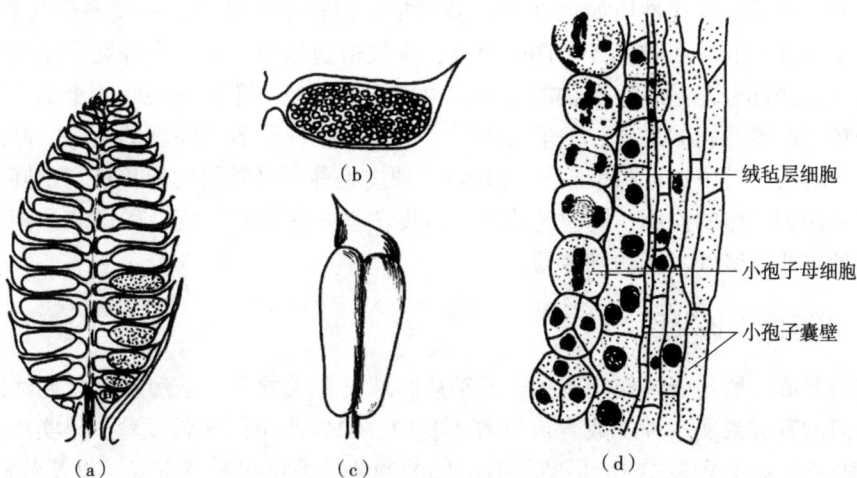

图 2-11 松属的小孢子叶球(周云龙 等，2016)

(a)小孢子叶球的纵切 (b)小孢子叶切面观 (c)小孢子叶背面观 (d)小孢子囊的部分切面

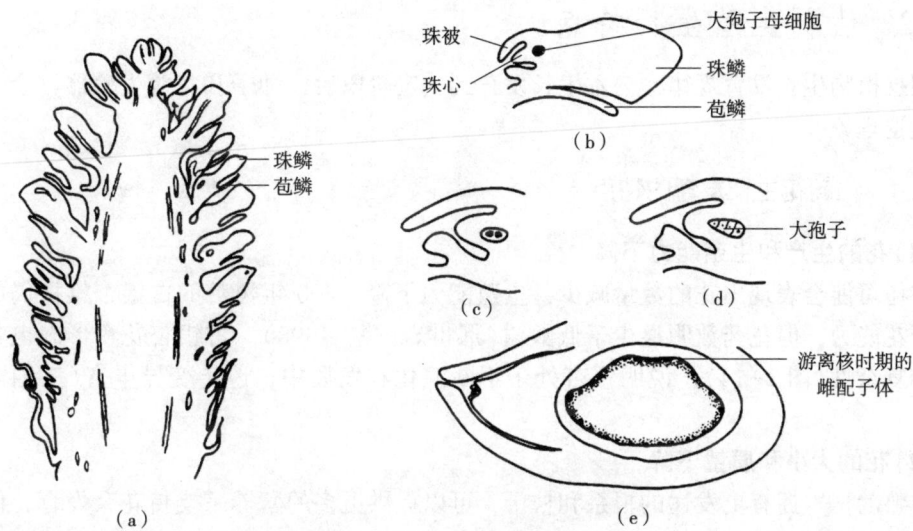

图 2-12 松属的大孢子叶球及其发育过程(周云龙 等，2016)

(a)大孢子叶球纵切面 (b)~(d)大孢子叶的纵切(示大孢子叶母细胞和大孢子的产生) (e)雌配子体游离核时期

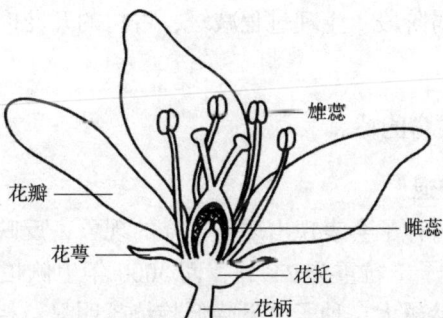

图 2-13 被子植物花的结构

木生长发育，种子的理化性质如何变化，特别是古树种子的活性，备受科研工作者关注。种子一般是由胚、胚乳和种皮 3 个部分组成，少数植物的种子还具有外胚乳结构。胚是构成种子最重要的部分，是新生植物的雏体，由胚根、胚芽、胚轴和子叶 4 个部分构成。胚乳是种子集中贮藏养料的地方，一般为肉质，也有成熟种子不具胚乳的情况，胚乳的养料被胚吸收，转入子叶中贮存(武维华，2018)。种皮是种子最外层的保护层，由胚珠壁发育而成，起到保护胚胎的作用，同时防止水分过度蒸发。种皮的厚度、硬度和质地因种子而异，有的种皮非常坚硬，有的则较薄。

2.2.1.3 果实的生长发育

果实的形成一般与受精作用有关，受精后胚珠发育成种子，子房新陈代谢活跃、生长迅速，进而发育成果实。种子败育或发育不良时，果实则不能正常发育。果实由果皮和种子组成，种子包藏在果皮之内。果实具有不同的颜色、香味和开裂方式，以及各种钩、刺、翅、毛等附属物。果实所有的特点对保护种子成熟、助力种子散布起着重要的作用。有些植物的子房可以未经受精就发育成果实，这种现象称为单性结实，此类果实中不含种子。

2.2.2 古树生殖生长特点

根据植物生长发育规律，树木生长发育到一定阶段后，种子和花等生殖器官会表现出功能衰退现象。

2.2.2.1 古树花生长发育的特点

(1)花的生产和生殖能力下降

古树可能会表现出花的数量减少，生殖能力下降。400 年树龄的古银杏雄株仍保持较强的开花能力，但花药数明显少于低龄树(邢世岩 等，1998)。古银杏花粉形态也具有多样性和复杂性(图 2-14)，说明银杏处于不断演化和发展中，遗传变异丰富(王国霞 等，2010)。

(2)花的大小和质量下降

成熟的树木拥有更发达的根系和枝干，可以提供更多的营养来支持花朵发育，使花朵更具吸引力。然而随着树龄的增长，古树资源分配的效率会随之降低，花朵获得的营养减少，导致花朵质量下降。

(3)花期和开花时间缩短

由于古树逐渐步入衰弱阶段，生理过程减缓，古树的开花时间会变得不固定，并且花期可能缩短。

2.2.2.2 古树种子生长发育的特点

(1)种子大小和质量衰退

随着树龄的增长，古树种子会表现出质量下降的现象，反映出老化过程中生理机能的衰退。如 20 年生侧柏的种子千粒重为 24.1g，而 3000 年生侧柏的种子千粒重为 23g(常二梅 等，2011)。此外，树龄越大，种子质量降低趋势越明显，树木种子质量波动增大，差异增加(图 2-15)。

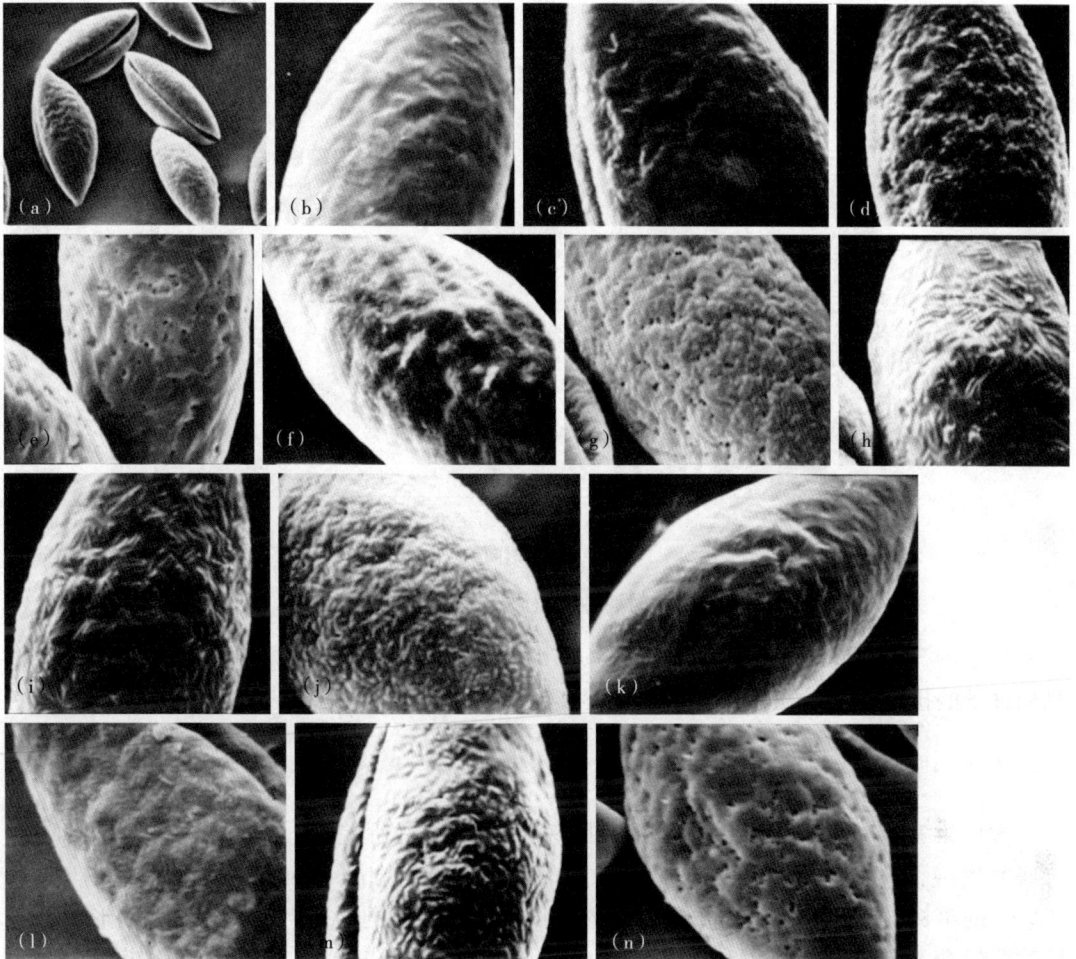

图 2-14　银杏古树花粉外部形态（王国霞 等，2010）

(a)×1500　[(b)~(n)]×6000　(a)银杏花粉　(b)较光滑型　(c)较粗糙型　(d)粗糙型　(e)无纹饰
(f)有凸起　(g)点状纹饰　(h)长条纹纹饰　(i)短条纹纹饰　(j)极短条纹纹饰　(k)条纹分布无规律
(l)无微孔　(m)少孔　(n)多孔

（2）种子发芽指数降低

种子发芽指数是反映种子活力的重要指标，随树龄增长，种子发芽指数逐渐降低。如红槲栎（*Quercus rubra*）、花楸（*Sorbus pohuashanensis*）、高加索冷杉（*Abies nordmandiana*）等树种的种子随树龄增长出现发芽指数降低和幼苗质量下降的现象（Monaghan et al.，2008）。20 年侧柏种子发芽指数显著高于 3000 年侧柏种子，说明 20 年生的侧柏种子活力旺盛，而3000 年生侧柏种子虽然保持一定的发芽率，但活力明显下降（常二梅 等，2011）。

（3）种子生理生化活性降低

随树龄增大，树木呈现衰老状态，自身的保护机制也逐渐减弱，从而影响种子生理生化特性。种子中的 CAT、过氧化物酶（POD）、细胞色素氧化酶和脱羧酶等酶活性会降低，蛋白质合成能力下降，细胞膜通透性增加，糖含量和其他代谢产物减少。此外，20 年生

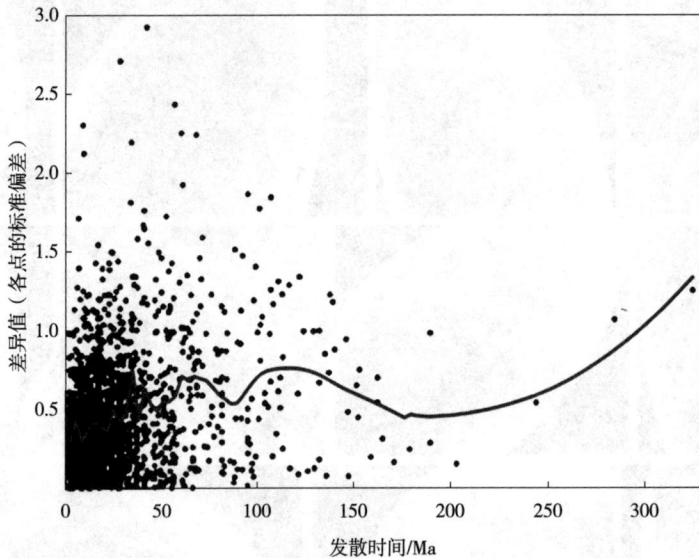

图 2-15　不同时期种子质量的差异(Angela，2005)

侧柏种子的 SOD、CAT、谷胱甘肽还原酶(GR)活性高于 3000 年生侧柏种子，说明 20 年生侧柏种子的抗氧化酶活性较高(常二梅　等，2011)。

2.2.2.3　古树果实生长发育的特点

古树果实生长发育与树龄的关系，因树种不同而有所差异，未呈现统一的规律性。有研究发现，花楸的果实重量与树龄呈显著负相关(Espahbodi et al.，2007)。树龄 100 年以上的枣树(*Ziziphus jujuba*)单果质量显著低于树龄 4 年的幼树，但其可溶性固形物和有机酸质量分数较高(陈薇宇和曹兵，2018)。然而，也有 130 余年树龄的苹果树(*Malus pumila*)，其每年的结果量显著大于树龄小的苹果树，并且单果质量和糖度也较高。而龙眼(*Dimocarpus longan*)古树果实品质性状表现出丰富的变异性，果肉厚度、多酚和维生素 C 含量的变异程度大。

2.2.3　古树生殖生长与环境的关系

环境因子，如纬度、海拔、降水、白昼时长等均会对古树开花产生一定的影响，主要体现在开花时间、花朵的形态和结构，以及繁殖成功率上。随着环境条件的变化，古树需要适应这些变化以保证其生殖生长。

(1)光照

很多树种依赖特定的光周期来诱导开花，即使长成古树也不例外。此外，光强可以影响花朵的大小、颜色和数量。

(2)温度

温度是调控古树开花的关键因素。春季的气温回升通常是触发树木开花的信号，而极端温度(过热或过冷)则会抑制花的发育。异常的温度波动会导致开花时间不同步，影响与传粉者的互动。2006 年对中国主要银杏产区的 33 株银杏古树进行物候观测发现，雄株开花时间从 3 月底到 4 月中旬，花期 3~7d 不等，从南到北相继开花(表 2-4)。

表 2-4　33 株不同地区银杏古树雄株开花时间表(王国霞 等，2013)

编　号	初花期/ (月.日)	盛花期/ (月.日)	终花期/ (月.日)	编　号	初花期/ (月.日)	盛花期/ (月.日)	终花期/ (月.日)	编　号	初花期/ (月.日)	盛花期/ (月.日)	终花期/ (月.日)
桂林 09	3.27	3.28~ 3.29	3.31	泰安 02	4.6	4.7~4.9	4.12	安化 01	4.5	4.6	4.7
随州 01	3.30	3.31~ 4.1	4.2	南雄 02	4.3	4.5	4.6	武夷山 01	4.8	4.9	4.12
通江 01	4.2	4.3~ 4.4	4.7	北京 01	4.15	4.16	4.18	略阳 01	4.9	4.10	4.11
都江堰 01	4.2	4.3	4.5	天目 01	4.4	4.5	4.8	康县 01	4.10	4.11	4.12
奉化 01	4.7	4.8	4.10	重庆 01	4.7	4.8	4.10	南京 01	4.2	4.3	4.4
嵩县 02	4.3	4.5	4.8	金寨 01	4.5	4.6~4.7	4.9	郯城 02	4.7	4.9	4.10
郯城 01	4.7	4.8	4.11	西峡 02	4.6	4.8	4.10	泰兴 02	4.7	4.8	4.9
宁国 01	4.2	4.3~4.4	4.5	广德 01	4.2	4.4	4.5	泰安	4.6	4.7~4.8	4.11
通江 02	4.3	4.5	4.7	长兴 04	4.2	4.4	4.6	桂林 06	3.28	3.29	3.30
安陆 01	3.28	4.1	4.2	邳州 01	4.8	4.9~ 4.10	4.11	青城山	4.5	4.6	4.7
南雄 01	4.2	4.3	4.6	泰兴 01	4.6	4.7~4.8	4.9	腾冲 01	3.25	3.26	3.28

(3) 水分

水分是古树生长发育的基础，缺水会限制生殖器官的发育，降低繁殖能力。过度的降水或干旱都会影响古树的开花和授粉过程，导致种子发育不良。树木的开花在季节性干旱期间受到抑制，而雨季的首场降雨能够缓解这种抑制。此外，旱季期间的异常降水增多会导致许多落叶物种在旱季开花，比常规雨季的开花时间提前数周甚至更长 (Borchert et al.，2004)。

(4) 土壤条件

土壤的肥力、酸碱度(pH)和团粒结构会影响古树对水分和营养的吸收，进而影响生殖器官的发育。此外，土壤中的微生物也对古树发育产生影响，某些微生物可以与古树根系形成共生关系，帮助吸收营养，从而对生殖生长产生间接作用。

(5) 海拔

古树生殖生长过程与海拔也存在一定的关系。研究表明，随着纬度和海拔升高，古银杏花期滞后，小孢子叶球数和短枝数降低，花药数和花粉质量明显下降。并且随海拔的增加，古银杏的散粉期不仅没有滞后，还有所增长(邢世岩 等，1998)。

2.3 古树生长相关性

树木的各器官既有精细的分工，又有密切的联系；既有相互依赖，又有相互抑制。一个器官的生长发育会影响到其他器官的生长发育，如根系影响叶片，叶片反作用于根系。树木各器官间这种相互依赖与抑制的现象称为相关性。树木在生长发育过程中通过在各器官间传递或竞争营养和信息物质而产生相关性，主要表现为营养生长相关性、营养生长和生殖生长相关性。

2.3.1 树木营养生长相关性

2.3.1.1 根与叶的相关性

①根部提供的水分和养分直接影响叶片的光合效率和生长状况。通常情况下，只有地下部分旺盛发达，吸收水分和营养物质的能力强，地上部分才能更好地生长。在光照充足而水分和养分限制的条件下，植物优先保证根系生长，以充分地吸收水分和养分；相反，在水分充足而光照不足的情况下，植物更倾向于叶的生长，以吸收更多的光能。

②根和叶之间通过各种植物激素和信号分子进行信息交流，以协调生长发育和响应环境变化。根系的生长依赖于叶片提供的生长素、光合产物和维生素等；叶片的生长则需要地下部分提供的水分、矿质元素和氨基酸等。根系和叶片通过维管束交换传递营养物质和信息物质。

2.3.1.2 茎与根、叶的相关性

①茎不仅支撑树木的结构，而且还负责输送根部吸收的水分和养分到叶片，以及将叶片通过光合作用合成的有机物输送到树木的其他部位。

②茎的生长受到根系和叶片生长的调节。当叶片接收充足的光照进行有效的光合作用时，产生的碳水化合物会输送给茎，促进茎的生长和分支，并形成顶端优势。顶端优势的表现程度因树种、树龄、树势、枝条着生角度及原来的枝、芽优劣而存在显著差异。

2.3.2 营养生长和生殖生长相关性

营养生长和生殖生长是植物生长中的两个不同阶段，通常以花芽分化作为生殖生长开始的重要标志，但是营养生长和生殖生长并不能彼此完全分开。

2.3.2.1 营养生长对生殖生长的支持

①营养生长为生殖生长提供物质和能量基础。叶片通过光合作用固定的碳水化合物为生殖生长提供碳骨架和能量，根则从土壤中吸收树木生长所必需的水和矿质元素。

②植物激素，如赤霉素、生长素和细胞分裂素等，在调节营养生长的同时，也影响生殖生长的启动和进程。如赤霉素可以促进花的形成，生长素在花器官发育中主要通过调控细胞伸长和分化，促进花芽形成和花器官的正常发育。

2.3.2.2 生殖生长对营养生长的影响

①当树木进入生殖生长阶段时，需要将大量的资源分配给生殖器官，这可能会暂时减缓营养生长。在某些情况下，这种资源的重新分配可能导致营养生长受到限制，尤其是在资源匮乏的环境条件下更为明显。营养生长过旺，枝叶对养分的竞争力增强，消耗大量的营养物质，进而影响生殖生长。当树木开花结果时，同化作用的产物以及无机营养同时要供给营养器官和生殖器官，会使树木生长受到一定程度的抑制。

②树木在其生命周期中会根据环境条件和内部调节机制，在营养生长和生殖生长之间达到平衡。良好的营养状态可以促进生殖生长；反之亦然，生殖生长也可以通过种子散播和种群扩张，间接促进种内营养生长对空间的获取。

2.3.2.3 生殖策略的适应性变化

随着树龄的增长，古树可能会经历生殖策略上的适应性变化，如调整开花时间、花朵大小或种子产量，以应对环境变化和资源可用性的波动。这些变化有助于提高生殖效率，确保在适宜的条件下繁殖，从而增加后代的生存机会。由于生殖资源分配策略不同，性二态植物的雄性植株比雌性植株具有更高的营养生长速率、更低的死亡率、更高的树高和更强的环境适应能力。雌性植株个体通常会进行开花和结实两个繁殖过程，而雄性植株个体则只需要进行开花过程。因此，雌性植株个体在消耗较多的生殖资源后，往往会影响营养生长，导致其营养生长速率低于雄性植株。

2.3.3 生长相关性主要理论

目前，关于营养生长与生殖生长关系的相关理论主要有生活史理论、碳水化合物的积累与分配假说、C/N 理论和营养亏缺理论等。

生活史理论认为，营养生长和生殖生长之间存在对有限资源的竞争，在营养充足的情况下二者同时进行，在营养匮乏时偏向生殖生长，而在资源过剩的情况下则倾向于营养生长。碳水化合物的积累与分配假说认为，在生殖生长启动后，特别是坐果后，营养需求中心由茎、叶转向花、果、种子，从而导致植物的营养流向生殖生长(图 2-16)。C/N 理论认为，C/N 高时植物偏向生殖生长，比值低时则偏向营养生长，但越来越多的研究证实比值升高主要影响生殖生长的质量，而非生殖生长的诱导因素。营养亏缺理论认为，树木的大量开花结实会极大地消耗其内部碳水化合物的储备，且主要消耗的是可溶性糖和淀粉等非结构性碳水化合物(张海燕 等，2013)。在此种情况下，补充足够可利用的资源，营养生长与生殖生长可以同步进行。

2.3.4 生长相关性对古树影响

古树各器官虽然形态结构和功能不同，但彼此之间具有一定的相关性，对古树的生长有重要的影响。

2.3.4.1 营养生长相关性对古树的影响

(1)古树根与叶之间的关系
①古树根对养分的吸收与叶片光合表现出很强的线性关系。古树叶片通过光合作用合

营养体　　　　　　　　　　　　　　　　生（繁）殖

初级源　　　　　　　　　　中间库　　　　　　　　　　　最终库
　　　　　　　　　　　　　次级源

有机:
CH₂O　　　叶

　　　　　　　　　　　　　　茎　　　　　　　　　果

有机:
MX　　　根　　　　　　初级加工同化物
　　　　　　　　　1. 可转移成分:　　　　　　　　→　　　集中大量的元素有机复合物
　　　　　　　　　　　储备物, 如淀粉、原生质与细胞器
　　　　　　　　　2. 固定成分:
　　　　　　　　　　　纤维素骨架
　　　　　　　　　　　沉积物, 如乳胶树脂

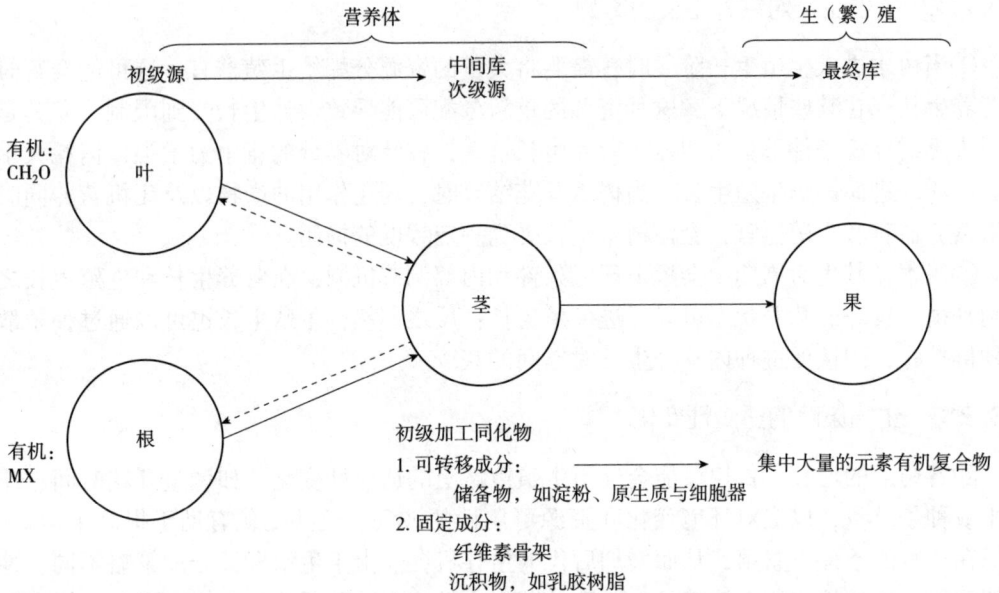

图 2-16　高等植物体内同化物在运输与转变中由源逐步向库转移
（娄成后和张蜀秋, 2011）

成碳水化合物, 为根系提供能量, 提高根系的活性; 根系通过吸收水分和矿质元素等促进光合色素的合成和光合作用的运行。

②古树细根和叶的生物量呈显著正相关。在不同树龄松林中的细根生物量和叶生物量呈显著正相关。落叶松 (*Larix gmelinii*) 单株细根和叶片的生物量、表面积之间也呈线性正相关。

③古树的营养器官生长相关性使其在面对环境变化时展现出强大的适应能力, 根和叶能共同响应环境变化, 协调生长。在水分不足的条件下, 古树根部会通过释放脱落酸, 引起叶片气孔关闭, 减少水分损失。在养分缺乏的环境中, 古树根部可以改变生长模式, 促进根毛的生长, 以提高对稀缺养分的吸收能力, 同时, 叶片减少生长, 以降低养分需求。此外, 古树也会通过调整根系深度和叶片结构来减少干旱环境下的水分损失。

(2) 古树根和茎干之间的关系

①古树根生物量、表面积与茎干生物量和体积之间呈较强的线性正相关, 表明根系营养吸收与茎干生长之间也存在密切的耦合关系。

②叶片通过光合作用制造的糖类和其他有机化合物通过茎干中的韧皮部向下运输到根部和其他非光合作用部位。碳分配到根的比例变化也被认为是树木衰老的一个潜在因素, 这表明根系质量或碳水化合物贮存总量减少, 进而导致古树生产力、气孔导度和叶面积的下降。

(3) 干和枝之间的关系

①对于古树来说, 其粗壮的茎干对上部树冠和树枝起着重要的支撑作用, 但随着古树树龄的增加, 树体抗性减弱, 易受风雨侵蚀和病虫侵害, 树干内部可能会产生空腐, 导致支撑力下降。

②大多数裸子植物(杉木、圆柏和银杏等)茎的分枝方式为单轴分枝,主茎上的顶芽活动始终占据优势,顶端优势会抑制下边分枝的生长,从上到下的侧枝生长速率出现显著差异,距离茎尖越近的侧枝受到的抑制越明显,使得树冠整体呈宝塔形。但随着树龄的增加,顶端优势减弱,因此,很多针叶古树树冠枝叶趋于平面化。

③古树主干和枝条的生长会根据环境条件进行调整。在光照不足的环境中,古树会增加枝条的长度和数量,有助于其更好地捕获光线,但过多的内部遮蔽也可能降低光合效率。

2.3.4.2　营养生长和生殖生长相关性对古树的影响

随着树龄的增长,古树在营养生长和生殖生长之间的资源分配会发生变化。为了维持健康状态和生长平衡,古树可能会调整其资源分配策略,优先保证营养器官的生长。花和果会消耗大量的营养物质,导致营养器官中的营养物质不足,因此,古树营养生长的生物量与结实量呈显著负相关。在古树生长过程中,需要平衡营养生长和生殖生长的关系,既要避免过早进入生殖生长阶段而出现早衰的现象,又要避免因为过多的生殖生长而对树体造成伤害。可以通过适当摘花疏果,减少生殖生长对养分的消耗,保证营养生长的养分供给。

2.3.5　古树生长相关环境响应

温度、湿度、光照、水分、矿质营养和地理位置等环境因子在调控古树营养生长和生殖生长过程中,通过影响土壤养分和水分的有效性及根的功能,进而影响根生物量的变化。它们既是生长发育的物质能量来源,又可作为调控生理活动的重要信号。

2.3.5.1　光照

古树通过调整其树冠结构来适应不同的光照条件,使光合作用的效率最大化。另外,古树叶片形态会根据光照进行调整,以优化光合作用和水分蒸腾速率。光照通过光强、光质和光周期的变化来影响古树营养生长和生殖生长的转换,例如,光周期在植物开花诱导过程中起关键作用,进而影响营养生长和生殖生长的平衡。

2.3.5.2　温度

温度是影响古树物候和生长节律的关键因素。在寒冷的环境下,古树会减缓生长,甚至进入休眠状态,直到环境条件再次变得有利时恢复生长。温度对古树生长的影响会因树种、生长阶段不同而有所差异。在生长季,银杏年轮宽度与高温呈负相关,因为高温导致水分胁迫,限制其生长。而在非生长季,较高的温度可能促进营养物质的贮存,导致年轮宽度增加,两者呈正相关。在生长季和休眠期前后,油松的生长与低温呈正相关,与高温呈负相关,并且冬季低温能够显著影响油松的生长。侧柏的生长趋势与当年的夏季气温呈负相关。

2.3.5.3　水分

在干旱条件下,古树会优先生长根系来寻找水源,同时通过调节叶片上的气孔开闭来减少蒸腾作用。另外，水分条件对古树的径向生长有显著影响。古银杏和古侧柏直径生长均与当年的降水量呈正相关。水分条件也会影响古树的生殖生长。水分胁迫会降低荔枝（*Litchi chinensis*）古树成花对低温的要求，在诱导成花后，需要进行灌溉才能够继续完成生殖生长（陈厚彬 等，2014）。

2.3.5.4　土壤养分

在土壤养分贫瘠的环境下，古树会通过扩展根系或与土壤微生物（如菌根真菌）形成共生关系，以提高养分吸收效率。在养分受限条件下，古树会调整其生长策略，优先分配资源到更需要的部位，以维持生存。如生长在西伯利亚冻土区的古树，会将更多的生物量分配到根系，使根冠比呈增加趋势（Meng et al.，2018）。

2.4　古树器官脱落和空洞

2.4.1　古树器官脱落

2.4.1.1　器官脱落的概念

器官脱落（organ abscission）是指植物为适应自然环境而发生的细胞、组织或器官与母体分离的现象。根据引起脱落的原因，可将脱落分为正常脱落、胁迫脱落和生理脱落3大类（郝紫微，2021）。古树器官衰老或成熟引起的脱落是正常脱落，这并不表示整株植物衰老，仅反映了局部器官的老化。由环境条件胁迫或生物因素（病虫害）导致古树器官不正常的脱落称为胁迫脱落。古树本身的生理活动，如营养生长和生殖生长竞争、源与库不协调等造成的器官脱落称为生理脱落。胁迫脱落和生理脱落都属于异常脱落。

2.4.1.2　古树器官脱落的过程

器官脱落涉及以下几个过程：①产生脱落区。脱落区是位于即将脱落的器官和植物主体之间的特定区域，由特化的细胞组成。②释放促进脱落的激素。乙烯是促进植物器官脱落的关键激素，特别是在叶片衰老和果实成熟过程中。生长素能够延缓脱落过程，赤霉素可能在某些情况下促进脱落。③脱落区细胞的细胞壁在分解酶的作用下逐渐被分解，使得器官与树体之间的物理连接逐渐减弱，直至脱落。

2.4.1.3　古树器官脱落的影响因素

古树器官脱落受到环境因素的影响。

①温度　古树器官脱落的过程对温度十分敏感，只有在适宜的温度下，脱落过程才能正常进行。暖秋会延迟古树的落叶期；相反，秋季过早低温会导致生长季提前结束进入落叶期。

②光照　若光照不足会导致叶片脱落，影响古树生长。因此，在古树周围应尽量避免其他树或建筑的遮挡。

③水分　缺水引起的干旱或水分过多造成的水淹，均会引起古树叶片脱落。在造成古树落叶、生长衰弱的原因中，土壤积水较为常见。

④土壤　许多土壤元素也会影响叶片脱落。土壤缺乏营养元素，如缺氮（N）、缺锌（Zn）、缺钙（Ca）、缺硫（S）、缺镁（Mg）、缺钾（K）、缺硼（B）或缺铁（Fe）等，均会引起古树叶片脱落。但若一些矿质元素过量也会导致叶片脱落，如钠（Na）、氯（Cl）等过多造成土壤盐碱化，也会造成古树落叶。

⑤空气　工业生产、汽车等交通工具排放的一氧化碳（CO）、二氧化硫（SO_2）、氮氧化物、卤化物、氟化物、碳氢化合物等会造成空气污染，进而导致古树落叶。当污染物浓度过高时，会对古树产生急性危害，直接损伤叶片，使叶片枯萎脱落；当污染物浓度较低时，会对古树产生慢性危害，影响叶片的生理机能，使叶片逐渐褪绿、易于脱落。

2.4.2　古树树体空洞

古树在长期的生长过程中，其树干往往会出现腐朽中空现象，形成树体空洞，导致承载能力下降，严重危害古树健康，甚至会形成空心树，引起枝干毁损，甚至全株倾倒死亡。一般情况下，古树空洞大小与健康水平具有显著相关性，当树体出现腐烂或空洞时，古树的衰退速度加快。古树树体空洞的形成是由于真菌、细菌等微生物侵入树体，在树体内部大量繁殖，分泌出酸性物质，将木质部逐渐分解，导致树木内部逐渐腐朽，此过程可以持续数年、数十年，甚至数百年，最终形成明显的空洞。古树树体空洞的形成不仅与古树自身机能有关，而且很大程度上与外部因素相关。

2.4.2.1　自身原因

古树本身树龄大，特别是进入衰老阶段后，自身老化，生理机能下降，吸收水分和养分的能力与再生能力减弱，抵抗力下降，内部微生物失衡，导致侵入的木腐菌等微生物大量繁殖，致使木质部逐渐腐朽。研究表明，当胸径大于 50cm 时，树干内部出现空洞的概率与树木胸径间存在正相关关系（Heineman et al.，2015），胸径越大，内部侵蚀心材所形成空洞的面积越大（Shortle，1979）。

2.4.2.2　外部因素

①在古树千百年的生长过程中，屡受恶劣气候的侵袭，如风暴、雪压、冻害、雷击等。由于树体高大，极易造成树体表面受损或枝干折断，若未能及时处理，外露的木质部受到长期日灼和雨水浸渍，导致微生物侵染而逐渐腐烂，木质部逐渐向内腐朽形成空洞。此外，人为的撞击、不当修剪和砍枝等，均会使木质部暴露，若处理不当，使微生物入侵也会形成空洞。

②许多小动物和鸟类或以古树的根、树皮、树叶及花果为食，或在树干凿洞为巢，导致树体受损，加剧了雨水和病原的侵袭，进而导致腐朽与中空。此外，一些蛀干害虫在树木内部筑巢或取食，也会造成树木的损伤和破坏，一方面导致树体衰弱；另一方面为病原微生物侵入树体敞开大门，最终形成空洞。

③恶劣的生长环境，如土壤通气状况差、水分过多或过少均会导致古树生长不良，抵抗力下降，甚至根系出现腐烂，逐渐延伸到树干，进而形成空洞。空气湿度过大，特别是在缺乏适当通风和阳光照射的条件下，也会促进微生物的生长和繁殖，加快古树树体的腐朽。

2.5　古树衰老

高龄古树经过生长发育的旺盛时期后，会步入衰老到死亡的生命阶段。古树衰老是正常的生命过程。通过了解古树衰老的特征和原因，可以为采取适当措施延缓其衰老提供依据。

2.5.1　植物衰老假说

从古至今，人们对衰老奥秘的探索从未间断过，众学者从不同方面、不同水平对植物衰老机理进行研究，提出了多种假说。

2.5.1.1　缺乏营养理论

1928 年，莫立许(Molish)首次提出了缺乏营养理论，指出"生殖器官获取大量营养物质，导致其他器官因缺乏养分而死亡"。缺乏营养的原因包括：一是养分从老化器官转移到生殖器官(即营养流失或转移)；二是供应养分的器官(如根和叶)需要获得必需的养分来维持自身生长，然后才将其输送至生殖器官(即养分分流)。衰老过程是生殖器官垄断所有养分的过程，此过程受到生殖器官和营养器官库容强度差异的影响(Molishch et al.，1978)。

2.5.1.2　植物激素调控理论

植物激素调控理论认为，植物衰老是由一种或多种激素综合调控引起的。研究表明，植物地上部分和地下部分合成的激素在体内形成反馈环，相互作用，调节植物的正常生长和代谢。当顶芽开始分化时，反馈环被破坏，植物释放的乙烯、脱落酸或其他促进衰老的激素加速植物衰老。

2.5.1.3　自由基理论

植物衰老的一个主要特征之一是氧自由基的大量积累，加速氧化损伤过程，导致细胞死亡。哈曼(Harman)在 1956 年提出的自由基理论指出，在生物体的正常物质代谢过程中，需要保持自由基的生成与清除间的平衡，否则将导致生物体的衰老和死亡。

2.5.1.4　基因调控衰老理论

衰老是植物发育过程中不可或缺的一部分，受遗传因子的调控。许多学者认为植物衰老是衰老基因表达的结果，他们将衰老定义为在环境条件下，基因按顺序表达引起的一系列生理生化代谢衰退过程。根据衰老相关基因不同的功能，可将其分为两大类，一类与衰老细胞保护机制相关，另一类与细胞内大分子物质的降解相关。

2.5.1.5　气孔调控理论

气孔关闭会导致脱落酸大量积累，引发叶片衰老，进而启动其他衰老过程。研究者发现去穗会导致叶片中淀粉和糖的积累，糖的累积反馈抑制叶片的气孔关闭，进而导致脱落酸快速积累，加剧叶片的衰老。

2.5.1.6　DNA 损伤理论

DNA 损伤理论认为，衰老是由于基因表达过程中 DNA 的错误积累所导致的，当这些错误积累到一定程度时，细胞功能失调，从而引发衰老。这些错误是由于 DNA 裂缝或缺陷致使转录和翻译过程中出现问题，导致无功能蛋白质（主要是酶类）的产生和积累。温度胁迫、有毒物质或病原体侵入等理化因素会损伤 DNA 结构，导致蛋白质合成能力下降，进而造成细胞衰老和死亡。

2.5.1.7　细胞程序性死亡

1995 年，格鲁克斯曼（Glucksmann）提出了细胞程序性死亡（PCD）的概念，指多细胞生物通过自身基因调控，导致细胞自溶、裂解，从而实现主动死亡。植物的衰老和死亡是所有组织器官在生长停止或发育成熟后发生的 PCD 过程。研究表明，低氧、高盐、低温胁迫、病原体侵染等因素会诱导植物内部相关基因的表达，导致 PCD 的发生（Lee et al.，2002）。

2.5.2　古树衰老形态特征

①古树衰老的一个明显标志是树冠变得稀疏，叶片数量减少，这是由于叶片光合作用效率下降、枝条死亡或病害所致。如甘肃崇信县千年"华夏古槐"北向偏冠严重，枝梢枯损量高，叶量稍显稀疏。

②古树的枝条因衰老而逐渐枯死，特别是树冠的外围部分。枯死的枝条会逐渐脱落或成为病虫害的滋生地。

③随着衰老，古树木质部会出现结构上的退化，进而发生腐朽。许多衰老的古树树干内部会出现空洞。如古槐树，如果出现大面积树皮枯死，则出现树洞的概率较大，因此有"十槐九空"的说法。

④古树的树皮会随着时间的推移而裂开，裂缝变得更加明显。这些裂缝可能是自然老化的结果，也可能是受环境胁迫的表现。在南京古树中号称最古老的"六朝松"，树皮已经开裂，中间呈灰白色。

⑤古树的根系会随着树龄的增长而逐渐衰退，吸收水分和养分的能力下降，直接影响到树木的整体健康和稳定性。

2.5.3　古树衰老生理特征

①随着树龄的增长，古树细胞分裂活动的减少，细胞老化和死亡率的增加，导致生长速率逐渐减慢。

②由于叶绿体功能衰退、叶面积减少、气孔功能受限，以及树冠密度减少等因素，步入衰老阶段的古树光合效率逐渐降低。

③衰老的古树会表现出开花数量减少或果实产量下降的现象，反映了生殖能力的下降。

④随着树龄的增长，古树细胞壁逐渐变得脆弱，免疫反应减慢，对病虫害的抵抗力通常会减弱，更容易受病虫的侵袭。

⑤随着衰老,古树体内的激素水平(如生长素、赤霉素和脱落酸等)会发生变化,促进生长的激素比例降低,而参与衰弱凋亡的激素比例增加。

2.5.4　古树衰老环境因素

①植物受到侵害后,被侵染处的细胞启动 PCD 途径,以避免病原体的进一步蔓延,同时,抗性基因被诱导表达,抵御病菌的侵染。当这种抗性基因表达时,古树表现为短期再生长,衰老受到部分抑制,但若这种侵害达到一定的阈值,古树会启动衰老基因的表达,加速衰老。

②古树在适宜的光、温、水、气环境下,会完成真正意义上的生命历程,然而这些因素的极端化则会引起古树的早衰。过长的光照时间和过高的光照强度会引起光氧化,黑暗会抑制光合作用;低温容易对古树造成冷害和冻害,高温则会对古树产生热胁迫;水分过多或干旱同样会使古树的生理活动受到损害;气体组成的变化主要影响光合作用和呼吸作用的平衡,诱发古树衰老。

小　结

植物生长发育涉及复杂的生理代谢、形态学变化等。研究古树的形态学变化,如树冠、树干、根系等,可以诊断其健康状况,了解其适应机制和生存策略。限制古树生殖生长,控制好其与营养生长的关系,也是保持古树健康生长的重要手段。古树生长发育既受到自身遗传因素、体内激素水平等影响,也受到外部环境影响。本章为进一步理解古树生长发育过程的生理生态特征,了解古树的生命适应机制,制定针对性保护措施提供了理论依据。

思考题

1. 古树营养生长的特点是什么?
2. 古树生殖生长的特点是什么?
3. 古树生长的相关性包括哪几个方面?
4. 植物衰老理论有哪些?
5. 古树衰老有哪些特征?
6. 环境对古树器官脱落的影响是什么?

推荐阅读书目

植物生物学. 杨世杰. 科学出版社, 2017.

植物学(第 2 版). 强胜. 高等教育出版社, 2017.

植物生理学(第三版). 武维华. 科学出版社, 2018.

植物生物学(第 4 版). 周云龙, 刘全儒. 高等教育出版社, 2016.

Root Vitality and Decline of Red Spruce. Greenwood M S, Hutchison K W, Ahuja M R, et al. Springer, 1993.

第 **3** 章

古树水分生理

本章提要

本章简要介绍了树木水分生理的相关概念，阐述了树木水分的吸收、运输和蒸腾方式，以及树木水分传导系统和水分平衡的基本理论知识。重点讲解古树水分吸收、运输、蒸腾特性及其对环境变化的响应，介绍古树水分关系的研究进展，探讨古树衰退与水分状况的关系，并总结了古树水分诊断的基础理论和研究方法，为古树的健康诊断和复壮提供依据。

水是生命存在的基本条件，没有水就没有生命。水分吸收和运输是树木生理的重要过程，为树木的生长、养分运输及光合作用等生命活动提供水分。树木主要靠根系吸收水分，而运输则涉及从根部到茎、叶、花、果实等全株各器官。树木一方面吸收、利用周围环境中的水分，另一方面不断地向环境散失水分，以保持体内的水分平衡。古树随着树龄的不断增大，其体量不断增加，水分关系与一般树木存在差异。因此，了解古树水分的吸收、运输、散失等生理过程，能为保护和改善古树生存的环境条件，提高古树的抗逆性，延缓古树衰老提供依据。

3.1 树木水分代谢概述

树木对水分吸收、运输、利用和散失的过程，称为树木的水分代谢(water metabolism)。树木不断吸收和利用水分，而根系是树木吸水的主要器官，负责将吸收的水分输送到树干，树干通过水分的长距离运输满足其对水分的需求，除小部分水分参与树木的生理代谢过程外，其余水分通过叶片的蒸腾作用散失到周围环境中。树木正常的生命活动建立在对水分不断地吸收、运输、利用和散失的过程基础上，对这些过程的研究及其调控是树木水分生理的主要研究内容。

3.1.1　水分的生物学意义和作用

3.1.1.1　水对树市生命活动的生理作用

生理需水是指满足树木生命活动和保持植物体内水分平衡所需要的水分。水分在树木生命活动中的作用主要体现在以下几方面：

①水是细胞原生质体的主要组分　树木细胞原生质体的含水量为 70%~90%，由于水分子的极性，使得原生质体中的蛋白质、核酸等生物大分子能均匀地分散在水中。

②水是光合作用中的基本反应物质　在光合作用的光反应阶段，水分子被分解，释放氧气，提供质子和电子，维持光合电子传递，产生同化力[腺嘌呤核苷三磷酸（ATP）和烟酰胺腺嘌呤二核苷酸磷酸（NADPH）]。

③水是树木体内主要的溶剂　树木的营养物质和离子通过水溶液形式运输，有助于从土壤中吸收养分，并通过导管输送至树木的各个部分。

④产生细胞膨压　水在树木细胞内形成胞液，维持较高的胞内压力，帮助细胞维持稳定结构，支撑树木直立生长。胞压是树木细胞扩张和生长的驱动力，也是维持树木（如叶片和花朵）机械强度的关键。

⑤调节内部环境　树木依靠叶片气孔的蒸腾作用释放水分，以此控制体温，防止内部温度过高。这种蒸发冷却效应对树木能否在高温条件下生存起着关键作用。

⑥参与代谢和生化反应　水是许多酶促反应的介质，参与并影响着几乎所有代谢途径。如水解反应在分解大分子（如蛋白质、脂肪和多糖）及释放能量过程中扮演关键角色。

⑦维持细胞内部 pH 和离子平衡　水分有助于保持树木细胞内部的 pH 平衡和电解质（离子）的适当分布。

3.1.1.2　水对树市生存和生长的生态意义

水的生态价值在于其对温度和其他外部条件的调节能力，表现如下：

①水对树体温度的调节作用　在环境温度波动的情况下，树体内的水分可以使树体温度保持相对稳定。

②水对树木生存环境的调节　水分可以增加大气湿度，调节土壤温度，改善小气候等。

3.1.2　树木对水分的吸收

3.1.2.1　水分的吸收过程

树木对水分的吸收沿着土壤—根—木质部间的水势梯度进行，有主动吸收和被动吸收两种方式。主动吸收依靠生理代谢来实现，在蒸腾缓慢的树木中较为常见；被动吸收在蒸腾旺盛的树木中较为常见，是木本植物水分吸收的主要方式。水分的吸收不仅满足树木的生理需要，如光合作用和营养运输，还有助于维持树木结构的稳定性。

3.1.2.2　树木根系对水分的吸收

　　树木根系对水分的吸收是树木生存和生长的基础。根尖是根系吸水的主要区域，包括根冠、分生区、伸长区和根毛区，根毛区因密布的根毛增加了接触面积，吸水效率最高。根系吸取的水分通过表皮层、内皮层、中柱鞘，进而进入木质部导管。水分在根部的径向运输可以通过质外体途径、共质体途径以及跨膜途径进行(图 3-1)。多年生木本植物的根系由不同发育阶段的根组成，有直径较小、尖端未栓化的细根，其主要功能是吸收水分，也有覆盖着厚厚的树皮，直径达数厘米的木质根，主要负责输导水分。

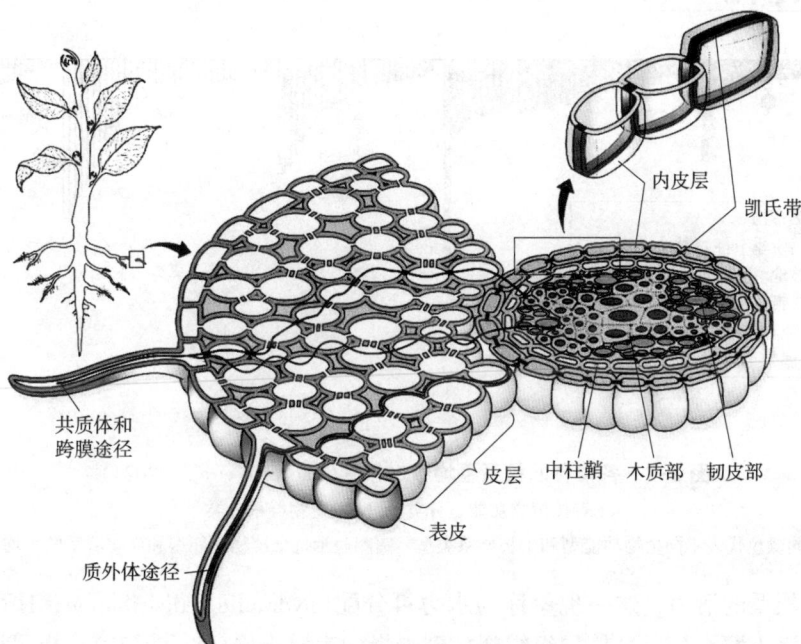

图 3-1　根系吸水的途径(Taiz et al., 2018)

(1)根系的吸水深度

　　根系吸收水分受土壤水分和根系在土壤剖面上分布的影响，因此在空间和时间上是可变的。根系吸水主要通过吸收性细根进行，细根是根系中最具渗透性的非木质组织，具有最强的吸水能力。在土壤条件许可的情况下，多数树木根系在土壤中有较大的生长范围，但根系吸水深度(water uptake depth, WUD)往往低于最大根系深度，当浅层土壤变干时，根系会向深层土壤发生季节性转移，从而保证持续的水分供应。木本植物不同生物群系间的平均根系吸水深度差异显著(图 3-2)。温带森林和湿润热带森林的根系吸水深度较浅，平均值分别为 42cm 和 46cm，而亚热带沙漠和干旱草原的树木根系吸水深度较深，平均值分别为 144cm 和 166cm。在极度干旱的沙漠地区，植物的根系吸水深度会更深，如新疆古尔班通古特沙漠，在干旱季节，两种梭梭可从约 4m 深的地下水中获取水分(Bachofen et al., 2024)。

(2)根系的水力再分配

　　根系吸收的水分可以再释放，从而将湿润区域的水分向土壤干旱的区域转移，以维持

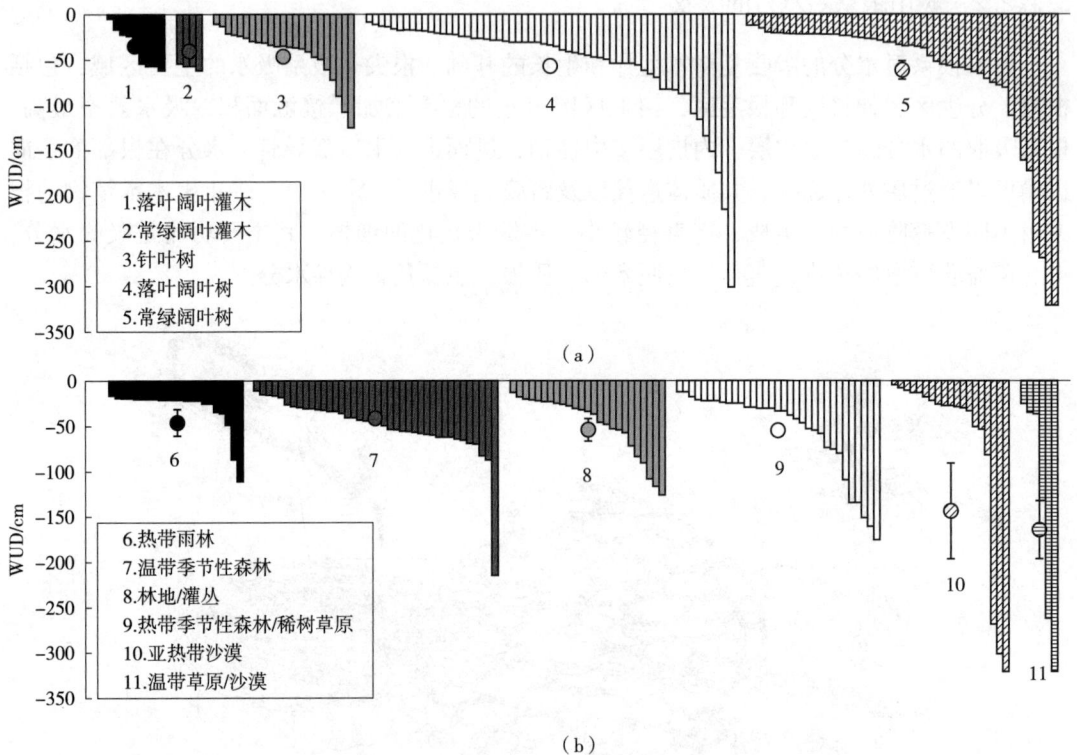

图3-2 各物种的根系平均吸水深度(Bachofen et al.，2024)

(a)按植物功能型分类　(b)按生物群系分类

不同颜色代表不同植物功能型和生物群系类型，圆圈表示每个植物功能型和生物群系的平均值

干旱土壤中根系的活力，这一现象称为水力再分配(hydraulic redistribution，HR)。根系能够将深层湿润土壤水分通过传导组织释放到干燥的表层土壤(水力提升)，也可以在表层湿润、深层干旱条件下将表层湿润土壤水向深层释放(水力下降)，还可以横向运输水分，在一定程度上改变土壤水分的空间分布格局，改善植物的水分供给状况。根系水力再分配是一种普遍现象，在许多森林、稀树草原和灌丛地，深水吸收和水力再分配均是重要的过程。尤其在干旱半干旱地区以及季节性干旱的湿润半湿润地区，土壤水分的再分配部分在树木蒸腾作用中所占的比重更大(林芙蓉 等，2021)。

(3)根压和茎压

树木根压(root pressure)已经被广泛证实，普遍认为根压的产生是根木质部主动吸收外界溶质，造成内皮层内外存在水势差的结果，土壤中的水分即沿着水势梯度从皮层进入木质部导管并向上输送。伤流和吐水都是根系主动吸水的有力证据(图3-3)。根压常见于藤本植物[如葡萄(*Vitis vinifera*)]和单子叶植物(如竹类植物)中，裸子植物也有关于根压的报道(White et al.，1958)。一些散孔材树木，如槭树属(*Acer*)、桤木属(*Alnus*)、桦木属(*Betula*)、杨属(*Populus*)树木和核桃(*Juglans regia*)，春季萌芽前产生的根压可恢复(或部分恢复)冬季受损的水分传导系统(Sperry & Eastlack，1994；Christensen-Dalsgaard & Tyree，2014)，但环孔材树木很少产生根压。

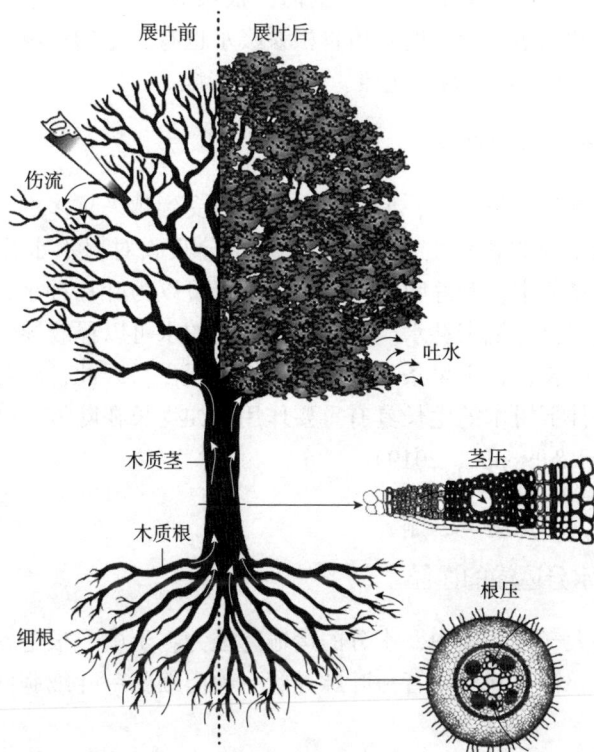

图 3-3　植物木质部正压的位置和时间（Schenk et al.，2021）

根压发生在落叶物种展叶前，最常被观察到的现象是叶片的吐水或茎切口的伤流。根压可能发生在细根中，以土壤水为来源，也可能发生在木质根中，以贮存在活细胞、纤维、细胞壁和细胞间隙中的水为来源

茎压（stem pressure）的产生是由于木质部汁液（质外体）和与其相邻的细胞（共质体）之间存在渗透压差。细胞中的淀粉转化为可溶性糖（蔗糖、果糖、葡萄糖）被转运到木质部中，产生渗透压梯度进而驱使水分流动（Améglio et al.，2003）。茎压与木质部汁液渗透势密切相关，产生茎压的树木往往可以在离体枝条上观察到伤流现象，两种典型的树木糖槭（*Acer saccharum*）和核桃，其木质部汁液渗透势在低温条件下（初冬和早春）较高而产生茎压（Ewers et al.，2001；Améglio et al.，2003）。糖槭有根压和茎压两种类型的正压，茎压可用于收集糖槭糖浆（Sperry & Tyree，1988）。茎压的产生也有利于水分输导功能的维持。根压和茎压之间的区别在于，根压将土壤水分从根转移到植物的茎和叶，而茎压则将水分从茎和树皮贮存部位转移到木质部导管中（Schenk et al.，2021）。

（4）根系吸收水分的影响因素

根系吸收水分的影响因素主要包括内部因素和外部因素。

内部因素主要包括根系分布范围、根系活力、根系对水分的阻力、根木质部溶液的渗透势、树木健康状况等，这些因素直接影响根细胞的吸水能力和根系的吸水效率。

外部因素主要涉及土壤条件：①土壤水分状况，包括土壤水分的物理状态及其有效性、土壤保水能力等因素。②土壤温度也对根系水分吸收存在影响，低温使水的黏度增加、根系代谢活动减弱、主动吸水能力下降，进而影响根系的生长；高温加速根系的衰老，降低根系吸水能力。在一定的温度范围内，根系吸水的速率随土壤温度的升高而加快。③土壤通气状况和土壤溶液浓度对植物根系吸水也有一定的影响。除土壤条件外，根系吸收水分也受外界气候(如气温、光照、风等)的影响。

3.1.2.3　树市叶片对水分的吸收

虽然叶片对水分的吸收量较少，但叶片水分吸收受到越来越多的关注。从热带云雾林到红树林和旱地生态系统的各种生态群落，叶片水分吸收对树木水分代谢都有积极的影响。在雾、露或降水过程中，叶片吸收水分后，不仅可以为叶片补水，而且茎和根也可以通过叶片吸收水分进行再分配来补水。这种重新分配的水可以释放导管(或管胞)内水柱上的张力，使膨压驱动生长，在干旱条件下可延迟树木死亡。因此，叶片的水分吸收对幼树和土壤水分有限的条件下树木的生长具有重要作用，如生长在陡坡、盐碱条件和森林中浅根物种的树木(Schreel & Steppe，2019)。

3.1.3　树木体内水分运输

3.1.3.1　树市体内水分运输的途径

在土壤—植物—大气连续体中，水分的运输途径为：土壤→根毛→根皮层→内皮层→中柱鞘→根导管→茎导管→叶柄导管→叶脉导管→叶肉细胞→叶细胞间隙→气孔下腔→气孔→大气(图3-4)。

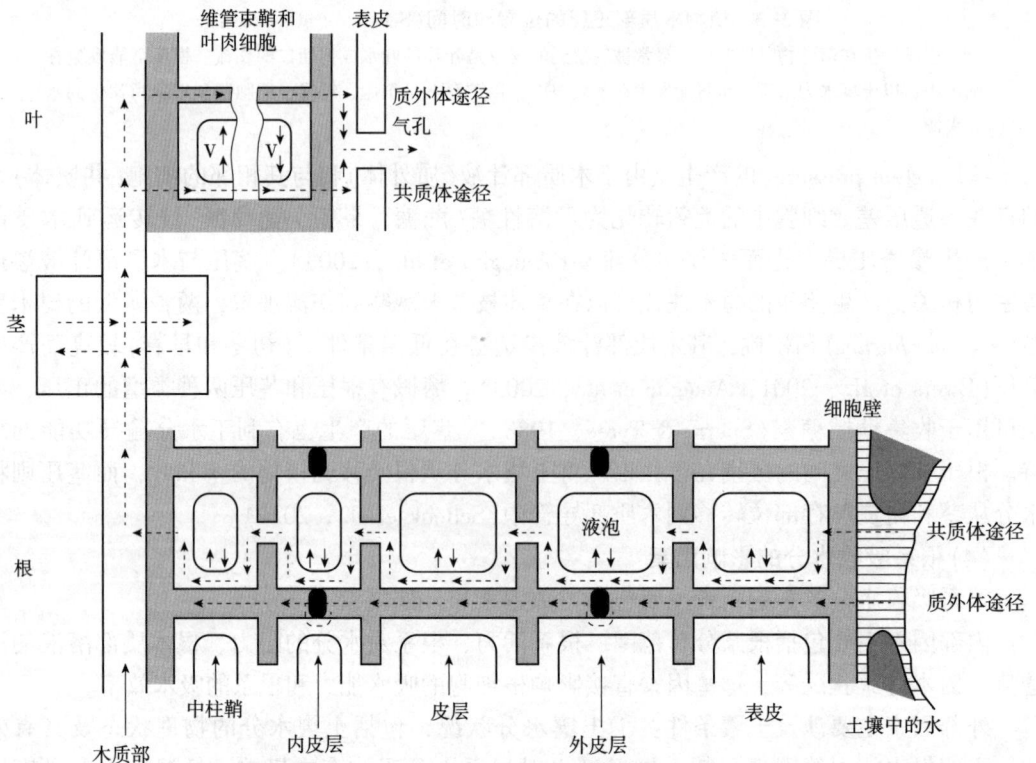

图 3-4　土壤—植物—大气连续体中的水分运输(Lambers et al.，2008)

3.1.3.2 水分在树市体内上升的机制

水分上升对高大木本植物具有重要的意义。植物进化出维管系统以后，使高大陆生植物的存在成为可能。蒸腾拉力是水分上升的主要动力，对于水分在植物体内上升的机制，学界广泛接受的解释是"蒸腾—内聚力—张力学说"（transpiration cohesion tension theory），简称"内聚力学说"（cohesion theory）。该学说认为，叶片因蒸腾作用失水，水势降低，向导管吸水，导管上端受到向上的蒸腾拉力，而水柱本身的重力和水流阻力的存在，又将水柱向下拉拽，这样上拉下拽使水柱产生张力。由于水分子之间存在氢键，产生内聚力，且内聚力远大于张力，同时，水分子与导管壁的纤维素分子之间还有附着力，因而维持了水柱的连续性，使得水分不断上升。

3.1.3.3 水分传导系统

水分研究领域将树木看作一种水力系统，由几个基本要素组成：驱动力（蒸腾作用）、管道（木质部维管系统）、蓄水池（活的细胞或死细胞）和调节系统（气孔）（图 3-5）。水分的向上运输主要依靠裸子植物的管胞和被子植物的导管。在成熟的树木内，心材并不导水，只有部分边材内有水分向上运输。在环孔材中，水分主要通过当年生早材运输，而在散孔材中，边材中多个年轮中的导管可以运输水分。水分向上运输的路径基本垂直，但由于木质部结构的不同和纹孔方向的不同，可能较大程度偏离垂直路径。水分传导效率常用水力传导率或导水率（hydraulic conductivity，K_h）量化，描述一定压力梯度下的水流速率，

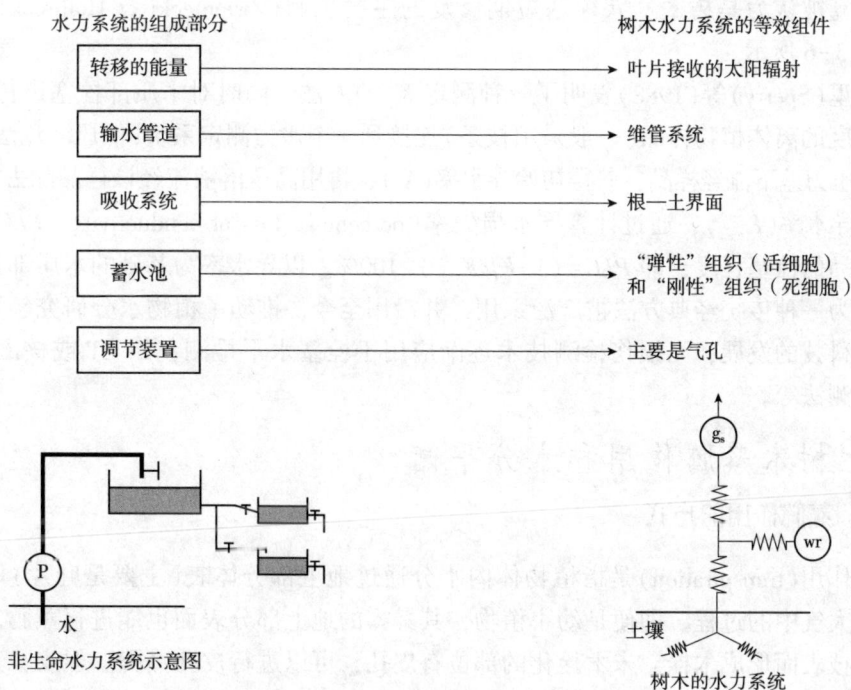

图 3-5 树木水力系统（Cruiziat et al.，2002）

P. 管道 g_s. 气孔导度 wr. 蓄水池

单位 kg·m/(s·MPa)，通常是通过离体枝段的水流量(单位 kg/s)和压力梯度(单位 MPa/m)之比来确定。K_h 与导管(或管胞)直径密切相关，直径越大，K_h 越大，通常阔叶树茎 K_h 大于针叶树(Cruiziat et al.，2002)。

3.1.3.4　木质部气穴栓塞及其修复

根据内聚力学说，正常情况下木质部水分运输需要较低的负压驱动，该负压一般在 $-2\sim-1$MPa，特殊情况也可以达到 -10MPa 以下，木质部内水柱在较大的负压下处于亚稳定状态，易导致气穴栓塞(cavitation embolism)的形成。干旱和冬季低温冰冻是诱导木质部发生气穴栓塞的两个主要环境胁迫。即使在水分条件良好的情况下，阔叶树也会出现栓塞的日变化。针叶树很少有栓塞日变化，但冬季低温冰冻可造成栓塞季节性变化。冬季栓塞在散孔材和环孔材树木上较为常见(申卫军，1999)，冬季的冰冻可使环孔材树木不可逆地发生大量气穴栓塞，使木质部导水功能丧失(Hacke & Sauter，1996)。在春季，树木可对栓塞的导管进行水分再填充，即栓塞修复(embolism repair)，或生长新导管恢复导水功能。

木质部导管(管胞)导水功能的恢复主要由 3 种机制驱动：第一种是根压或茎压驱动的栓塞修复，由于木质部正压的存在，驱动水分进入栓塞导管，实现气穴栓塞的修复，但木质部正压通常较小，如根压一般不超过 -0.2MPa，因此高大树木的栓塞很难修复。第二种机制是生长，即通过生长新导管来替代栓塞导管的功能，这种机制通常需要较长的时间和较大的碳投入。第三种是渗透调节介导的栓塞修复，这种机制通过导管周围薄壁细胞向栓塞导管提供渗透调节物质，驱动水分进入栓塞导管，实现气穴栓塞的修复。渗透调节介导的栓塞修复被认为是树木气穴栓塞短期修复的主要机制(Zwieniecki & Holbrook，2009)，原理如图 3-6 所示。

斯佩里(Sperry)等(1988)发明了一种测定 K_h 的方法，同时对木质部栓塞进行了量化。将一定长度的离体植物样品(一般采用枝条)连接到一个水力测定系统(低压液流法)，使溶液在一定压力差下流经样品，获得初始导水率(K_i)，再用高压溶液流经该样品除去栓塞，可获得最大导水率(K_{max})，通过计算导水损失率(percentage loss of conductivity，PLC)就可以得到该样品的栓塞程度，即 $PLC=(1-K_i/K_{max})\times100\%$。以导水率为基础的木质部栓塞量化方法，作为一种传统经典方法被广泛采用，并沿用至今，推动了植物水分研究领域迅速发展。随着科技的发展，无损伤检测技术逐渐应用于栓塞水平检测，如 CT 或核磁检测法、可视化检测法等。

3.1.4　树木蒸腾作用和水分平衡

3.1.4.1　蒸腾作用的方式

蒸腾作用(transpiration)是指植物体内水分通过地上部分体表(主要是叶片)以气态形式散失到大气中的过程。即便是幼小植物，其暴露的地上部分表面也能进行蒸腾。植物长大后，茎枝表面形成木栓，未木栓化的部位有皮孔，可以进行皮孔蒸腾。但皮孔蒸腾的量甚微，仅占全部蒸腾量的 0.1% 左右。植物的蒸腾作用主要通过叶片进行，叶片蒸腾的主要部位是气孔和角质层。角质层不发达的湿生植物、阴生植物和幼叶，角质层蒸腾可达总蒸腾量的 1/3~1/2，而一般植物成熟叶片的角质层蒸腾，仅占总蒸腾量的 5%~10%。因

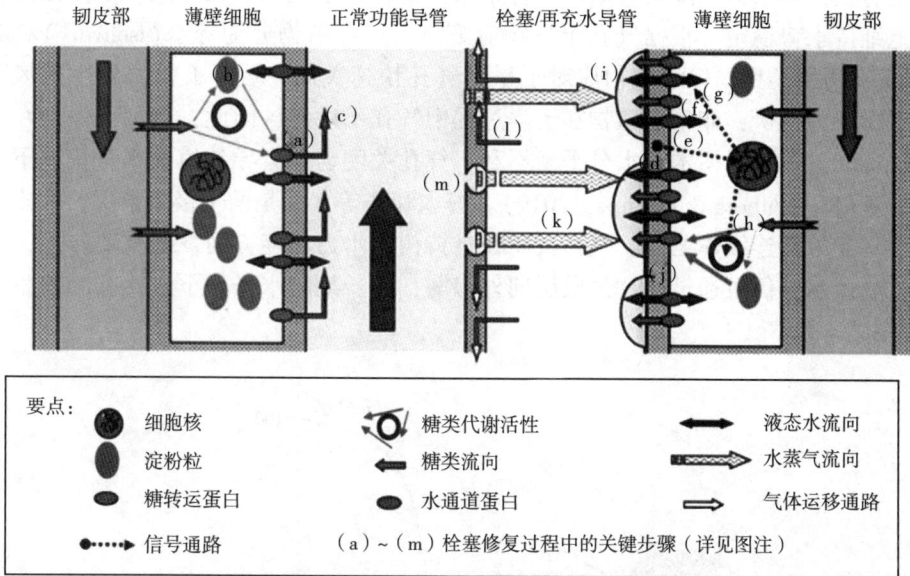

图 3-6 木质部栓塞修复过程的机理假说(Zwieniecki & Holbrook，2009)

(a)与导管相连的活细胞分泌一定量的可溶性碳水化合物 (b)可溶性碳水化合物来源于木质部薄壁细胞中贮存的淀粉 (c)可溶性碳水化合物能够被蒸腾流带走从而维持很低的浓度 (d)栓塞发生 (e)质外体中糖类累积并触发可以导致栓塞修复的信号途径 (f)糖类进一步释放 (g)水分跨膜运输 (h)糖类代谢活性 (i)糖类累积后由于渗透作用使水分从薄壁细胞流向栓塞导管并在内壁形成小液滴 (j)部分未湿润的导管壁阻止这些小液滴被功能导管吸走 (k)水蒸气凝结提供了第二个水分来源 (l)随着更多液滴进入导管，气泡溶入汁液或者通过导管壁上的微孔进入细胞间隙 (m)类似于水阀的具缘纹孔被打开直到栓塞导管完成修复

此，气孔蒸腾是中生植物和旱生植物蒸腾作用的主要方式。在植物的水分运输中，蒸腾作用是一个主导因子。这是因为植物体内水分蒸腾产生的能量梯度驱动着植物体内水分的运动，且蒸腾作用控制着植物吸收水分和汁液上升的速率。

3.1.4.2 蒸腾作用的气孔调节

(1) 气孔行为与蒸腾失水

气孔是植物与环境进行气体交换的主要通道。在单子叶植物中，气孔遍布于叶片的上下两侧，而在双子叶植物中，气孔主要位于叶片的背面，对于水生植物而言，气孔则集中在叶片上表皮。气孔一般长 $7\sim30\mu m$，宽 $1\sim6\mu m$。气孔面积仅占叶面积的 1% 左右，但气孔的蒸腾量却相当于叶片等面积自由水面蒸发量的 50% 左右。气孔开度的调节是植物调控蒸腾失水的主要方式，气孔运动是由保卫细胞的膨压变化引起。关于气孔运动的机制，主要包括 3 种学说：淀粉与糖转化学说(starch-sugar conversion theory)、钾离子泵学说(potassium ion pump theory)和苹果酸代谢学说(malate metabolism theory)。此外，光、CO_2、温度、水分和植物激素等因素也会影响气孔运动。

(2) 气孔行为与水势调节

土壤水分状况对气孔开度有重要影响，土壤水分状况变差会导致叶片脱水，引起气孔关闭，这可以归因于叶片膨压的丧失和对植物激素的响应。在土壤变干燥的初始阶段，气孔调节是防止植物水势下降最有效的一种策略，植物通过关闭气孔可减少水分散失，在一定程度上维持水势稳定。根据气孔干旱响应策略，可将植物分为等水（isohydry）和非等水（anisohydry）两种类型。等水植物应对干旱时气孔快速关闭，可降低栓塞发生的风险，但以牺牲碳摄取为代价；非等水植物在干旱过程中气孔不敏感，因此，有利于保持在干旱条件下的碳摄取，但这对树木的水分平衡不利，气孔关闭迟缓会导致植物水势快速下降，发生严重栓塞（Kannenberg & Phillips，2019）。等水和非等水只是两个极端情况，大多数树木位于等水—非等水连续体之间。气孔关闭在维持树木水力功能方面发挥重要作用，一旦气孔关闭，剩余水分仍可通过叶片角质层向外渗漏，在长期缺水条件下，栓塞的发生不可避免（图3-7）。

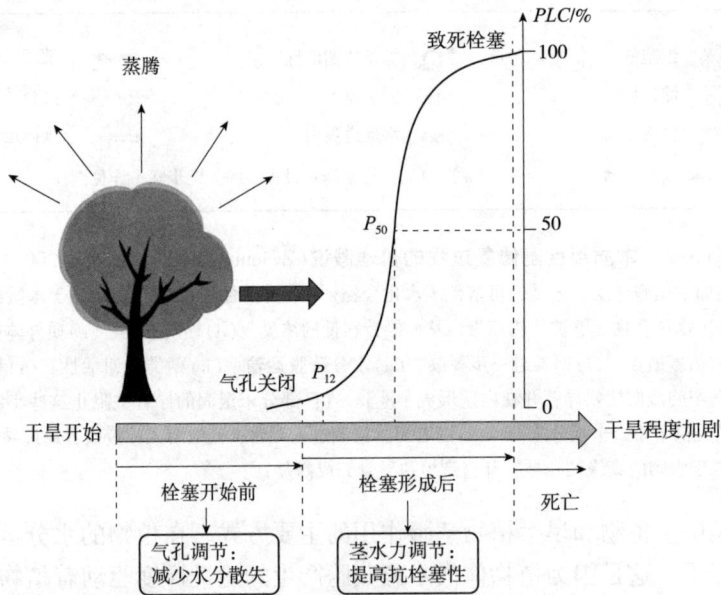

图 3-7　气孔调节在维持植物水力功能中的作用

(3) 气孔行为与水—碳平衡

气孔开度减小乃至关闭会给植物带来一些负面影响，最严重的是光合作用 CO_2 同化的迅速停止。在较长的时间范围内，由干旱引起气孔关闭导致的低光合速率可导致贮存碳库的耗尽，从而影响呼吸、防御等其他生理过程。缺水条件下，树木是"渴死"（缺水）还是"饿死"（缺碳）引发了大量的试验验证。尽管气孔关闭会带来严重的负面影响，但气孔关闭通常发生在栓塞初始形成（P_{12}，栓塞导致导水率下降12%时的水势值）之前，说明避免木质部栓塞、保持体内水分平衡对树木的存活至关重要（Choat et al.，2018）。

3.1.4.3　影响蒸腾作用的因素

①环境因素　光照越强，蒸腾速率越高；温度升高会加剧蒸腾；空气湿度越低，蒸腾越旺盛；风速增大会加快蒸腾速率；白天蒸腾高于夜间，春夏蒸腾高于秋冬。

②形态特征　叶面积越大，蒸腾面积越大；气孔密度大有利于蒸腾的进行；老叶的蒸腾强于幼叶；根系发达则吸水能力强，为蒸腾作用提供充足的水源。

③生理因素对蒸腾作用的影响　缺水会抑制蒸腾；养分充足时蒸腾活跃；生长调节物质也会对蒸腾产生影响，如脱落酸会促使气孔关闭。

3.1.4.4　树市应对干旱的策略

抗旱性是植物在水分不足时期的生存能力。抗旱性在植物群落内部和不同物种之间差异明显，植物进化出多种独特的形态、解剖和生理特性，使它们能够抵御干旱胁迫。多年生木本植物的抗旱机制可分为以下两种类型。

(1) 干旱规避机制 (drought avoidance)

规避干旱的策略依赖于维持树木水分状态的机制，使水分损失率和吸收率保持平衡。短期干旱时，水分的流失通过气孔关闭来限制，长期干旱时，则通过减少茎的生长来限制，从而导致根冠比加大。还有一些与干旱规避有关的特性，如蒸腾速率降低、水分获取和贮存增加均会影响水分平衡。许多树木在干旱期间会发生叶片脱落，以减轻对剩余叶片的水分胁迫，通过促进根系生长成深层主根，积累溶质降低根组织水势，增加吸水性。适应干旱气候的树种通常比适应湿润气候的树种具有更高的根冠比和更深的根系 (López et al.，2021)。

(2) 干旱忍耐机制 (drought tolerance)

干旱忍耐策略是在水分流失过程中维持生理功能，主要是通过增强木质部对栓塞的抵抗力和渗透调节来防止细胞水平上的膨压损失。树木抵抗栓塞的能力，即栓塞脆弱性 (vulnerability to embolism)，是树木抗旱性的重要决定因素，通常抗栓塞能力越强的物种，抗旱能力越强，且抗栓塞能力在不同树种之间存在差异(图 3-8)。叶片通过在细胞中积累溶质(糖、氨基酸和离子等)进行渗透调节，在干旱期间可降低渗透势，使叶片在水势降低的情况下保持膨压，从而维持光合作用、水分运输、蒸腾作用和生长 (Álvarez-Cansino et al.，2022)。在木本植物中，干旱忍耐机制普遍占主导地位。

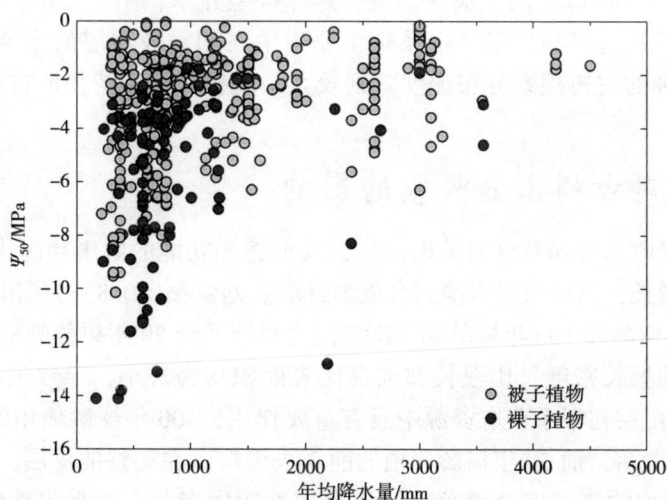

图 3-8　384 种被子植物和 96 种裸子植物抗栓塞性与年均降水量的关系(Choat et al.，2012)

每个点代表一个物种。模型表明被子植物和裸子植物的抗栓塞性(Ψ_{50}，即 P_{50}，栓塞导致导水率下降 50% 时的水势值)与年均降水量显著相关($P<0.00001$)，随着降水量的增加，抗栓塞性降低

3.2 古树水分吸收和运输

古树在长期适应生态环境的过程当中，其形态特征和解剖结构会发生变化，部分组织或器官的衰老会影响水分的吸收和传输，这使得古树的水分生理与青壮年树木有所不同。研究古树的水分生理特性对了解其生态适应性及制定针对性保护管理措施有极其重要的意义。

3.2.1 根系特征对古树水分吸收的影响

随着树木的生长，树木的体量逐渐增大，地下根系分布的水平范围也逐渐扩大，这有助于它们在干旱季节从较深或较远的土壤中获取水分，也能提供更强的树体结构支持。对樟子松（*Pinus sylvestris* var. *mongolica*）的研究表明，10 年和 20 年树龄的粗根与树干的水平距离为 3.0~4.0m，30 年和 40 年树龄粗根的距离约 6.1m，50 年树龄的约 4.85m（图 3-9）。10 年和 20 年树龄的细根密度在距树干 4.0m 范围内相对均匀，约 0.02mg/cm³，30 年、40 年和 50 年树龄的细根密度在距树干 1.0m 处为 0.015~0.025mg/cm³，40 年和 50 年树龄的细根密度在距树干 6.0m 处急剧下降至约 0.001mg/cm³（图 3-10）。因此，随着树龄的增大，生长期粗根与树木的水平距离逐渐增大，当树木衰老或进入老龄期，细根的水平分布范围呈缩小趋势。

在垂直方向上，古树的根系分布随着树龄的增大而加深，这对于干旱环境中的水分吸收尤为重要。10 年、20 年、30 年、40 年和 50 年树龄樟子松粗根的生根深度分别为 83.5cm、99.9cm、123.6cm、105.2cm 和 125.9cm，细根的生根深度分别为 140.6cm、152.2cm、135.5cm、144.2cm 和 127.0cm（Zhang et al.，2021）。对上海市 3 种常见古树银杏、香樟和广玉兰（*Magnolia grandiflora*）根系分布特征的研究表明，树龄越大，根系分布越深，主要集中在深度 120cm 以上的土壤中。银杏是深根型乔木，主根发达，有较大比例的根系向深层土壤生长；香樟和广玉兰根系则主要集中在相对较浅层的土壤（图 3-11）。由此可见，不同树种的古树根系分布深度差别较大，具有深根型特征的古树根系纵向分布更深。

3.2.2 树龄对古树水分吸收的影响

细根是树木吸收水分和养分的关键部位，其形态和功能的健康状况决定了吸收效率。随着树木树龄的增长，其根系吸水能力会逐渐减弱。刘梦颖（2018）对侧柏古树细根特征的研究表明，300 年树龄和 100 年树龄侧柏细根活力显著低于 20 年树龄侧柏（$P<0.05$），300 年树龄侧柏细根的根长密度、比根长和细根比表面积均为最小，导致吸收能力显著下降（图 3-12）；细根皮层在根系获取资源中具有重要作用，300 年树龄侧柏的次细根（3 级及以上）皮层大部分脱落，而 20 年树龄侧柏的前 3 级细根存在完整的皮层，4 级细根的皮层部分脱落，5 级细根的皮层完全脱落，这说明随着树木老化，其吸收功能受到显著的抑制。关于树木根系对水分变化的年际研究显示，在干旱年份，杨树幼树的细根生物量有所增加，而老树的细根生物量则有所减少，且杨树在干旱年份还会通过调整细根的垂直分布模式来优化对水分的吸收（Geng et al.，2022）。

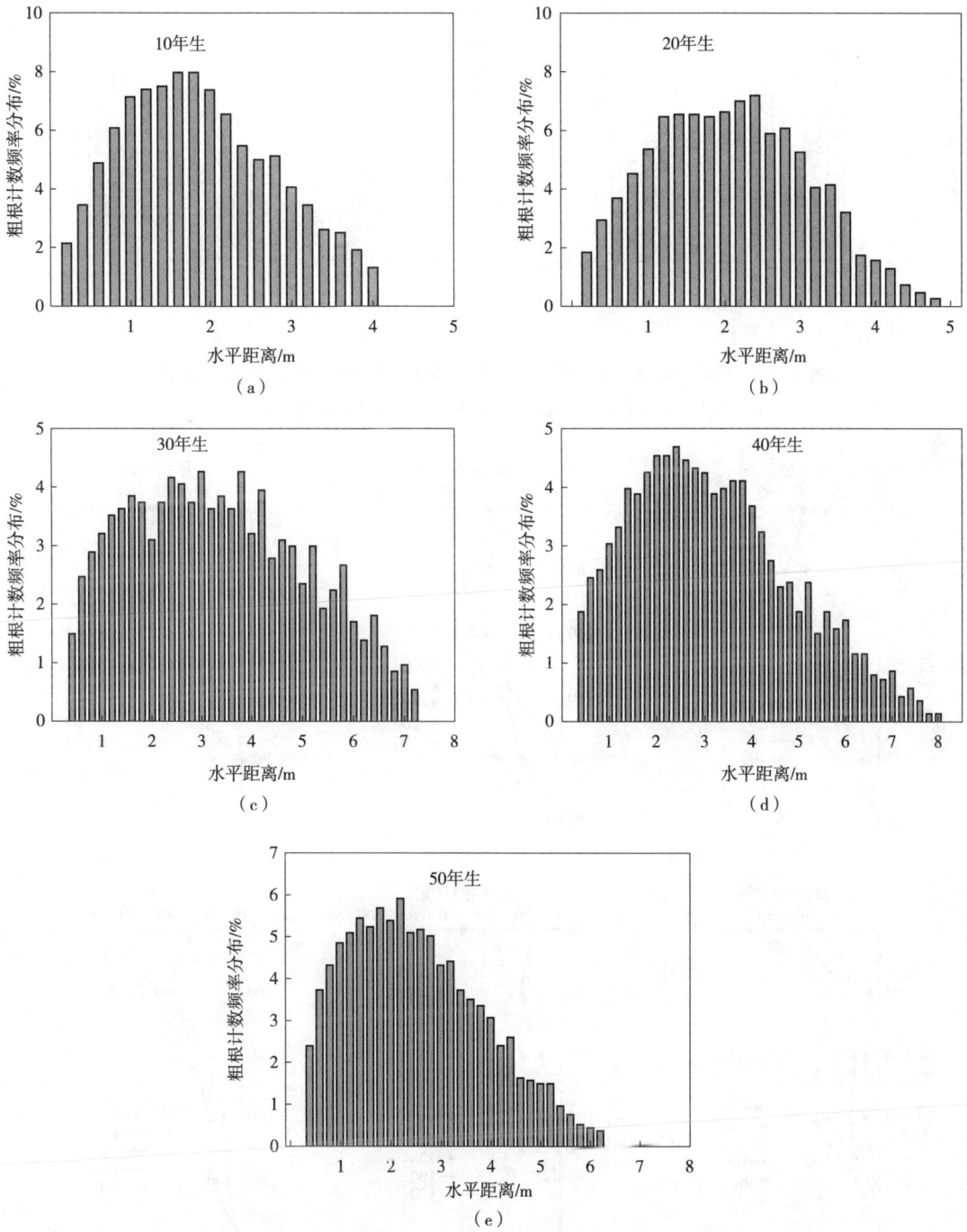

图 3-9　不同树龄樟子松粗根数在水平方向的频数分布(Zhang et al.，2021)

(a)10 年生树木　(b)20 年生树木　(c)30 年生树木　(d)40 年生树木　(e)50 年生树木

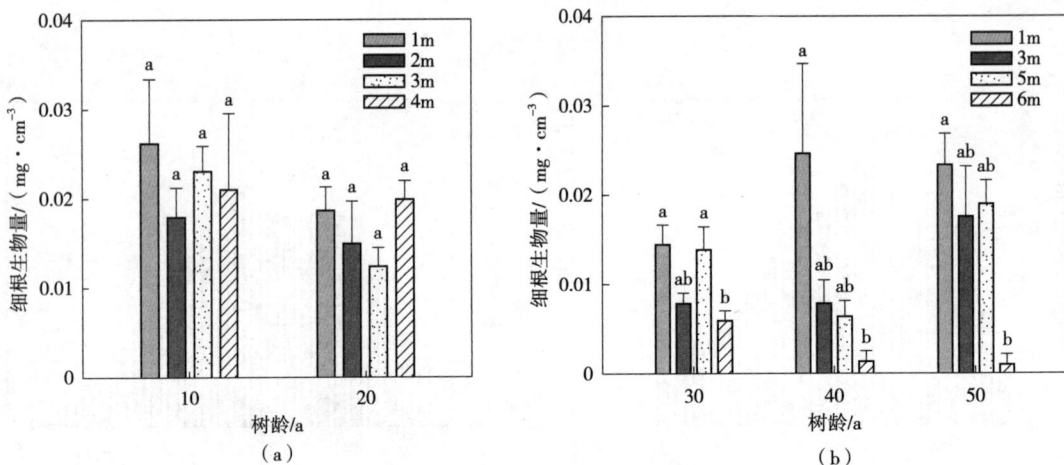

图 3-10 不同树龄樟子松细根密度在水平方向的变化(Zhang et al. , 2021)

(a)10 年生和 20 年生树木 (b)30 年、40 年和 50 年生树木

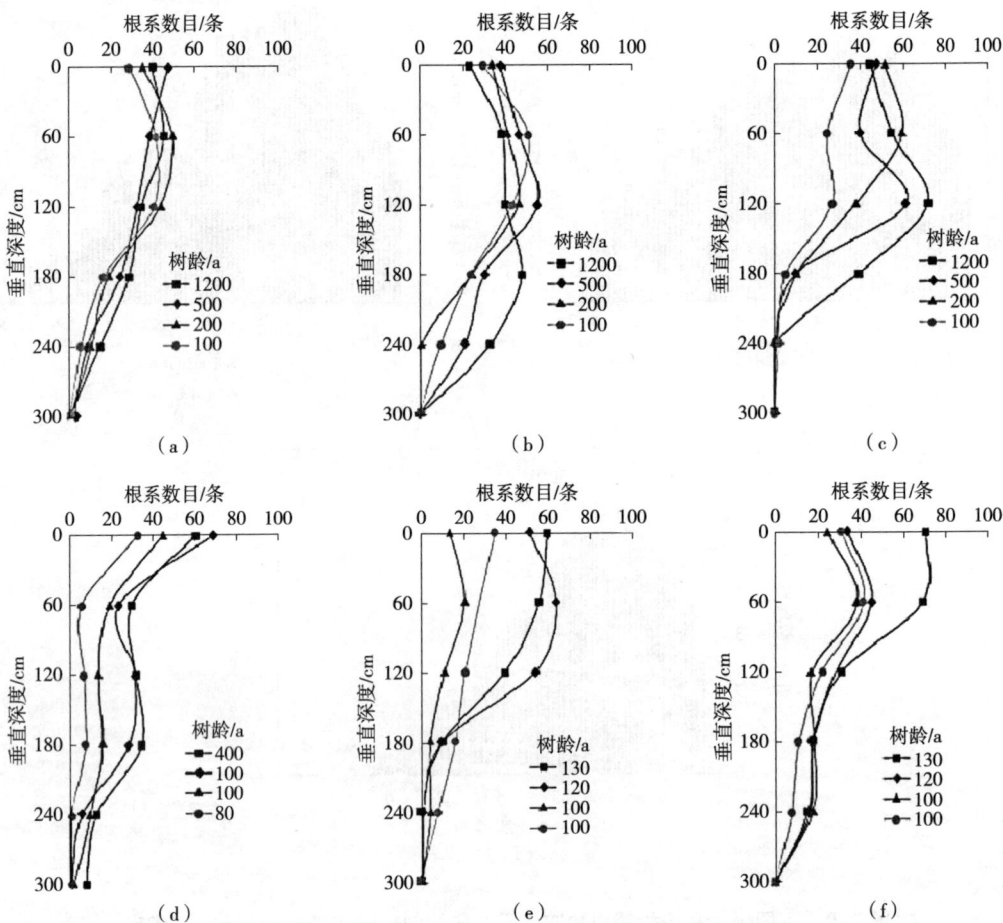

图 3-11 银杏、香樟、广玉兰根系垂直分布特征(蔡施泽 等，2017)

(a)1m 处银杏根系数量 (b)4m 处银杏根系数量 (c)1m 处香樟根系数量 (d)4m 处香樟根系数量

(e)1m 处广玉兰根系数量 (f)4m 处广玉兰根系数量

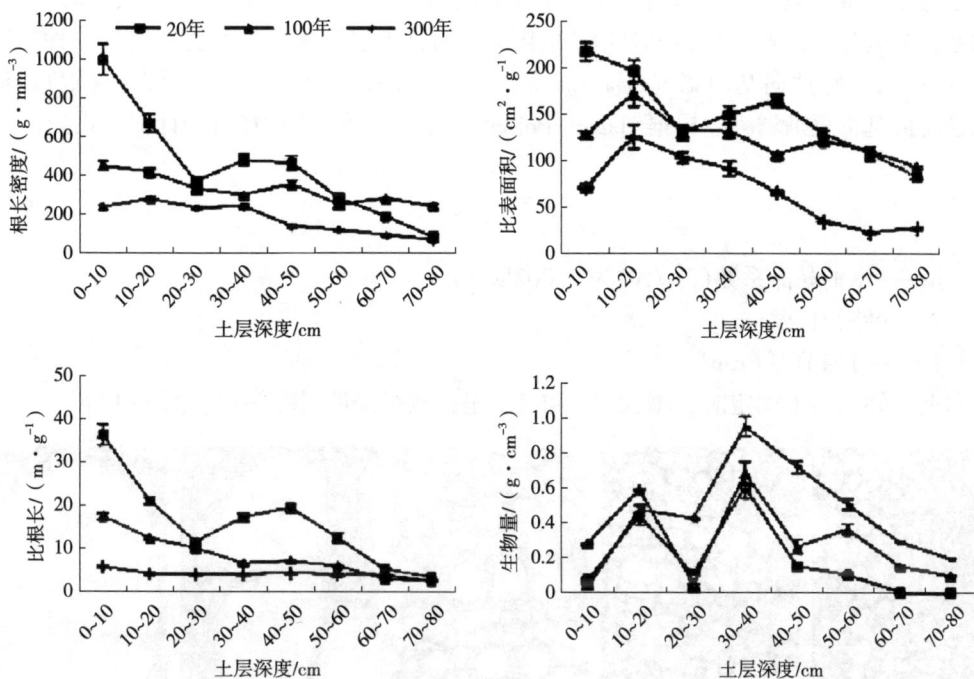

图 3-12 不同树龄侧柏细根的根长密度、比表面积、比根长、生物量(刘梦颖，2018)

3.2.3 树高对古树水分运输的影响

树木的高生长受限可能与其树龄增长导致的水分运输受阻有关，Ryan 等(1997)提出"水力限制假说"(hydraulic limitation hypothesis)，这一理论广泛用于阐释树木高度上限的差异以及随树龄变化的生长模式。该假说认为树木的水分输送受到两个主要因素的制约：①高度梯度上 -0.01 MPa/m 的重力势的影响；②较长的水分运输路径使维管系统产生的水力阻力增加。树木通过降低叶片的水势来保持水分的传输动力，但若叶片水势过低，则会抑制细胞的膨胀、叶片的展开和光合作用(Williams et al.，2019)，因此，当树木接近其最大高度时，高度增长减缓，最终完全停止。随着树龄的增长，树冠的结构也会受到影响，如在生长旺盛的夏栎中，树冠外围由茂密的长枝组成，而在 80~100 年树龄夏栎中，新枝的导水率下降，枝条生长量减少和分枝模式的改变，导致树冠降低(Rust & Roloff，2002)。

3.2.4 古树水分运输的限制和补偿

树木通过木质部导管(或管胞)将水分从根部运输到叶片，以保持水分长距离运输的连续性和稳定性。古树通常体积较大，高度较高，使得水分运输的路径更长，需要克服更多的重力导管的摩擦阻力，增加了水分运输的难度。为了保持水分稳定传输，需要有一个足够的水势梯度，这会导致树冠顶端的水势降低，木质部导管(或管胞)内形成较大的负压。巨大的负压会导致木质部导管(或管胞)内发生栓塞，大量的栓塞会破坏水柱的连续性，限制水分和养分的长距离运输，古树不可避免地受到水分长距离运输的限制。因此，古树枝干顶端往往会因水分限制而发生顶梢枯死现象。

根据水力限制假说，树木能够在不增加碳成本和生理功能负担的前提下，通过其水分运输系统的调整来减轻水分胁迫对生长的限制。目前普遍认为树高水力限制的一种补偿机制是导管（或管胞）"向基加宽"（basipetal widening），即在树木个体内，导管（管胞）直径沿茎从顶部向基部逐渐增大。根据 Hagen-Poiseuille 法则，水力阻力（r）的计算公式为：

$$r = \frac{128\mu L}{\pi D^4} \tag{3-1}$$

式中　μ——水的黏滞系数（20℃时为 1.002MPa）；

　　　L——路径长度（m）；

　　　D——导管直径（μm）。

由此可知，当 L 固定时，增大 D，可使 r 呈指数级降低（图3-13、图3-14）。

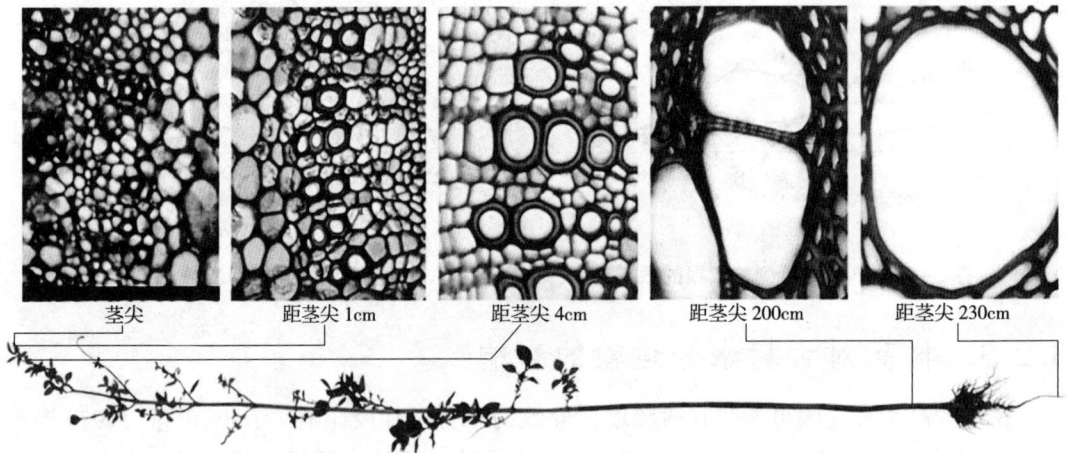

图3-13　导管直径沿植物高度的变化（Olson et al.，2021）

茎尖处的导管（染红）直径最小，靠近茎尖处导管迅速变宽，短短几厘米内就明显变宽，向茎基部加宽较慢，并延伸到根部（第一张图片底部的条形为比例尺，100μm）

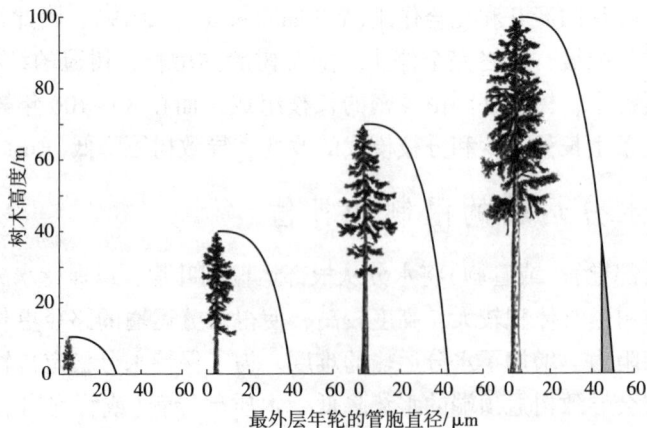

图3-14　最外层年轮的管胞直径随树木高度的变化

（Williams et al.，2019）

在以被子植物为主的气候区对 537 株树木进行采样研究后发现，包括古树在内的树木高度是导致基部导管直径增加的主要驱动因素，这表明"向基加宽"是一种普遍的适应策略（Olson et al.，2018）。然而较宽的导管在极端气候（如冰冻或干旱时）更容易发生栓塞，因此，根部导管直径不可能无限制增大，必须尽量减小随高度增加而产生的水力阻力，这反过来也会限制古树的高度（Williams et al.，2019）。

古树的高生长在一定时期会停止，但径向生长却始终在持续，为古树提供了新生的木质部水分输导组织，为水分的长距离运输提供了保障。新导管（或管胞）的生成是长时间尺度上维持水分输导功能的关键机制。同时，古树高生长的减缓和树冠的横向发育，能够减少水分向上输送的额外阻力，这也有利于水分的长距离运输。

3.2.5　古树水分运输的生理调节

古树通过边材进行水分的长距离运输。古树边材能运输水分，因此即使树干中心出现空洞，古树仍能存活。在古树的整个生命周期中，形成层始终保持分裂能力。古树个体在其一生中始终缓慢生长，即使树木高度生长停止，但形成层仍保持活力。在存活 4700 余年的长寿松中，并没有发现形成层分生组织与树龄相关的变化证据（Munné-Bosch，2007；Ryan-Michael & Yoder，1997；Rossi et al.，2008）（图 3-15）。因此，古树每年都有萌芽、长叶、径向增粗等生命活动，新生长的木质部可承担水分运输功能，但树干空洞会影响古树生长，加快树干衰退，应及时进行管理养护（符庆成，2023）。许多古树种类进化出了适应长期水分胁迫的能力，如增强的水分贮存能力、改变光合作用的效率或者调整养分分配。古树能够有效提高水分的利用效率，在消耗较少水分的情况下进行光合作用，这得益于它们对生理和生化过程的优化。

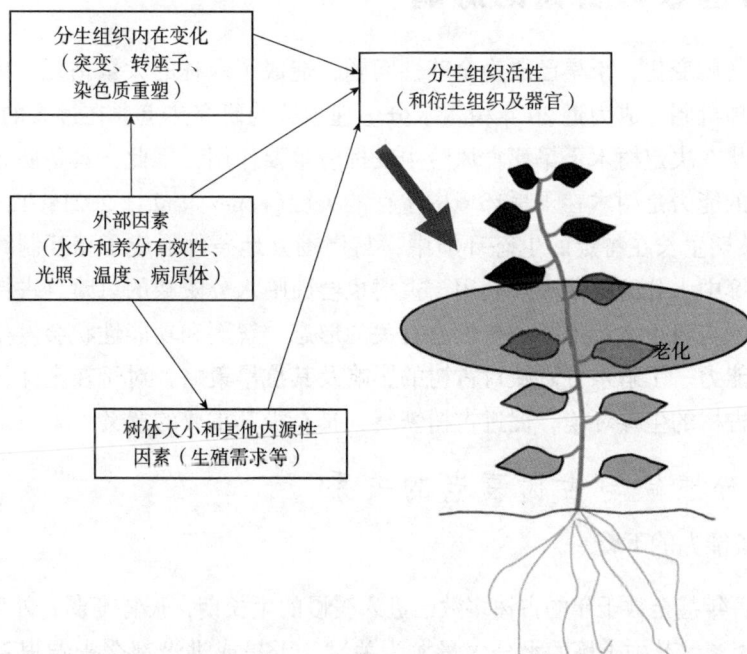

图 3-15　树木衰老过程中分生组织的作用（Munné-Bosch，2007）

3.2.6　古树蒸腾作用特性

蒸腾作用与古树水分的运输和释放、气体交换、温度调节及生存适应策略紧密相关。随着树龄的增长，树木蒸腾作用通常会下降。同时，古树的蒸腾特性会表现出一些独特的调整和适应，以响应其长期生长环境和树体结构的变化。以下是古树蒸腾作用的一些特性：

①随着树龄的增长，古树可能会降低其蒸腾速率。树木的蒸腾速率与蒸腾面积密切相关。树木达到极限高度以后，导水阻力增大，会导致叶片生长所需的膨压减小，叶面积减小，进而蒸腾面积会降低，这有利于古树的水分平衡。但叶面积的减小也会减小树木的光合面积，影响光合作用。

②随着树木体量的增加，水分输导的阻力增大，这种过大的输导阻力会导致木质部导管（或管胞）产生大量的气穴栓塞，导水率下降，限制了水分从根至叶的运输，造成树木顶部水分供应减少，细胞膨压下降，进而减少了蒸腾用水的供给量，这又进一步限制了气孔的开度和光合作用（Peñuelas，2005）。

③古树在长期生存压力下，其气孔调节能力有限。古树的蒸腾速率减小并非单纯由水分限制引起。与幼树相比，老树体内较高的脱落酸含量，会诱导叶片气孔关闭，进而抑制蒸腾作用（Finkelstein & Gibson，2002；Himmelbach et al.，2003）。同时，古树还会通过抑制细胞分裂和膨大，减少叶面积，来降低水分损失。此外，光合速率的下降是树木体量和高度增加的必然结果，这也迫使植物关闭气孔以减少蒸腾。

3.3　水分匮缺对古树的影响

由于全球气候变化，干旱已成为全球性问题，造成了森林的大量枯死。树木在干旱条件下的死亡生理机制，成为近20年树木水分生理领域的研究热点。在过去的10余年，研究表明水力性状在决定树木干旱死亡风险中发挥着重要作用，因此，具备防止水势降低和抵抗导管栓塞的能力是树木在干旱环境中生存的关键（López et al.，2021；Tarelkina et al.，2024）。古树长期生长在特定的生态环境中，与周围立地条件形成了相互制约关系，随着对根系周围土壤中水分的不断吸收利用，古树也会面临水分匮缺的风险。古树在适应水分胁迫的过程中，与防止水势下降和抗栓塞有关的形态、解剖和功能性状会发生调整，有利于提高其抗旱能力。了解水分匮缺对古树的影响及其抗旱策略，对于在全球气候变化的大背景下，保护古树的生存环境，促进古树恢复，具有极其重要的意义。

3.3.1　水分匮缺与古树衰老的关系

3.3.1.1　生长能力的下降

生存了数百年甚至数千年的古树多数已进入缓慢的生长期，长势渐弱。外部环境是影响其生长的主要因素，其中土壤的水分含量尤为关键。干旱或洪涝都会影响根系吸水，进而影响古树正常的生长发育，导致树势衰弱甚至死亡。研究发现沙地云杉（*Pieca mongolica*）

在生长到约 200 年时会开始衰退，但若土壤水分等条件得到改善，它们也能有效维持新枝的生长（淑芳，2021）。2000 年，承德避暑山庄的古树经历了严重的干旱，不仅导致其枝叶枯萎，生长迟缓，甚至对古树的生命造成了威胁（张义勇和胡海鹰，2007）。

3.3.1.2　生理机能减弱

水分短缺会直接影响古树的光合效率，导致树木有机物产出下降，进而影响其生长和树体机能维持的能力。古树在水分匮缺时会通过减少气孔开度来降低水分蒸发，这虽然减少了水分流失，但同时也限制了气孔的交换能力，进一步降低了光合作用效率。

3.3.1.3　水分吸收运输能力的改变

长期缺水会引起木质部导管阻塞，原因是气穴的产生阻断了水分从根传输至叶片的路径。这样的阻塞减弱了树木的水分运输能力，导致衰老加速。水分匮缺还会影响古树的根系生长，尤其是深根系的古树，限制了其从土壤摄取水分和养分的能力，进一步削弱了古树的生长。

3.3.1.4　生化应答的变化

水分匮缺使古树产生更多的应激相关激素，如脱落酸，以减缓生长速率并保持能量及水分。但长期的应激反应会消耗树木的生理资源，加速古树衰老进程。水分匮缺会削弱树木的抗氧化机制，抗氧化酶如 SOD 和 CAT 的活性可能下降，导致活性氧（ROS）累积，从而损伤细胞结构，加速古树细胞和组织的衰老。

3.3.1.5　繁殖能力的下降

水分不足会影响古树繁殖能力，如种子数量和质量下降，影响后代的健康和生存率。

3.3.2　古树的抗旱特性

①古树抗旱能力随树龄增长而增加，但其恢复力减弱　不同树龄的'同心圆'枣（*Ziziphus jujube* 'Tongxinyuanzao'）的抗旱性顺序为：100 年老树＞10 年生树＞2 年生树（程昊等，2022）；花旗松老树的抗旱能力更强，但比青壮年树的恢复能力弱（Carnwath & Nelson，2017）。另外，也有研究表明存活千年的古树在抗旱和恢复能力方面均表现优异（Munné-Bosch，2018）。

②古树在主干、树冠等组织中储备了大量的水分　这些水资源能在干旱期间被利用以维持生命。树木对干旱的响应分为短期响应和长期响应。短期响应即树木通过降低气孔导度或关闭气孔来减少蒸腾，降低对水分的需求；长期响应则是树木的外部形态和微观解剖结构对干旱的适应性改变。根系向深宽的方向延伸，有利于利用深层土壤水分；茎的表皮和角质层形成保护结构，可防止水分流失；比叶重增加、叶面积减小、叶片增厚，有助于减少蒸腾失水，有利于储水保水。这一系列变化都可以增强古树的抗旱性（表 3-1）。

表 3-1　不同树龄'同心圆'枣抗旱性综合评价（程昊 等，2022）

指标	2年生	10年生	100年生	指标	2年生	10年生	100年生
根木质部宽/μm	0	1	0.43	茎导管数量/（a·mm^{-2}）	0	0.64	1
根半径/μm	0	1	0.26	叶下表皮厚度/μm	1	1.22	0
根木栓层厚度/μm	0	0.22	1	叶片栅栏组织厚度/μm	0	0.34	1
根导管直径/μm	0	0.80	1	叶主脉直径/μm	0	0.62	1
茎半径/μm	0	1	0.66	平均值	0.10	0.72	0.74
茎角质层厚度/μm	0	0.35	1	抗旱性排序	3	2	1

③古树树干的木质化程度普遍较高，导管管腔较小，有利于防止木质部导管（或管胞）在干旱时出现栓塞现象　干旱条件下，树木更倾向于具有较大的木材密度、较小的导管直径、较厚的导管（或管胞）壁，有利于增强抗栓塞能力（Menezes-Silva et al.，2015）。古树在外部形态和内部结构上，具有旱生特点。高龄树的顶梢枯死也是适应干旱的一种保护机制，不仅因为顶梢更容易受到水力限制，而且因为干旱环境下顶端枝条脱落，在较低的高度重新萌芽，这样可以长出更窄且潜在更抗栓塞的导管（Koçillari et al.，2021）。

④与幼树相比，高龄树的水分利用效率通常更高　土壤含水量是影响树木水分利用效率最重要的因素。一般情况下，随着土壤含水量的降低，水分利用效率呈增加的趋势，这是由于在低土壤含水量条件下，气孔导度降低、蒸腾下降。在干旱条件下，树龄250年的西黄松（Pinus ponderosa）的水分利用效率比青壮年西黄松高54%，但比树龄90年的成熟西黄松稍低（Irvine et al.，2004）。因此，水分利用效率越高的树种，越能够在干旱或半干旱的环境中生存和生长。

⑤古树体内积累了丰富的抗旱次生代谢物　酚类和萜类等化合物有益于增强细胞膜的阻隔能力，使细胞免受损伤，从而增强植物的抗旱性。古树也会积累诸如脯氨酸等渗透调节物质，有助于细胞在低水势下保持吸水能力。

另外，在干旱条件下，古树生长发育缓慢，对水分的需求降低（Lucas-Borja et al.，2021），有利于降低对干旱的敏感性。

综上所述，古树在水分吸收、运输、利用、散失方面，以及形态、解剖、生理功能上均有适应干旱的变化，使得古树能够抵御一定程度的干旱。

3.4　古树水分生理研究方法

植物体内的水分状况是评价植物生理功能的一项重要指标。水分状况的诊断方法分为间接诊断法和直接诊断法。间接诊断法是根据经验观察植株形态，或通过测量土壤指标来判断植物是否缺水；直接诊断法是通过测量与植物水力性状相关的一些参数，反映植物的生理功能。了解古树水分生理的研究方法，不仅可为古树的保护、修复与复壮提供科学依据，也是研究古树水分关系的基础。

3.4.1　古树水分状况诊断方法

古树出现缺水症状可能有两方面原因：一是土壤水分匮乏、气温高或蒸腾速率增大；二是根系衰老、细根减少、吸收功能下降导致的吸水能力下降，或水分输导功能紊乱导致从根到叶的水分运输受阻。

3.4.1.1　土壤指标

树木根系活动层的土壤含水量以占田间持水量的 60%～80% 为宜，若土壤湿度低于此标准，应当立即灌溉以补充水分。土壤湿度是一个参考值，需要根据树木的特性和生长状况来指导灌溉工作。

3.4.1.2　形态指标

根据实践经验，树木在缺水的情况下，其叶片会出现萎缩，生长速率会减慢，叶绿素含量相对增加，枝叶颜色变深，叶片颜色变红或变黄。这是因为干旱导致糖类分解速度超过合成速度，细胞内的可溶糖转变为花色素所致。出现以上明显症状时，表明树木水分状况较差。

3.4.1.3　生理指标

生理指标与外观指标相比，能更快、更灵敏地反映植物的水分状态。叶片是最能敏感指示树木生理变化的部位。叶片的相对含水量、渗透势、水势、细胞汁液浓度和气孔开度均为诊断古树水分状况的重要生理指标。叶片的相对含水量是实际含水量与饱和含水量的比值，这一比值通常为 85%～90%。当相对含水量低于 50% 这一临界值时，叶片将会枯萎。当树木体内水分失衡，叶片的水势和溶质势会下降，细胞汁液浓度上升，气孔导度减小，甚至关闭。枝条的水势与枝条木质部的气穴栓塞程度密切相关，也是诊断树木水分状况的关键指标。

3.4.2　古树水分生理指标测定方法

3.4.2.1　根系导水率

根系导水率（root hydraulic conductivity）是反映树木根系水力特征的重要参数，可用单位面积内单位压力下通过根表面积的水流通量来表示。根系导水率受蒸腾速率、土壤含水量、营养状况、土壤温度等环境因素的影响，也受到根系自身状况、根空间分布、解剖结构、根系代谢活性的影响。根系导水率可以在根细胞、单根、整株根系几个水平上反映根系的吸水能力，常用测试方法有毛细管法、蒸腾法、压力室法和压力探针法。

3.4.2.2　植物组织水势

水势（water potential）是反映树木水分状况的重要指标之一。植物水势与土壤水分状况、植物水分吸收和水分长距离运输能力、蒸腾速率等密切相关。对植物组织水势的测定方法总体上分为两类，一类是测定植物组织或汁液的渗透势，常用的方法有小液流法、热电偶湿度计法、质壁分离法、冰点下降法、压力—容积曲线法、蒸气压渗透计法；另一类是测定植物组织的平衡压力，如压力室法、压力探针法。

3.4.2.3　枝条水分输导效率

枝条水分输导效率常用来表征植物的水分长距离运输能力，通常用茎比导率（stem specific hydraulic conductivity）和叶比导率（leaf specific hydraulic conductivity）表示。茎比导率指单位木质部横截面积上的导水率，与导管直径、导管密度等关系密切；叶比导率指单位叶面积上的茎导水率，与茎导水率和叶面积相关。

3.4.2.4　气穴栓塞

气穴栓塞的程度通常以导水损失率（PLC）来量化，PLC 值越高，表明栓塞程度越严重。一般将 PLC 值达到 50%（P_{50}，裸子植物）或 88%（P_{88}，被子植物）视为水力衰竭的临界点。低压液流法（low pressure-flow method）是一种常用的测量方式。近年来，显微 CT 和核磁共振影像法等无损检测技术也广泛应用于评估植物气穴栓塞的程度。

3.4.2.5　木质部栓塞脆弱性

木质部栓塞脆弱性（vulnerability to embolism）用于评估木质部发生栓塞的难易程度。该过程通过木质部的负压与气穴栓塞导致的 PLC 之间的关系进行量化，即人为产生不同的木质部负压，检测在该负压下的 PLC，并绘制木质部负压与 PLC 之间的关系曲线——脆弱性曲线（vulnerability curve）。产生木质部负压的方法包括自然风干法、气穴室法、离心法等。

3.4.2.6　气孔导度

气孔是植物叶片与外界空气交换的重要通道。大部分植物的气孔白天开放，晚上闭合。气孔开度不仅直接影响植物的蒸腾，还会对植物的光合作用产生一定的影响。因此，在研究水分代谢和光合作用时，测量气孔导度（stomatal conductance）是必不可少的。气孔导度常用光合仪或气孔计测量，也可以通过印迹法或固定法测定气孔的开度。

3.4.2.7　蒸腾速率

蒸腾速率（transpiration rate）是反映植物蒸腾强度的一个重要指标，而植物的蒸腾量是研究植物水分代谢的重要方面。蒸腾速率可以在通过光合仪测定光合作用时获得，也可以用吸水剂法和吸水纸法测定一定时间内的蒸腾速率。

3.4.2.8　水分利用效率

水分利用效率（water use efficiency，WUE）反映在植物生产过程中单位水分的能量转化效率，从时间尺度上通常分为瞬时水分利用效率和长期水分利用效率。瞬时水分利用效率，可用单叶净光合速率和蒸腾速率之比表示，也可用单叶净光合速率与气孔导度之比来表示。个体或群体水分利用效率以一段时间或整个生育期内地上部生物量的增量与同期蒸腾量之比表示。

小 结

　　水分的吸收利用是树木生长发育的基础过程。水分吸收主要发生在根部，受细根分布和活性的影响，也受土壤性质、土壤通气状况等因素的制约；此外，古树水分吸收和利用特性受树龄和树高的影响。随着树龄的增长，根系在水平和垂直方向扩展加大，但根系老化导致细根活力和吸水能力下降，限制了水分摄取。随着树木体量的增加，水分输送路径延长，导水阻力上升，树木通过沿茎向基部增大导管直径来减少阻力。而树木高度带来的水力限制影响古树水分状况，古树通过每年生长新的木质部、改变树冠结构来维持水分的远距离运输。古树由于叶面积减小、树体顶端水分状况变差，蒸腾速率下降，有助于减少水分散失，维持水分平衡。本章为古树养护和管理提供了依据。

思考题

1. 古树的根系特征对水分吸收有什么影响？
2. 古树容易产生水分限制的主要原因是什么？
3. 古树水分平衡的内部调节机制有哪些？
4. 古树抗旱能力较强的原因是什么？

推荐阅读书目

植物生理学(第 3 版). 武维华. 科学出版社，2008.
植物生理学. 王忠. 中国农业出版社，2010.
植物生理学. 张继澍. 高等教育出版社，2012.

第 **4** 章

古树矿质营养

本章提要

本章简要介绍了矿质元素的概念，以及细胞对矿质元素的吸收、根系和叶片对矿质元素的吸收、矿质元素在植物体内的运输、矿质循环等内容。重点讲解了树龄对养分吸收、再动员、积累的影响，以及古树矿质营养特点及其对环境变化的响应，阐述了古树衰退与矿质元素的关系，并介绍了古树矿质营养诊断和研究方法。本章为古树合理施肥，促进古树健康生长提供依据。

植物从土壤中吸收水分的同时，也从土壤中吸收必需的矿质元素，以维持正常的生命活动。矿质元素的缺乏、过量及各元素间的比例失调，均会对古树的生长产生负面影响，表现为生长迟缓、叶片褪色、结实量下降等症状，引起古树衰退。因此，树体中矿质元素含量与古树健康状况密切相关。

4.1 植物矿质营养概述

4.1.1 矿质元素概念

植物吸收的矿质元素(mineral elements)一部分作为构成细胞的主要结构成分，一部分贮存于有机物中，还有少部分以游离的形式存在于细胞质中。将植物材料在105℃下干燥，然后在600℃下充分焚烧，干物质中所含的碳(C)、氢(H)、氧(O)、N等元素以CO_2、水(H_2O)、氮气(N_2)、氨(NH_3)、氮硫化合物等气体形式挥发出来，剩余的不可燃烧灰白色残渣称为植物灰分。

植物体内的灰分含量随着植物的种类、器官、树龄以及生长环境的不同而有显著的差异。一般来说，水生植物灰分占干物质的1%，中生植物占5%~15%，盐生植物占45%左右；木材中灰分占1%，种子中占3%，草本茎中占4%~5%，木本植物叶片中占10%~15%(武维华，2008)。灰分中以氧化物形式存在的元素称为灰分元素，由于灰分元素直接或间接地来自土壤矿质，又称矿质元素。氮素在燃烧时会散失至空气中，不残留在灰分中，并且氮本身也不是土壤中的矿物成分，所以氮并不算作矿质元素。然而，鉴于除了生物固氮外，植物同样从土壤吸收氮素，因此将氮素纳入矿质元素的讨论范畴。

4.1.2　矿质元素生理作用

矿质元素是组成细胞壁、膜结构和叶绿体等细胞器的关键成分，构成了植物组织和细胞的基本结构。矿质元素参与调控酶活性和渗透压，影响植物的生长发育和生理功能，在电解质平衡和离子转运中发挥作用，保持细胞内外的电位差，调节离子吸收和信号传导，参与光合作用和电子传递链，是植物能量代谢的基础。

4.1.3　植物矿质元素分类

尽管植物干物质中矿物质元素的比例仅为几个百分点，但其种类却相当繁多。在自然界的 92 种元素中，至少发现有 60 种存在于各种植物之中，其中超过 1/2 能在木本植物中找到。矿物质元素一般可分为 3 类：必需矿质元素、有益矿质元素和有害矿质元素。

4.1.3.1　必需矿质元素

必需矿质元素是植物生长发育必不可少的元素。国际植物营养学会规定了植物必需矿质元素的 3 条标准：①是完成植物整个生长周期所不可缺少的；②在植物体内的功能是不可代替的，植物缺乏该元素时会表现特定的缺素症状，并且只有补充这种元素后症状才会消失；③对植物体内代谢所起的作用是直接的，而不是通过改变植物的生长条件或其他元素的有效性产生的间接作用。必需矿质元素间不能互相代替，而且它们之间存在相互拮抗作用和增效作用，各必需矿质元素在植物中的主要功能见表 4-1 所列。

现已确定的植物必需元素有 17 种，除从大气和水中获得的非矿质必需元素 C、H、O 外，有 14 种元素认定为必需矿质元素，包括氮(N)、磷(P)、钾(K)、钙(Ca)、镁(Mg)、硫(S)、铁(Fe)、锰(Mn)、锌(Zn)、铜(Cu)、钼(Mo)、硼(B)、氯(Cl)和镍(Ni)。根据植物体内矿质元素的含量，一般将其分为大量元素和微量元素两大类。大量元素包括 N、P、K、Ca、Mg、S 共 6 种，分别占植物体干重的 0.1% 以上；微量元素包括 Fe、Mn、Zn、Cu、Mo、B、Cl、Ni 8 种，这些元素各自在植物中干重的含量为 0.05~100mg/kg（表 4-1）。

矿质元素进入植物体后，一些元素被固定在某些器官内，而另一些元素在固定后可以再次向其他组织器官转移。由于固定元素在植物体内不易移动，当该元素供应缺乏时，缺素症状会首先在新生部位表现出来。而对于易移动元素，因其可以从较老的组织器官向代谢旺盛的新生部位转移，从而在供应缺乏时，老的组织器官首先出现缺素症状。不同矿质元素的可移动性也存在差异，可分为高、中、低不同的档次（表 4-1）。了解矿质元素在植物体内的移动性，可以为古树缺素症状诊断提供参考。

表 4-1 植物的必需矿质元素

元素	化学符号	原子量	植物可利用形式	干物质中的平均浓度		在植物体中的可移动性	主要生理功能
				摩尔浓度 /(μmol·g^{-1})	质量浓度: 大量元素/%; 微量元素 /(mg·kg^{-1})		
大量元素							
氮	N	14.01	NO_3^-，NH_4^+，氨基酸	1000	1.5	高	叶绿素、核酸、蛋白质、酶、激素分子结构的成分
钾	K	39.10	K^+	250	1.0	高	渗透调节，电化学势维持，酶活化因子
钙	Ca	40.08	Ca^{2+}	125	0.5	低	细胞壁胞间层的重要成分，信号转导过程的重要第二信使
镁	Mg	24.32	Mg^{2+}	80	0.2	高	叶绿素分子的构成成分，RuBP 羧化酶等参与光合碳代谢酶的活化
磷	P	30.98	$H_2PO_4^-$，HPO_4^{2-}	60	0.2	高	能量转换的介质元素，核酸、核蛋白、磷脂的重要成分
硫	S	32.07	SO_4^{2-}	30	0.1	中	蛋白质、氨基酸的重要成分
微量元素							
氯	Cl	35.46	Cl^-	3.0	100	高	光系统 II 酶的活化，细胞渗透调节，植物细胞内含量最高的无机阴离子
铁	Fe	55.85	Fe^{3+}，Fe^{2+}	2.0	100	中	氧化还原酶的辅基，电子传递链的重要电子载体，叶绿素合成过程多种酶活性调节
锰	Mn	54.94	Mn^{2+}，Mn^{3+}，Mn^{4+}	1.0	50	低	光合放氧复合体组分，酶活性调节，与氧化还原、电子传递密切相关
锌	Zn	65.38	Zn^{2+}	0.30	20	中	酶的辅助因子和酶活性调节

（续）

元素	化学符号	原子量	植物可利用形式	干物质中的平均浓度		在植物体中的可移动性	主要生理功能
				摩尔浓度/$(\mu mol \cdot g^{-1})$	质量浓度：大量元素/%；微量元素/$(mg \cdot kg^{-1})$		
硼	B	10.82	H_3BO_3，BO_3^{3-}，$B(OH)_3$	2.0	20	中	与细胞壁果胶多糖结合，维持细胞壁稳定性
铜	Cu	63.54	Cu^{2+}，Cu^+	0.10	6	中	氧化还原相关酶的辅基
钼	Mo	95.95	MoO_4^{2-}	0.001	0.1	中	硝酸还原酶的辅因子，参与根瘤固氮
镍	Ni	58.69	Ni^{2+}	0.001	0.05	中	氮固定过程中脲酶的辅基

必需矿质元素在植物体内存在剂量效应，当其供应不足时，会出现特有的缺素症状，过量则可能产生毒害。如图4-1所示，任何必需元素的缺乏都会改变植物生理过程，通常在可见症状出现之前就已经抑制了植物生长。对于每种必需矿质元素，只有当浓度达到一定的阈值，植物才能达到最大生长量。在达到阈值浓度前，当生长量小于最大生长量的80%时，植物会表现出特定的缺素症状；当生长量达到最大生长量的80%~100%时，植物处于生长受抑制向正常生长的过渡阶段，缺素症状不明显。通常将最大生长量下降10%时植物体中矿质元素的浓度定义为该元素的临界浓度。当矿质元素浓度超过满足植物最大生

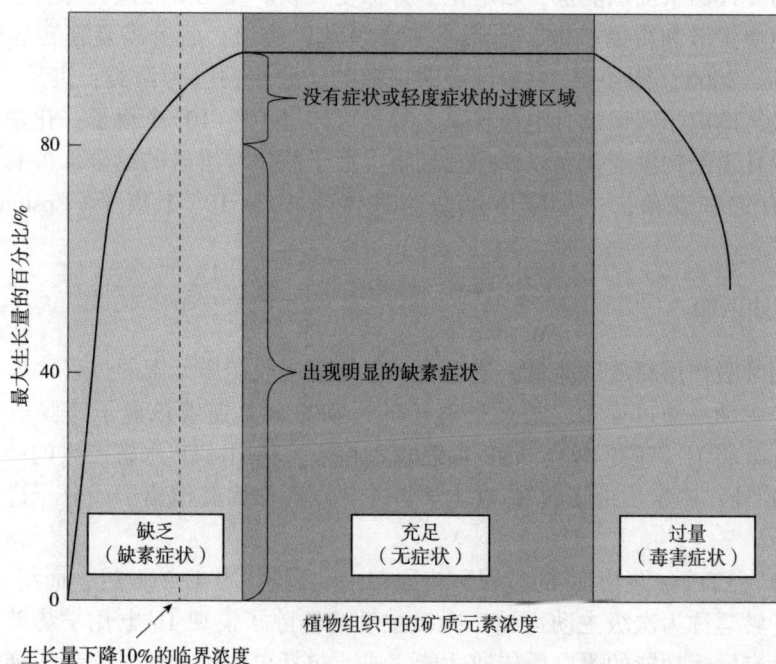

图4-1 必需矿质元素的剂量效应（改绘自 Epstein et al.，2005）

长量的阈值时，在一定范围内植物会继续保持正常生长。但随着浓度的持续增加，特别是当一些微量金属元素在植物中积累到非常高的水平时，会促进活性氧(ROS)的产生，从而导致广泛的细胞损伤，致使植物产生毒害症状。

4.1.3.2　有益矿质元素

有些元素并非植物的必需矿质元素，但对植物生长发育或其生长发育过程中的某些环节有积极作用，这些元素称为有益矿质元素，常见的有钠(Na)、硅(Si)、钴(Co)、硒(Se)、钒(V)等。

4.1.3.3　有害元素

某些元素，无论少量或过量存在时，均对植物有不同程度的毒害作用，习惯上将这些元素称为有害元素，如铝(Al)和大部分重金属元素。植物根系无法将铅(Pb)、镉(Cd)等剧毒元素与必需矿质元素区分开来，这意味着在受污染的土壤中，有毒元素可通过养分吸收系统进入植物体内，进而影响根系对必需矿质元素的吸收。

4.1.4　植物细胞对矿质元素的吸收

细胞对矿质元素的吸收是植物不断摄取营养元素的基础。细胞膜是细胞与环境之间的空间界限，活细胞对各种营养元素的吸收过程，就是这些元素的跨膜运输过程。离子的跨膜运输有两种方式：被动运输和主动运输。

4.1.4.1　被动运输

细胞不需要代谢来提供能量，顺电化学势梯度吸收矿质元素的过程称为被动运输。被动运输包括简单扩散和协助扩散，前者不需要膜转运蛋白，后者需要膜转运蛋白的协助(Taiz & Zeiger, 2006)(图4-2)。参与协助扩散的质膜蛋白分为两类：离子通道和载体。经离子通道进行的离子转运没有饱和现象，每秒可传送 $10^6 \sim 10^7$ 个离子，化学修饰和电压变化可以诱导孔道的构象变化，以调控其开闭。由于载体对溶质的结合部位有限，因此离子载体转运有饱和现象，一个载体蛋白每秒传递 $10^2 \sim 10^4$ 个离子(Epstein & Bloom, 2005)。

4.1.4.2　主动运输

细胞利用呼吸作用释放的能量，逆电化学势梯度吸收矿质元素的过程称为主动运输。

在离子的主动运输过程中，被运送离子的运动方向是逆着该离子跨膜电化学势梯度的。H^+-ATPase 将 H^+ 跨膜运输与 ATP 水解联系起来，利用 ATP 水解产生的能量，把胞质内的 H^+ 泵出膜外，产生了跨膜的 H^+ 电化学势差，以此作为其他离子或分子进入细胞的驱动力。

通常把 H^+-ATPase 泵出 H^+ 的过程称为原初主动运输[图4-2(b)]，而将 H^+ 电化学势差驱动的离子转运称为次级主动运输。次级主动运输除了需要 H^+ 电化学势差外，还需要通过质膜上具有转运功能的蛋白质传递才能完成，包括单向传递体、共向传递体和反向传递体(图4-3)。

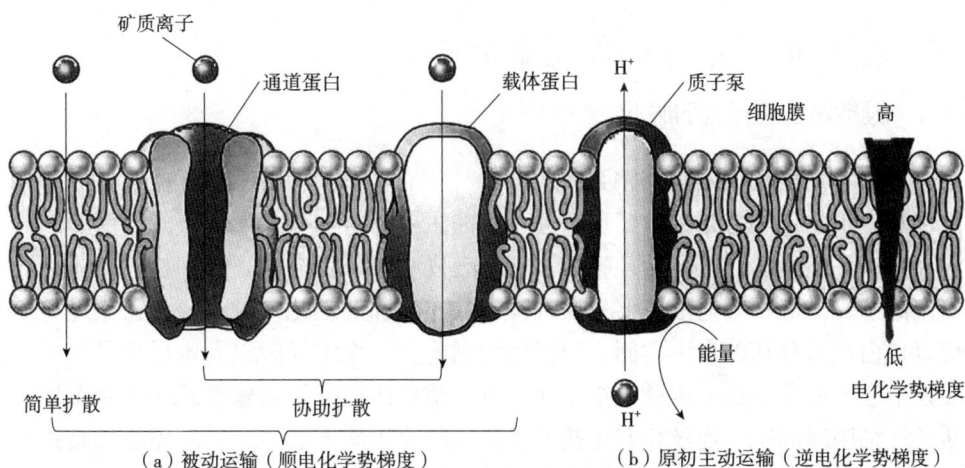

图 4-2　细胞吸收矿质元素的被动运输和原初主动运输示意图（Taiz & Zeiger, 2006）

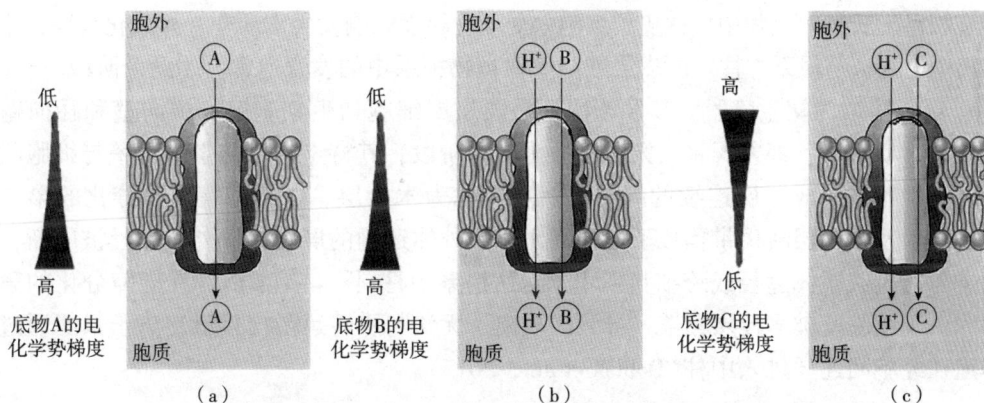

图 4-3　细胞吸收矿质元素的次级主动运输示意图（Taiz & Zeiger, 2006）

（a）单向传递体　（b）共向传递体　（c）反向传递体

4.1.4.3　不同矿质元素的跨膜运输方式

跨膜运输的方式因矿质元素不同而存在差异。细胞膜上的特定载体蛋白和离子通道，根据植物的需求选择性地运输矿质元素。载体蛋白和通道蛋白可以响应环境信号或植物内部的调节机制，从而优化矿质元素的吸收和分配。

①K^+、Mg^{2+} 和 Ca^{2+} 等离子的跨膜运输，既与通道蛋白活动有关，又与质子反向传递体有关。

②关于载体蛋白和通道蛋白，铵态氮（NH_4^+-N）的吸收与通道蛋白有关，硝态氮（NO_3^--N）的吸收既通过通道蛋白，又通过 H^+ 反向传递体载体蛋白。磷酸盐、硫酸盐、钼酸盐的吸收，主要受质子与阴离子共向传递体的调节。微量金属元素既可以通过金属和 H^+ 反向传递体进入胞内，也可以通过非选择性阳离子通道进入细胞。在土壤中含有充足的 B 时，B 的吸收可以采用简单扩散的方式，不需要经由跨膜蛋白穿越细胞膜，但当 B 供应不足时，则需要通过载体介导的主动跨膜运输。值得注意的是，许多转运蛋白属于多基因家族，而且基因表达和蛋白功能在不同植物组织和物种间存在差异。

4.1.5 根系和叶片对矿质元素的吸收

4.1.5.1 根系对矿质元素的吸收

(1) 根系对矿质元素的吸收途径

对于陆生植物，根系是吸收矿质营养元素的主要器官。矿质元素首先以溶解的离子形式从土壤向根系表面运动，随后从根系表面跨表皮、皮层径向输送到中柱，这一运输过程称为短距离运输。短距离运输主要有质外体、共质体和跨细胞 3 种途径。①质外体是水和溶质可以自由扩散移动的自由空间，包括植物细胞壁、细胞间隙以及木质部导管等。质外体途径是指水和溶质通过细胞壁和细胞间隙进入植物体内部的运输方式。②共质体是细胞原生质通过细胞间的胞间连丝相互连接起来形成的原生质连续体。共质体途径是指水和溶质经胞间连丝在不同细胞间交换的运输方式。③矿质元素还可以依靠细胞膜上的转运蛋白，通过连续的跨膜从表皮运输到中柱，此过程称为跨细胞途径。

在根系生长发育过程中，内皮层细胞壁受环境因素影响发生木质化、栓质化加厚，阻挡矿质离子进入植物根系中柱。内皮层细胞壁在植物根系中的发育通常分为两个阶段[图 4-4 (a)]。第一阶段为初生阶段，其显著特征是内皮层细胞初生细胞壁的横向壁和径向壁出现明显的带状加厚，即凯氏带。第二阶段为次生阶段，其特点是在初生细胞壁与细胞膜之间的次生细胞壁形成一层连续的纤维素沉积，称为木栓层。在细胞壁屏障分化的第一阶段，由于根系内皮层凯氏带构成了溶质和水分质外体运输的屏障，质外体途径被中断，使得离子需通过共质体途径或跨细胞膜才能到达根系中柱[图 4-4(b)]。在屏障分化的第二阶段，由于细胞壁被木栓层覆盖，导致矿质离子无法与膜转运蛋白接触，离子只能通过共质体途径经胞间连丝进入中柱(Doblas et al.，2017)。

(2) 影响根系对矿质元素吸收的主要因素

①土壤 pH 值、肥力水平等理化性质直接决定了元素的可利用性。土壤湿度、温度等环境条件，也会影响根系的吸收能力。②根系生物量大小、根毛发达程度等直接决定了吸收面积。根系分泌物、根系生理活性水平则影响矿质元素的溶解和转运。③植物自身对某种矿质元素的需求程度，会调控根系的吸收能力。一种元素的吸收还会受到其他元素营养状况的影响。④植物激素，如生长素、细胞分裂素等，可以调节根系的生长发育，从而间接影响根系对矿质元素的吸收利用效率。⑤干旱、盐碱、重金属污染等环境胁迫，会抑制根系对元素的吸收，植物需要调动多种应激机制以维持吸收稳定性。⑥根系与根际微生物的共生关系，可以增强对某些元素的获取能力，如根瘤菌提高了根系对氮素的吸收能力。

4.1.5.2 植物叶片对矿质元素的吸收

根系是植物吸收矿质元素的主要器官，但一些矿质元素也可以通过叶片、嫩枝等地上器官进入植物体。空气中或叶面喷施的养分可以通过叶片的角质层和气孔进入叶片内部，一些养分还可以通过叶的表皮毛被植物吸收。生长于树上的附生生物也能够获得空气中的养分，并将这些养分传输给寄主植物。在北美温带雨林的许多古树上，附生着高密度的苔藓—蓝藻共生体，共生体通过生物固氮过程，对林分的氮供应具有重要作用。

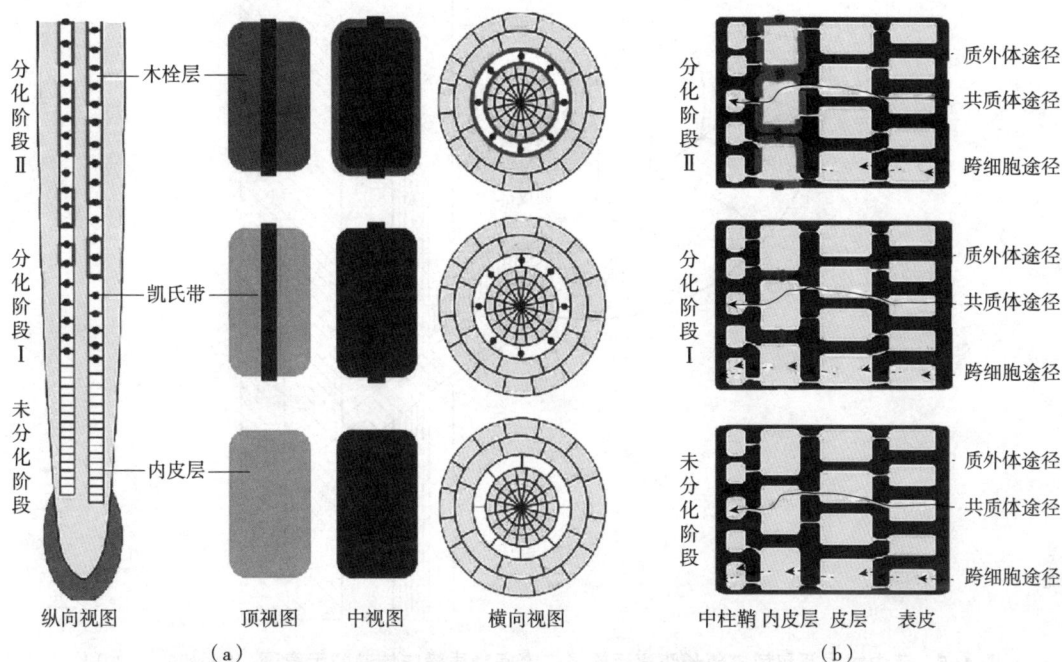

图 4-4　内皮层细胞壁分化对矿质元素短距离运输的影响(Doblas et al. , 2017)

(a)内皮层分化的不同阶段　(b)不同阶段矿质离子的径向运输路径

(1)叶片对矿质元素的吸收过程

有些矿质元素在土壤中施肥效果差，如铁在碱性土壤中有效性低、钼在酸性土壤中被固定等情况下，采用叶面施肥可以及时补充古树地上部分缺乏的矿质养分。

叶面吸收主要包括以下几个步骤：①矿质元素以溶解态存在于水溶液中，并在叶片表面形成薄膜或水滴。②矿质元素穿透通过叶表皮的角质层，这一过程可能是通过被动扩散或借助特定的转运蛋白进行主动运输。当空气湿度低时，角质层对水、溶质和气体的渗透性很低；当空气湿度高时，角质层外层会产生极性水孔，一般认为水孔的直径大于 1nm，在杨树和咖啡的叶片中可以达到 4~5nm，完全允许矿质离子的通过。在叶片不同发育阶段，角质层的结构和组成不同，嫩叶的角质层渗透性比老叶高，吸收速率和吸收量更大。③气孔对矿质元素的吸收与气孔的密度和结构有关，气孔密度高的比密度低的吸收速率高，气孔开口大的比开口小的吸收速率要高。

(2)影响叶片吸收矿质元素的因素

叶对养分的吸收受到角质层、气孔结构变化、肥液在表面的滞留时间、溶液的浓度和 pH 值等因素的影响。另外，能影响液体蒸发的外界环境因素，如光、温度、风速、湿度等，也会影响叶片对肥液的吸收。

4.1.6　矿质元素在植物体内的长距离运输

根系吸收的矿质营养元素只有少部分被根的生长发育和代谢活动利用，其余大部分在根压和蒸腾拉力作用下，经木质部从根部输送到地上部分。地上部分器官吸收的矿质营养元素可以向韧皮部装载，再向需求部位运输。营养物质可以在韧皮部和木质部之间横向传

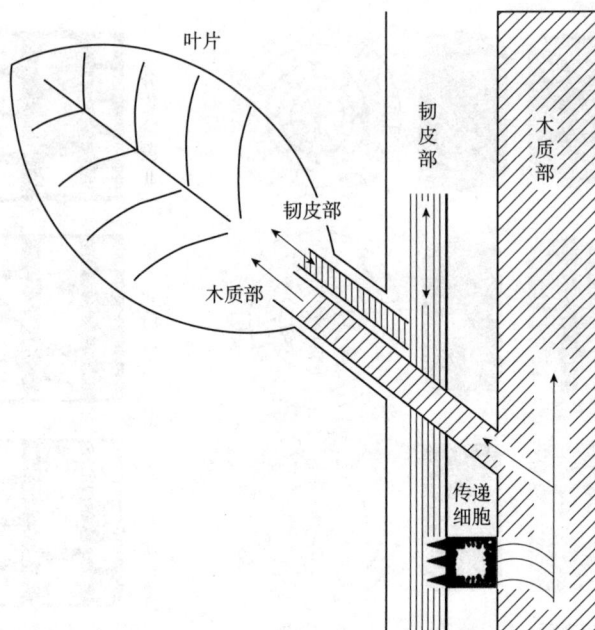

图 4-5　茎中木质部和韧皮部长距离运输及二者间物质横向传递的示意图（Marschner，2011）

递（图 4-5）。在植物生长发育的特定阶段，有些矿质元素可以发生再次移动，在不同器官间进行再分配。

4.1.6.1　矿质元素的木质部运输

矿质元素被根系吸收后，经短距离运输被转运到根系中柱内。其中，经共质体途径运输的离子，从木质部薄壁细胞经转运蛋白释放到导管，经质外体途径运输的离子，顺浓度梯度向导管扩散。在木质部导管汁液中，pH 值在 5～7 的范围内，N、P 和 S 主要以硝酸盐、磷酸盐和硫酸盐等无机形式存在。此外，N 也以氨基酸、酰胺形式向地上部运输，但铵态氮（NH_4^+-N）的浓度较低，不超过 1mmol/L；Ca、Mg、Zn、Mn 主要是以阳离子或者阳离子有机酸络合物形式在木质部中运输，Fe 以柠檬酸铁为主；Cu、Ni 则以烟酰胺络合物为主。在根压或蒸腾拉力的驱动下，矿质元素在木质部中以集流方式向地上部运输。在运输过程中，导管内的矿质元素可以向周围的薄壁细胞径向移动，暂时或永久贮存在木质部薄壁组织中，或通过专门的细胞从木质部转移到韧皮部中。相反，当根系的养分供给不足时，周围薄壁组织中的矿质元素也可向木质部导管释放或分泌，如 N、K、Mg 等都可以从导管周围细胞向木质部导管释放，以保证地上部分生长对矿质元素的需求。

矿质元素的吸收和向地上部的转运受蒸腾速率影响，但对不同的元素种类，蒸腾速率的影响效果不同。蒸腾速率对 K、NO_3^- 和 P 向地上部分转运的作用微乎其微，但 Na、Ca 向地上部分的转运随蒸腾速率提高显著增加。对于 B 和 Si 等可以通过不带电分子形式被根系吸收的元素，蒸腾速率对其吸收和向地上部分转运的促进作用最为显著。同样，矿质元素在地上部分的分布与蒸腾速率的关系也因元素种类而异。对于 Mn、Si、B、Ca 等矿质元素，在蒸腾速率高的部位中，浓度要显著高于蒸腾速率低的部位，而对于 K、Mg，这种趋势不明显。

4.1.6.2　矿质元素的韧皮部运输过程

与矿质元素在木质部中由根向叶的单向运输相比，韧皮部运输没有固定的方向性，遵循"源-库"原则，其运输方向和速率与库端韧皮部的卸载密切相关。韧皮部汁液的 pH 值在 7~8 范围内，呈碱性，汁液中溶质浓度高，平均干物质含量可达 15%~25%。蔗糖是韧皮部汁液的主要成分，占到干物质的 90%；除蔗糖外，氨基酸的比例也较高，主要是谷氨酰胺和天冬酰胺；有机酸如苹果酸和柠檬酸在韧皮部汁液中也较为丰富；其他有机物还包含次生代谢物、激素、蛋白质和 RNA 等。而对于矿质营养成分，K 在韧皮部汁液中的浓度通常最高，其次是 P、Mg 和 S，而 NO_3^-、NH_4^+ 和 Ca 的浓度普遍偏低。不同矿质元素均存在于韧皮部汁液中，但各元素在韧皮部中的移动性存在差异。对于韧皮部中易于移动的矿质元素，可从贮存部位向需求部位转移，被植物再利用。

4.1.6.3　矿质养分的循环与再循环

树木体内的养分循环是指根系吸收的矿质元素，经木质部运输到地上部分，其中一部分养分又经韧皮部返回根系的过程，即矿质养分经历了一个完整的循环过程：根系—木质部—地上部分—韧皮部—根系。由地上部分返回到根中的养分不能被根系完全利用，其中一部分又可经木质部再次运输到地上部分，这一过程称为养分的再循环。

养分的循环和再循环在植物正常的生长发育过程中普遍存在，尤其在养分供应有限的环境中，确保了养分的高效利用。对于耐盐物种而言，叶片中富集的盐离子可经养分循环流向其他器官，这是维持叶片较低盐浓度的重要手段。对于地上部分作为主要养分同化位点的植物，其地上部分同化的矿质养分可通过韧皮部向根系运输，以满足根系的需求。同时，养分循环还有益于蔗糖在韧皮部的长距离运输，有助于在土壤养分亏缺时维持根压。此外，养分循环还能够调节地上部分对营养的需求，从而影响根系对相应矿物营养元素的吸收。

4.1.6.4　矿质养分的再动员

在植物器官的整个生命周期中，矿质养分的输入和输出同时发生。在生长发育的某些特定阶段，矿质养分输出的速率大于输入的速率，导致器官内部矿质元素的净含量减少，这种由于养分输出导致器官养分净含量下降的现象称为矿质养分的再动员。养分再动员一般包括以下几个生理过程：细胞贮存养分的释放，如贮藏蛋白的降解、液泡和叶绿体等细胞器的解体、结合态矿质离子的解离；细胞中可移动态养分向韧皮部的短距离运输；韧皮部的装载和长距离运输。

矿质养分的再动员对于植物的生长、存活和繁殖具有重要作用。这一过程通常发生在种子萌发、养分供应不足的营养生长阶段、生殖生长阶段和落叶树种的落叶前期。通常情况下，树木在冬眠期间会将叶片中的营养撤回并贮存在茎、枝、根中，翌年当树木开始生长时，这些营养物质会被重新运输到活跃的分生组织中。古树的开花结果以及每年早期的生长都与营养元素的再动员密切相关。

4.1.7　矿质循环

矿质循环指的是生物和非生物间矿物元素的互换与循环利用。对树木而言，这一循环

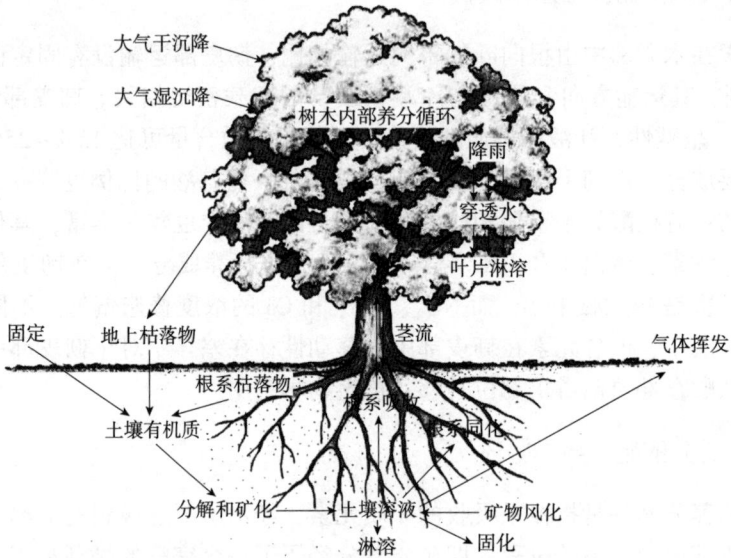

图 4-6　矿质循环示意图(Barnes et al.，1998)

涉及几个关键步骤：①树木对矿质养分的吸收和积累；②冠层淋溶；③地上、地下枯落物的产生；④枯落物的分解；⑤土壤养分的输入和输出(Barnes et al.，1998)(图 4-6)。

4.1.7.1　树市对矿质养分的积累过程

树木对矿质养分的积累过程包括养分的吸收、转运、利用和贮存，对整个森林生态系统的功能和生态平衡也有影响。不同生态系统的植物营养总量按照下列顺序变化：热带森林>温带阔叶林>温带针叶林>寒温带森林。在热带森林中，根系吸收养分效率较高，大量的矿质养分积聚于树体内。相比之下，温带森林将更多的养分积存于缓慢分解的枯落物中。

①树木的根系构造，包括其深度、分布和根毛的发育，对矿质养分的吸收起着决定性作用。一般情况下，N、P、K、Ca、Mg 在热带森林树木中的含量比温带阔叶林高 3~5倍。在温带地区，落叶树和常绿树的营养积累存在很大差异。如美国北卡罗来纳的白栎(*Quercus fabri*)，其 N、P、K 含量是同一立地条件下火炬松的 2 倍，Ca 含量是火炬松含量的 15 倍(Ralston and Prince，1963)。但由于落叶树种矿质养分在叶片中停留时间短，导致落叶树种单位矿质营养的碳同化量低于常绿树种，落叶树种每周转 1g N 而获得的碳不到常绿树种的 1/2。

②矿质元素在树木各器官中的分布是不同的，这取决于各器官的生物量和养分浓度。被吸收的养分通过木质部运输到树冠和其他生长活跃部位。在树冠中，养分用于支持新叶的生长、花和果实的发育以及光合作用。多余的养分通常贮存在树干和根部的木质部，以备不时之需。在地上部分不同器官中，矿质浓度即所占干重的百分比一般表现为叶>小枝>大枝>树干。

③树木在其生命周期的不同阶段对养分的需求不同。如在快速生长期，N 和 P 的需求

量特别高，因为它们是合成氨基酸和核酸的关键元素。在形成木质部和树干的过程中，Ca 和 Si 的需求量也会增加。随着树木树龄的增长，叶在生物量中所占比例减小，而树干和树皮的比例增加，进而导致叶片在整树矿质元素总量中的分布比例逐渐下降，枝干的比例逐渐升高。此外，树龄不同，矿质营养的来源也不同。对于幼龄树木，其全部营养都从土壤中获得；对于成年树木，除了从土壤中获取养分外，树体内的养分循环和枯落物的分解对养分供应起到了重要作用。

4.1.7.2　影响树木冠层养分淋溶的因素

当降雨通过树木冠层时，雨水中的矿质营养浓度升高。这种增加由 3 个因素造成：植物组织矿质元素的淋溶、空气沉降物的冲洗和冠层表面植物分泌物。多种因素会影响养分淋溶的速率和程度，具体如下：

①不同树种的叶片化学成分和表面结构差异会导致淋溶率的变化　具有粗糙或多毛表面的叶片会促进更多养分的累积和随后的淋溶。树木叶部组织淋溶流失的养分随物种而变化，欧梣(Fraxinus excelsior)冠层淋溶的矿质营养显著高于欧洲白桦(Betula pendula)、小叶椴(Tilia cordata)和夏栎(Hagen-Thorn et al.，2006)。与针叶树种相比，落叶树种的矿质营养淋溶量较高。

②降水量、降雨强度和降雨频率直接影响淋溶过程　经过树木冠层的降雨分为 3 个部分，分别是林冠截留、穿透水、径流。通过穿透水和径流进入土壤的矿质营养与外部降水相比，大多数营养元素的含量提高了，穿透水和径流携带的养分以溶液的形式存在，易于立即被根系吸收。到达林地的水，有 85% 来自穿透水，0%~30% 来自径流。尽管如此，以径流形式收集到林地的养分依然重要。径流水可在根茎基部积淀相对高浓度的养分，据估计，径流可以影响到根茎周围 0.3~5m 范围内的养分含量。穿透水和径流携带的养分以溶液单价阳离子(如 Na^+、K^+)为主，可以被穿透水轻易地从叶部淋洗到土壤，相比之下二价阳离子(如 Ca^{2+}、Mg^{2+})在叶片中更牢固，不易被淋洗。

③大气中的污染物(如 S 和 N)可以通过干湿沉降增加树冠的养分负荷，进而影响淋溶过程　当叶片遭受空气污染，如臭氧和酸雨的胁迫时，细胞膜损伤，膜透性增加，会加剧细胞内含物的渗漏。与健康的叶片相比，受胁迫伤害的叶片淋溶流失的矿质元素较多。

4.1.7.3　枯落物养分动态变化

①脱落的树木器官和组织(主要是叶、小枝、腐烂的根和菌根)为林地和土壤增加了大量的有机质　这些枯落物在地表形成一层覆盖物，其厚度、密度和组成取决于植物群落的类型、气候条件和地理位置。如热带森林中枯落物的量一般高于温带森林。而温带阔叶林与针叶林相比，虽产量相似，但阔叶林的枯落物中矿质养分更丰富。据估算，阔叶树每年通过枯落物流失了其吸收矿质养分的 85%，而针叶树仅损失 10%~25%，且死亡和腐烂的根以及菌根向土壤返还的矿物质可能更为显著。

②枯落物的分解速率与土壤微生物、温度、水分、枯落物的组成等因素有关　温度升高会增强微生物活性，从而加速枯落物的分解过程，导致林地的 N 和 P 浓度上升。在温带和热带地区，大多数枯落物的分解发生在湿润季节。枯落物的腐烂和养分释放速度与有机物的化学组成有关，多数枯落物中的碳水化合物和蛋白质分解迅速，而纤维素和木质素则

分解较慢。酚类化合物会减缓枯落物分解速率，特别是生长立地条件差的植物，它们会产生更多酚类物质，从而减缓土壤中有机物的转化速率。富含矿质元素的枯落物分解速率比含量少者快，枯落物中 C/N 越低，其分解速率越高。

③随着树木枯落物的分解，其中固定的养分如 N、P、K 逐渐释放，形成可供植物和微生物吸收利用的形式   在美国冷杉林中，大部分返回土壤的矿质营养来自根和菌根。在美国花旗松林中，从菌根中返回土壤的 N、P、K 占林木返回林地总量的 83%~85%。从根系返回土壤的矿质元素量受立地条件和林龄的影响，立地条件差的林分高于立地条件好的林分，老龄树木高于幼龄树木。

4.2   古树矿质营养特性

4.2.1   树龄与古树养分吸收

树木随着树龄的增长，其根系的生长及生理活性会发生变化。树龄对树木细根生物量分配、根系吸收和分泌功能、根系代谢功能等的变化有着显著影响。

4.2.1.1   树龄对古树细根活力的影响

①随着树木树龄的增加，部分根系可能会出现功能退化   在根系中生理活性最活跃的细根部分，其退化会影响营养吸收，导致吸收能力减弱。如红松（*Pinus koraiensis*）古树，树龄越大，根系铵态氮（NH_4^+-N）、甘氨酸吸收速率和总吸收速率越低。

②健康古树细根保持较为良好的生理活力   健康古侧柏细根中的可溶性蛋白含量、根系活力等均高于亚健康古侧柏，而其抗氧化酶系统未被激活，处于相对较低的水平（刘梦颖，2018）。

4.2.1.2   树龄对古树不同形态养分吸收偏好的影响

不同树龄的古树根系对矿质营养成分吸收存在偏好差异。随着树龄的增长，古树的生长速率通常会减缓，相比于青壮年生长迅速的树木，其对氮这类促进生长的养分需求可能会减少。氮的获取是决定树木生产力和竞争力的一个主要因素，铵态氮（NH_4^+-N）、硝态氮（NO_3^--N）和有机态氮均可被树木根系吸收利用。根系氮素吸收速率和偏好的明显改变可能与根系形态性状的变化有关（图 4-7）。在不同树龄的橡胶树中，随着树龄的增长，NH_4^+-N 的吸收先增加后急剧下降，甘氨酸的摄取量先减少后逐渐增加，而 NO_3^--N 摄取量没有显著变化。虽然不同树龄的橡胶树都以吸收 NH_4^+-N 为主，但会随着树龄的增长显著降低吸收速率。在 5~130 年不同树龄水青冈中，细根对有机氮的吸收量均高于无机氮源，在最老的林分中，根系对来自精氨酸的有机氮吸收量最高。

古树树体庞大，Ca 和 Si 能增强细胞壁的硬度和稳定性，老树对这两种元素老树可能有更高的需求。随着树龄的增长，古树可能还需要更多抗氧化相关的矿质元素（如 Mn、Zn 和 Se），来抵御氧化应激。因此，对古树施肥时应考虑其根系对矿质营养成分的特定偏好，选择合适的肥料，以提升肥效和减少对土壤环境的污染风险。

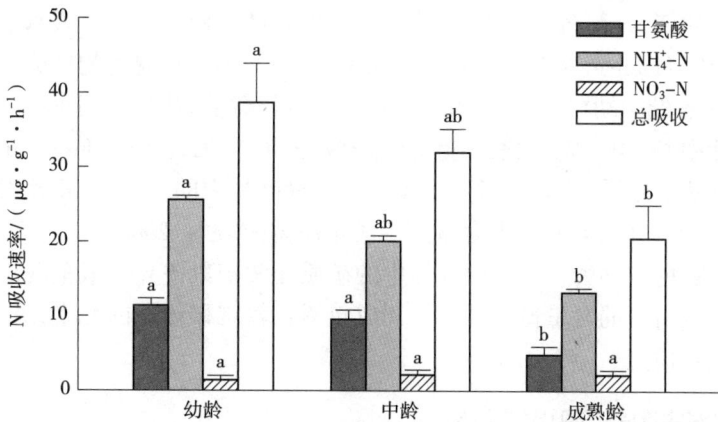

图 4-7　不同树龄红松根系氮素吸收速率(任浩　等，2021)

随着古树树龄的增大，根系对营养物质的吸收能力减弱，并且对于不同类型养分的吸收也存在差异。红松古树树龄越大，其根系 NH_4^+-N、甘氨酸吸收速率和总吸收速率逐渐降低，而 NO_3^--N 吸收速率则无显著变化。云杉根系氮吸收偏好随林龄的增加，由偏好 NO_3^--N 转变为偏好 NH_4^+-N。

4.2.2　树龄与养分再动员

随着树木老化，其资源分配策略趋于保守。古树可能将较大比例的资源分配到生存和抵抗胁迫上，而非生长和繁殖。对于幼龄树木，所需矿质养分主要从土壤中获得。与幼树相比，古树树干、枝条、根系的贮藏组织占比较高，对矿质元素的贮存能力较强，可通过自身的养分再动员缓解土壤养分缺乏对生长发育的影响。P 在土壤中的可利用性较低，大部分温带森林生态系统中的树木都面临着缺 P 的问题。与同一生境下的幼树相比，8~9 年生的水青冈对 P 的养分再动员能力显著提高，表现为落叶前期有更多的 P 通过韧皮部从衰老的叶片中回流，休眠期有更多的 P 贮存在茎干和根系中，萌动期有更多的 P 通过木质部向处于发育阶段的芽运输，而且这种与幼树的差异在土壤严重缺 P 时更为明显。对于 N、P、K 等易发生再动员的营养元素，在秋冬季叶片脱落前，古树叶片中的养分会大量向根和茎干转移，贮存的养分在翌春可及时向生长点移动，为古树的早期营养生长提供所需的矿质养分。因此，在古树的养护复壮中，要特别注意古树修剪整枝时间，选择合适的物候期，避免树体可再利用养分的浪费和消耗。

4.2.3　树龄与古树矿质元素养分积累

不同树龄古树之间，在矿质元素积累上存在明显的差异。矿质元素积累的变化规律因树种、组织类型、元素种类不同而异。

4.2.3.1　古树矿质养分积累的特点

古树与幼龄、成年树相比，对矿质元素的积累存在显著差异。以挪威云杉(*Picea abies*)为例，50~100 年的树木在叶芽中单价矿质元素如 Na、Cl 和 K 的含量要显著高于 1~10 年的幼树，而 Mg、P、S 和 Ca 的含量则与幼树无显著差异。

在针叶树，如红云杉(*Picea rubens*)中，古树的针叶中微量矿质元素水平(矿物质重量/干重)高于成年树(Maclean & Roberison，1981)；而50～100年树龄的挪威云杉叶肉细胞中的 K 和 P 浓度显著低于幼树，但 Ca 和 Mn 的浓度显著高于幼树。对于阔叶树来说，900年树龄的古槐树叶中 N、P、Mg 元素含量低于幼槐(3年)，Ca、Cu、Fe、Mn 含量则高于幼槐，K 元素含量基本持平(薛秋华 等，2006)；古樟叶片中的 N、P、K 元素含量均低于成年樟树，但 Ca、Mg、Fe、Mn 元素含量高于成年樟树(李迎，2008)。

总体来看，古树与幼龄、成年树叶片中的矿质元素积累差异一般呈现出以下规律：移动性强的元素，古树中的含量低于幼龄树和成年树；较难移动性的元素，古树中的含量则高于幼龄树和成年树。

4.2.3.2　树龄对古树养分积累的影响

①随着树龄增大，树木的生长速率通常会减慢，古树叶片中营养元素含量的变异幅度较大，但变化规律因树种而异。除了叶片，古树种子中矿质养分的含量也受树龄的影响。在怀柔板栗(*Castanea mollissima*)种子中，700年树龄古树的种子 Ca、Fe、Zn 和 Se 含量明显高于其他低龄级古树和成年树，脂肪酸、氨基酸的含量也较高，具有较高的营养价值。

②随着树龄的增长，其贮存养分的能力通常会增强，特别是在树干和根部。这些贮存的养分不仅有助于树木在不利条件(如干旱和其他环境胁迫)下生存。还可以在生长季节开始时迅速供应新的生长需求。

4.2.4　古树衰退与矿质元素的关系

古树在固定的土壤生境中生存百年甚至千年以上，由于自身及相邻植物长期大量的吸收，多年降水的自然淋溶，生长环境的不断恶化及人为活动的影响，导致土壤矿质养分减少、比例失衡，进而枝叶缺素，树势衰退。

4.2.4.1　缺素对古树生长的影响

矿质元素是古树生长发育、开花结果的物质基础，任一必需矿质元素的缺乏均会对古树的生长和生理造成直接影响。

(1)大量元素

古树 N 缺乏时，老叶从下方开始变黄，严重时连新叶也会失去颜色。在果树中，N 不足会引起坐果率降低、果芽发育不良，并且造成小果或早熟。

P 缺乏会导致古树叶脉、叶柄呈现青铜色或紫罗兰色，叶片呈不正常的暗绿色或紫红色。

K 缺乏时，叶缘呈灼烧状，由于叶中部生长仍然较快，所以整个叶片会形成杯状弯曲或发生皱缩。

S 缺乏时，幼叶一般表现出黄化症状，老叶片上会出现脉间失绿和坏死斑块，还会出现叶缘黄化、近顶端侧芽莲座状。

Ca 缺乏症状包括叶黄化、叶坏死、根生长减慢。

Mg 缺乏时，开始是老叶叶尖变黄，黄化区域向脉间蔓延，然后延伸到叶基部和中脉，最终呈鱼骨形。

（2）微量元素

Fe 缺乏是古树微量元素营养缺失最为常见和明显的现象，会导致幼叶失绿，叶脉间组织变黄而叶脉保持深绿色，还会导致芽枯死。

Mn 缺乏通常会使叶片畸形，叶片自叶缘开始枯黄，主脉间枯死，常出现于叶片完全展开后不久。

Zn 缺乏会导致类似于病毒病的叶畸形，经常表现为小叶和莲座状，下部叶片表面呈紫色，称为"烫金病"。

Cu 缺乏会引起不同程度的树干和叶片畸形、脉间失绿、叶斑、落叶、末端芽枯死等现象。

B 缺乏时树木呈现灌木状，叶片暗绿、肥厚、易碎、容易早落。

Mo 缺乏会导致幼叶均匀黄化、老叶叶尖、叶缘枯焦，以及叶片脱落。

Ni 缺乏会造成叶片尖端和叶缘组织坏死，严重时，叶片会整体坏死。

4.2.4.2　缺素对古树生理特性的影响

①缺素会抑制古树的生长发育速率，使其生长缓慢　这种生长放缓有利于古树节约有限的养分资源。每种元素在古树的正常生长中都有一个合理的量，而且各种元素相互间需保持一个适宜的比例。一旦其中有元素因某种原因过多或缺失，这个合适的比例将失去平衡，引起古树光合作用、呼吸作用等生理活动的变化，最终导致古树生长衰弱。

②缺素会削弱古树的抗病、抗逆能力，增加受害风险　这可能与次生代谢物合成受阻、细胞结构受损有关。在逆境胁迫下，淀粉向可溶性碳水化合物的转化对古树抗逆发挥着重要作用。在健壮的白皮松古树中，叶肉细胞 K、Ca、Mg、Fe、Cu、Zn 含量均明显高于衰弱树，叶绿体 K 含量显著高于衰弱树。与壮树叶片的叶绿体相比，弱树的叶绿体表现出明显的缺 K 特征，且淀粉粒体积显著增加。因此，缺 K 会限制古树叶片淀粉向可溶性碳水化合物的转化，进而导致碳水化合物不足，抗病虫害能力降低，容易衰老死亡。

③矿质元素的缺失会严重减缓树木的生长，其中最严重的影响是妨碍叶绿素的合成，造成叶绿素含量下降，导致叶片发黄　绝大部分的叶片失绿与缺 N 有关，但也可能由于缺 Fe、Mn、Mg、K 和其他元素而引起。健壮古油松树叶片 N 含量显著高于濒弱树，健壮古侧柏树叶片 Fe、Zn 含量显著高于濒弱树，健壮古白皮松树叶片中的 Mn、Fe、Zn 3 种元素含量显著高于濒弱树。此外，对比 3 种古树，濒弱树中 Na 的含量均显著高于健壮树（李锦龄，1998）。Na 过量积累阻碍了叶绿素的合成，这也是导致古树叶片黄化的一个重要原因。

④矿质营养元素与古树的生长呈显著相关，缺素会影响细胞内外的离子平衡，引起渗透失衡　这种失衡会引发一系列生理障碍，如水分代谢紊乱等。在全国范围内 15 个古树群和 2 万多株古侧柏、古油松中，选择生长良好的古树为对象，测定土壤和叶片矿质元素的含量，得到古侧柏土壤合理的 N∶P∶K 比值为 3∶1∶11，叶片合理的 N∶P∶K 比值为 9∶1∶5；古油松土壤合理的 N∶P∶K 比值为 2∶1∶12，叶片合理的 N∶P∶K 比值为 12∶1∶5。值得注意的是，这种比例关系与古树的分布有关，要根据古树的分布区域建立不同种古树的营养区系标准。如北京地区古侧柏叶片合理的 N∶P∶K 比值为 9∶1∶5，古油松叶片合理的 N∶P∶K 比值为 12∶1∶4，古白皮松叶片合理的 N∶P∶K 比值为 14∶1∶5。

⑤缺素会影响古树花芽分化、花器官发育等生殖过程 从而降低古树的繁衍和更新能力。

4.3 古树矿质营养的环境响应

人类活动区域的古树大都生长在宫、苑、庙、宅等场所，其生长环境经常受到人为活动的干预。了解古树矿质营养对环境因子及其变化的响应，对古树的营养诊断和改良复壮具有参考价值。

4.3.1 土壤理化性质

土壤理化性质不仅直接影响土壤中营养元素的有效性和供给能力，还影响树木根系的活力，与古树的矿质营养状况密切相关。

4.3.1.1 土壤物理性质

土壤的物理性质包括土壤容重、通气性等，是影响古树根系对矿质元素吸收的重要因素。树干周围铺装面积过大、人为踩踏严重以及施工机械碾压等，均会导致土壤容重增大、土壤板结、紧实度高、通气性差，进而妨碍根系的呼吸作用，影响根系的主动吸收。如经常在公园里的古树树下种植高耗水地被植物，由于浇水次数频繁，导致土壤含水量过高，古树根部常处于淹水状态，土壤中的氧气扩散受到抑制。长期的无氧呼吸导致根系能量供应不足，阻碍矿质营养的吸收，并产生酸中毒，造成古树根部腐烂。

4.3.1.2 土壤化学性质

(1) 土壤 pH 值

土壤 pH 值是土壤的重要化学性质，直接影响养分物质的形态及其有效性。每种矿质元素的可利用性对土壤 pH 值变化的响应不同(Barnes et al.，1998)。土壤 pH 值变化对古松柏有明显的影响，如沈阳福陵的古松枯死、北京戒台寺古油松生长衰退、上海地区古松柏出现的问题，都与土壤 pH 值升高导致的矿质元素可利用性降低有直接关系。

(2) 土壤有机质

土壤中的有机物是衡量其肥沃程度的关键指标，尤其是 N 和 P 的主要供应源。有机质还影响土壤的物理和化学性质，是衡量土壤健康状况的重要指标之一。有机质在改善土壤的透水性、蓄水性、通气性，促进土壤疏松和形成团粒结构方面起主导作用。一般情况下，有机质含量高的土壤更利于古树的细根生长，细根数量多，空间分布广，从而能更有效地吸收和利用矿质元素。

4.3.2 土壤酶

土壤酶是土壤中产生的生物催化剂，在古树土壤营养物质循环和能量转化过程中起重要作用。在沈阳东陵的古松中，土壤磷酸酶活性与土壤有机质、全氮、碱解氮和全磷都呈极显著的正相关，磷酸酶水平代表了古松根区土壤中磷素含量状况(郝长红 等，2006)。对于上海地区的古银杏和古樟树，土壤脲酶与土壤有机质、水解氮、速效磷和速效钾的关系达到显著水平；土壤中过氧化氢酶与全磷存在显著正相关关系，蛋白酶与全氮、全磷、全钾呈显著正相关，而且过氧化氢酶与蛋白酶具有显著正相关关系(刘家雄 等，2018)。因此，土壤酶活性可作为评价古树土壤肥力的有效指标，较高的土壤酶活性可为古树提供充足的矿质养分。

4.3.3　土壤微生物

土壤微生物，包括细菌、真菌、放线菌、原生动物等，在维持古树健康和保障其矿质营养方面发挥着重要作用。土壤微生物可通过分解有机物(如枯落物、根系分泌物和死亡的微生物等)，将其中的营养物质转化为植物可吸收的无机形态。土壤中的某些真菌能与树木根系形成菌根共生体，扩大根系吸收面积。特别是在古树中，与菌根真菌(如丛枝菌根和外生菌根真菌)形成的共生关系，有利于对矿质元素的吸收。

4.3.4　环境污染

环境污染对古树的矿质营养的影响主要体现在直接和间接两个方面。直接影响包括古树通过污染的空气和土壤吸收有害物质，间接影响则涉及污染改变了土壤化学性质和生物活性，从而影响古树对矿质营养的吸收和利用。如二氧化硫(SO_2)污染会导致土壤酸化，释放出 Al^{3+}，过多的 Al^{3+} 会对古树产生毒害作用。Pb^{2+}、Cd^{2+} 等重金属离子不仅对古树根系生长有严重的抑制效应，还会改变根系组织结构，诱导根系质外体屏障的形成，阻碍矿质元素的质外体运输。此外，这些重金属离子还能通过降低离子载体活性、改变离子通道结构，阻碍根系对必需矿质元素的吸收。

4.4　古树矿质营养研究方法

一般来讲，古树的矿质营养水平主要受树体自身状况和土壤养分供应两方面因素的影响。对于树体本身，目前的研究主要集中在树龄对养分吸收利用的影响，濒危和健康古树对矿质元素吸收、运输、分配的差异，古树的营养诊断等方面。而在土壤方面，研究则主要集中在土壤理化性质与古树衰退的关系、土壤养分诊断等方面。

4.4.1　古树矿质元素吸收利用

根系作为古树获取矿质养分的主要器官，其吸收功能对古树的矿质营养起着决定性作用。为评价古树的根系活力，判断古树根系对矿质养分的吸收效率及对不同形态养分的利用差异，通常采用细根稳定同位素标记法，来研究细根对特定矿质养分的吸收动态。

①收集古树的叶片、枝条、根等组织样本，使用如原子吸收光谱法(AAS)、感应耦合等离子体质谱(ICP-MS)等技术，测定这些组织中的矿质元素含量。使用稳定或放射性同位素标记矿质元素(如 ^{15}N、^{32}P)，追踪其在古树体内的运输和分配，来了解古树对特定矿质元素的吸收和利用路径。

②使用便携式光合作用系统测定古树叶片的光合速率、蒸腾速率和气孔导度，评估这些生理参数与矿质元素营养状况之间的关系。通过叶绿素计或提取叶绿素后采用分光光度法测定叶绿素含量，评估古树的营养状况和生理活性。

4.4.2　古树树体营养诊断

4.4.2.1　树体形态判断

当古树缺乏某种营养元素时，会引起生理和形态上的变化，并表现出某些特有症状，如畸形、失绿黄化、坏死斑等，通过肉眼观察这些症状，能够判断其是否缺素、缺哪种元素。当缺乏不易或难以重复利用的元素，如 Fe、Zn、S、Mo、Ca、B 时，较幼嫩组织会先出现病症。当缺乏易重复利用的元素，如 N、P、K、Mg 时，较老的组织会先出现病症。缺素症不仅表现在叶片或新梢上，芽、花、果实等器官均可能出现症状，在进行形态诊断时，需开展全面调查。

4.4.2.2　树体营养诊断

在进行树体营养诊断时，正确选择诊断器官非常关键，因为这关系到营养诊断能否客观反映树体的营养水平。由于矿质元素对古树的影响是一个缓慢且不易被察觉的过程，因此经常在叶片或其他器官尚未出现不良症状时，古树可能已处于潜在养分失调状态。以春梢上的成熟叶片作为诊断器官，通过测定叶片的矿质元素含量来分析判断植株的养分状况，可防止树体缺素症状的发生。

叶片分析还可检测出不同元素之间的促进或拮抗作用，为维持树体矿质元素间的生理平衡提供依据。同时，由于叶片分析具有连续性，还可以预测树体未来的营养趋势，进而采取有效措施，使树体养分保持在适宜水平。

4.4.3　古树土壤营养诊断

①土壤营养诊断研究通常是通过对不同分布区古树土壤理化性质进行调查，判断土壤可给态营养元素的供应水平，验证树体营养诊断结果。基于健壮古树与濒弱古树土壤理化性质差异的比较，找出土壤中各种营养元素最适宜的可给态浓度和配比，制定古树土壤矿质元素的种类和含量标准，从而帮助制定古树土壤管理措施和施肥配方。

②通过测定土壤呼吸率、微生物生物量或特定土壤酶活性，来评估土壤的生物活性。

③对古树周围的土壤进行定期采样和分析，监测养分水平的变化趋势，评估管理措施的效果。

小　结

树木对矿质营养吸收和利用受树龄的影响。随着树龄增长，树木对有机氮的吸收偏好增加。古树可通过调节矿质元素的再动员来支持早期生长，影响叶片中矿质元素的积累。古树中易于移动元素的含量较低，而难以移动的元素含量较高。古树营养缺乏的早期诊断包括矿质养分的吸收、运输、再动员及特定环境下的循环等方面。古树的矿质营养吸收利用程度受到多种环境因素和内部调控机制的影响。本章为改善古树的矿质营养状况，使古树能够适应各种环境条件、保持健康提供了理论基础。

思考题

1. 古树矿质元素缺乏的典型症状有哪些？有的症状出现在老叶上，有的出现在新叶上，为什么？

2. 试简单阐述树龄对矿质元素吸收、积累、分配的影响。

3. 试以古树为例，简述矿质循环的过程。

4. 试以衰退的古树为例，从矿质营养的角度诊断其衰退的原因并提出相应的复壮方法。

推荐阅读书目

植物生理学．王忠．中国农业出版社，2010.

植物生理学．张继澍．高等教育出版社，2012.

Mineral Nutrition of Plants：Principles and Perspectives（2nd ed.）．Epstein E，Bloom A J. Sinauer Associates，Inc，2005.

Marschner's Mineral Nutrition of Higher Plants（3rd ed.）．Marschner H. Elsevier Academic Press，2011.

第 **5** 章

古树光合作用

本章提要

　　本章概述了植物叶绿体结构和光合色素组成，以及原初反应、电子传递、光合磷酸化、碳同化和光破坏防御等光合作用过程，重点讲解了古树光合器官的形态结构、叶绿体特点、光合特性及其影响因素，同时介绍了古树光合作用领域的最新研究进展，以期深入了解古树衰退与光合作用的关系，为恢复和维持古树光合能力、增强古树生长势提供科学依据。

　　光合作用(photosynthesis)是地球上最重要的化学反应之一，是地球生物赖以生存和发展的基础。光合作用在为树木提供有机碳用于增加生物量的同时，也供应了维持和增加自身生物量所需的有机碳和能量。古树生命活动持续时间长，光合性能也具有一定的独特性。光合作用是古树生长和复壮的关键因素，如何恢复、维持或提高光合作用效率始终是古树研究领域的重要方面。

5.1　光合作用概述

　　光合作用是指绿色植物、藻类和光合微生物吸收利用太阳光能，同化 CO_2 和水，生成有机物并释放氧气(O_2)的过程。虽然光合作用十分复杂，但实质上是一个氧化还原反应，可简单用如下化学反应式来表示(许大全，2013)：

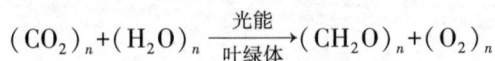

$$(CO_2)_n + (H_2O)_n \xrightarrow[\text{叶绿体}]{\text{光能}} (CH_2O)_n + (O_2)_n$$

5.1.1　叶绿体和光合色素

　　树木光合作用主要发生在叶片，叶肉细胞含有大量的叶绿体。叶绿体是高度特化的细胞器，是光合作用发生的场所。树木的绿色组织基本都能进行光合作用，如部分叶柄、嫩枝、繁殖器官，甚至树皮和树根(如气生根)等。

5.1.1.1 叶绿体

叶绿体大多呈扁平椭圆形，是由叶绿体被膜、类囊体和基质三部分组成，其在细胞中的位置可随光照方向与强度的变化而运动。叶绿体的发育也离不开光，光会改变类囊体的结构及功能性状(图5-1)。

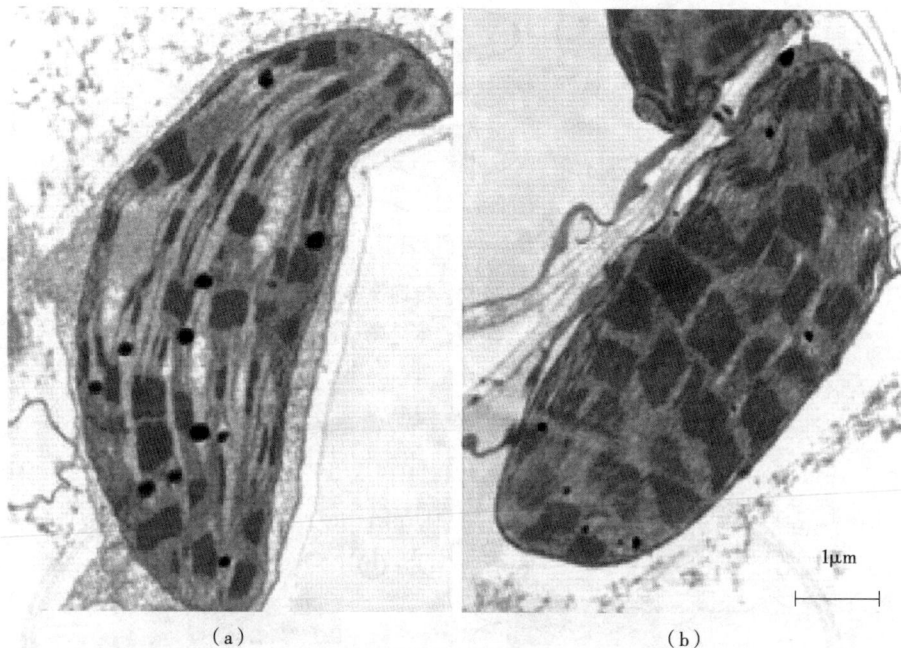

（a） （b）

图 5-1 叶绿体的电子显微结构(Jiang et al.，2011)

(a)强光环境中发育的叶绿体 (b)弱光环境中发育的叶绿体

5.1.1.2 光合色素

光合生物在光合作用中吸收光能的色素统称光合色素，主要有叶绿素(chlorophyll)、类胡萝卜素(carotenoid)和藻胆素(phycobilin)三大类。叶绿素分为叶绿素a、叶绿素b，是参与光合作用光能吸收、传递和转化的主体。类胡萝卜素呈黄色或橙黄色，包含胡萝卜素和叶黄素。藻胆素主要存在于蓝细菌和红藻中，又可分为藻蓝素和藻红素。高等植物的光合色素位于叶绿体内的类囊体膜上，根据功能可分为反应中心色素(reaction center pigment)和捕光色素(图5-2)。捕光色素位于类囊体膜上的叶绿素蛋白复合体中，反应中心色素位于光系统的反应中心。

5.1.2 光合作用过程

根据光合作用过程是否需光，可以简单分为光反应(light reaction)和暗反应(dark reaction)两个阶段(图5-3)。光反应发生在叶绿体的类囊体膜上，是由光驱动发生的化学反应；而碳同化(暗反应)发生在叶绿体的基质中，不需要光的参与。进一步可再细化为原初反应、电子传递(含水的光解、放氧)、光合磷酸化和碳同化过程，前3个步骤属于光反应，第四个步骤属于暗反应(表5-1)。

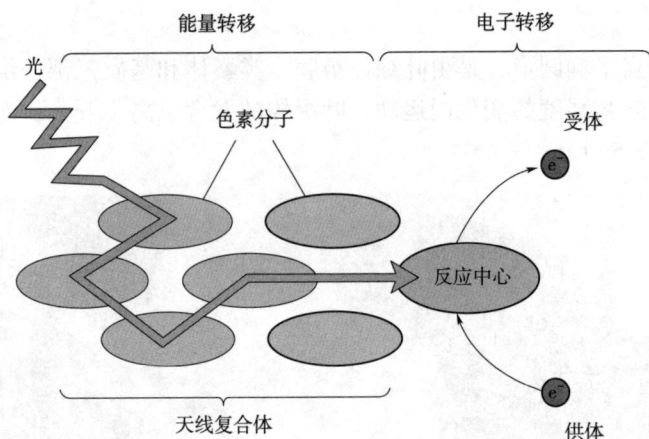

图 5-2 光能的吸收、传递及转化模式图
(Taiz & Zeiger，2010；宋纯鹏 等，2015)

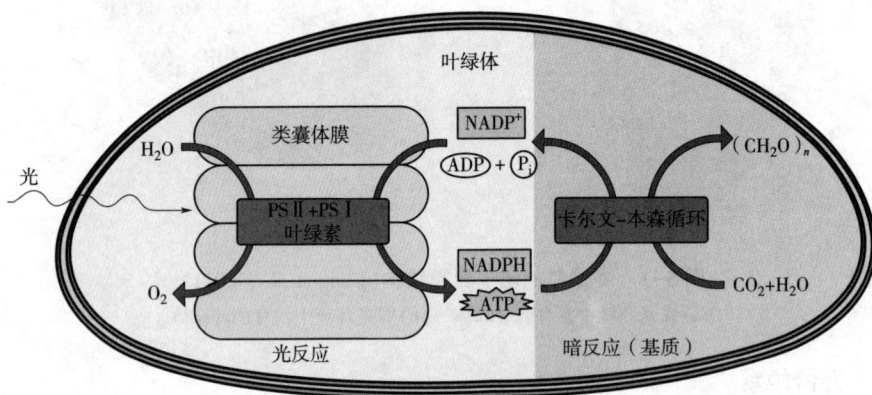

图 5-3 光合作用的光反应与暗反应
(Taiz & Zeiger，2010；宋纯鹏 等，2015)

表 5-1 光合作用中的能量转变(阮晓 等，2010)

能量转变	光能→	电能→	活跃的化学能→	稳定的化学能
贮存能量的物质	光子	电子	质子、ATP、NADPH	糖类等
能量转变的过程	原初反应	电子传递、光合磷酸化	碳同化	
时间跨度/s	$10^{-15} \sim 10^{-12}$	$10^{-10} \sim 10^{-4}$	$10 \sim 100$	
反应部位	基粒类囊体膜	基粒类囊体膜	叶绿体基质	
光、温条件反应	需光，与温度无关	不都需要光，但受光促进，与温度无关	不需要光，但受光、温促进	
光、暗反应	光反应	光反应	暗反应	

5.1.2.1　原初反应

原初反应（primary reaction）是指光合色素分子对光能的吸收、传递与转换过程。它是光合作用的第一步，速度非常快，可在 $10^{-15} \sim 10^{-12}$ s 内完成。光合作用的原初反应包括以下几个关键步骤：

（1）光能吸收

光合色素（如叶绿素 a、叶绿素 b 等）吸收特定波长的光能，这些色素中的电子被激发到一个高能级，形成激发态的叶绿素分子。

（2）能量传递

激发态叶绿素中的能量被传递到叶绿体类囊体膜上反应中心（如光系统Ⅱ中的 P_{680}）的色素分子，使得这些接受体的电子也被激发。

（3）光解水

光系统Ⅱ（PSⅡ）中的 P_{680} 吸收到激发能变为 $P_{680}{}^{*}$，并通过一系列电子传递过程释放电子。同时，PSⅡ催化水分子的光解，产生 O_2、质子（H^+）和电子（e^-）。反应式为：

$$2H_2O \longrightarrow O_2 + 4H^+ + 4e^-$$

5.1.2.2　电子传递

叶绿体中位于类囊体膜上的反应中心色素，受光激发而发生电荷分离，激发产生的高能电子推动类囊体膜上一系列的电子传递体进行电子传递（图 5-4）。光系统Ⅱ的电子受体是质体醌（plastoquinone，PQ），光系统Ⅰ的电子受体是铁氧还蛋白（ferredoxin，Fd），两个光系统之间再通过电子传递链联系起来。

（1）光系统Ⅱ（PSⅡ）

PSⅡ中的叶绿素分子（如 P_{680}）吸收光能，激发其内部电子到更高的能级。这些高能电

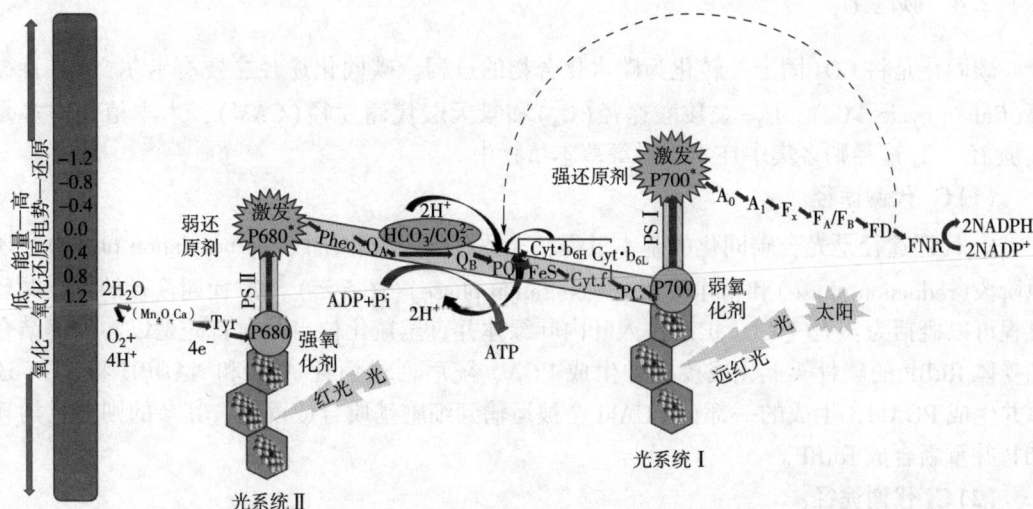

图 5-4　光合作用电子传递途径示意图（改绘自 Taiz & Zeiger，2010）

子被传递到质体醌，同时 PS II 从水分子中提取电子，光解水产生 O_2、质子(H^+)和电子(e^-)。

(2)电子传递

释放的电子通过一系列电子载体(如质体醌和质体蓝蛋白)在类囊体膜上传递。这些电子在传递过程中形成质子动力势，用于光合磷酸化。

(3)光系统 I (PS I)

PS II 释放的电子通过电子传递链被传递到 PS I。在 PS I 中，另一组叶绿素(如 P_{700})吸收光能，再次激发电子到更高能级。

(4)NADPH 生成

PS II 和 PS I 电子传递链最终将电子传递给 $NADP^+$，与质子结合生成 NADPH。NADPH 是一种高能电子载体，为生物合成过程提供能量和还原力。

5.1.2.3 光合磷酸化

叶绿体内由光驱动的 ATP 合成过程称为光合磷酸化(photophosphorylation)。光合磷酸化涉及电子传递与磷酸化作用的偶联。这个过程是由 PS I 和 PS II 中的电子传递链驱动的，是光能转换成化学能的关键步骤，包括质子泵运输和 ATP 合成两个步骤。

(1)质子泵运输

光系统 II 释放的电子通过电子传递链，驱动类囊体膜上的质子泵(如细胞色素 b_6f 复合体等)运输质子(H^+)进入类囊体腔。这一过程建立了类囊体膜上的质子梯度。

(2)ATP 合成

质子梯度通过 ATP 合成酶驱动 ATP 的合成。ATP 合成酶利用质子梯度的动力学将 ADP 和无机磷酸 Pi 催化为 ATP，最终将电能转变为稳定的化学能，光反应的这些步骤为后续碳同化(暗反应)提供了能量和电子供应。

5.1.2.4 碳同化

碳同化是将 CO_2 固定并转化为碳水化合物的过程。碳同化途径主要有卡尔文-本森循环(Calvin cycle，C_3)、C_4-二羧酸途径(C_4)和景天酸代谢途径(CAM)，木本植物中多是 C_3 途径，C_4 途径则多集中在禾本科等草本植物中。

(1)C_3 代谢途径

C_3 代谢途径是光合碳同化的基本过程，大致可分为羧化阶段(carboxylation phase)、还原阶段(reduction phase)和再生阶段(regeneration phase)(图5-5)。C_3 代谢途径的持续循环过程可以概括为：大气 CO_2 扩散进入叶内叶绿体并直至羧化位点时，首先是以共价键结合到受体 RuBP 的碳骨架上完成羧化并生成 PGA，随后通过消耗 ATP 和 NADPH 将 PGA 还原并生成 PGAld，生成的一部分 PGAld 会被运输到细胞基质合成蔗糖，其余的则通过消耗 ATP 并重新合成 RuBP。

(2)C_4 代谢途径

C_4 代谢途径是一种光合作用的碳固定机制，可分为碳固定(羧化)、转移、脱羧和再

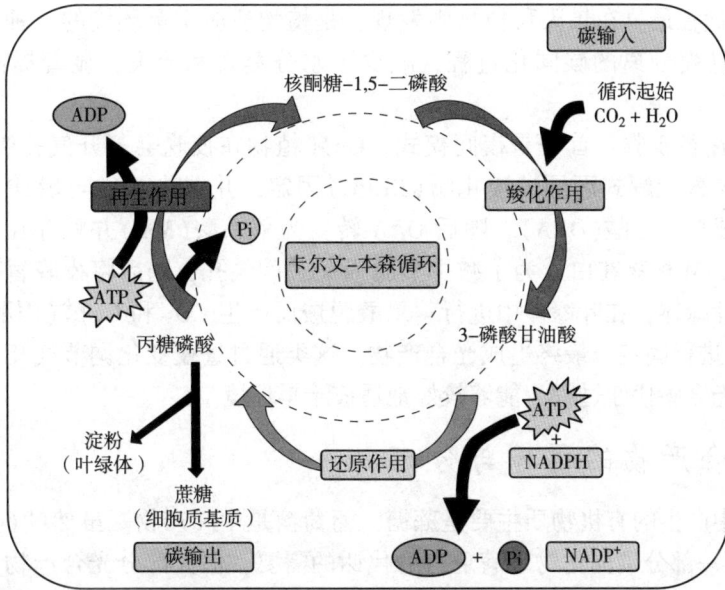

图 5-5　光合作用 C_3 代谢途径示意图(改绘自 Taiz & Zeiger，2010)

生等基本步骤(图 5-6)。相较于更常见的 C_3 途径，C_4 途径能更有效地在高光照、高温和低 CO_2 浓度的环境中进行光合作用。这种途径是在某些植物中演化而来的，以适应干旱、高温的环境，特别是在热带草原和部分干旱地区。常见的 C_4 植物有玉米、甘蔗和高粱等草本植物。

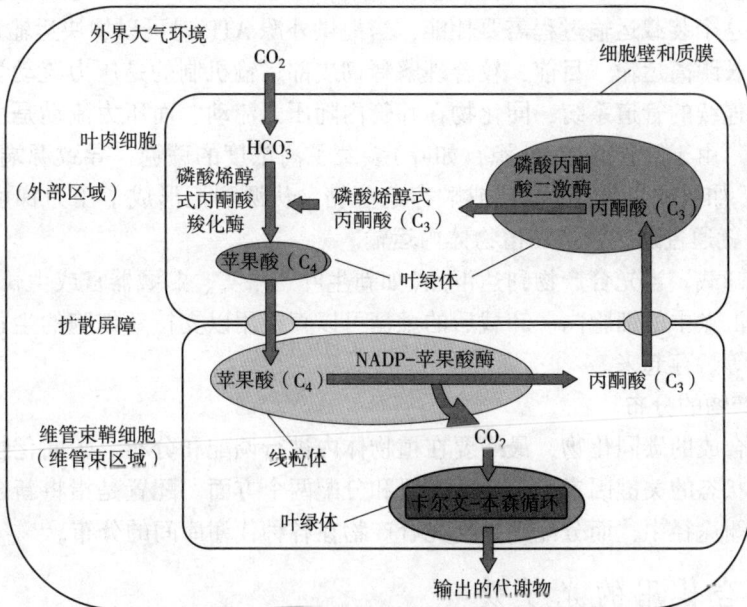

图 5-6　光合作用 C_4 代谢途径示意图(改绘自 Taiz & Zeiger，2010)

（3）CAM 代谢途径

CAM 代谢途径最早在景天科植物中发现，是植物适应干旱环境的一种独特光合固碳方式，表现为昼夜分离的碳同化过程，减少了水分蒸发和流失，显著提高了水分利用效率。

CAM 代谢途径步骤：首先是夜间模式，CAM 植物在夜晚会打开气孔吸收 CO_2，CO_2 被细胞质中的磷酸烯醇式丙酮酸羧化酶（PEPC）固定，并催化 CO_2 与磷酸烯醇式丙酮酸（PEP）羧化生成草酰乙酸（OAA），随后 OAA 转变为苹果酸（Mal）并贮存在液泡内。其次是白天模式，CAM 植物在白天为了减少蒸腾而又关闭气孔，随后将夜晚暂存的苹果酸从液泡中转运至叶绿体，在叶绿体中进行苹果酸脱羧而产生 CO_2 和 C_3 酸（丙酮酸），CO_2 进入 C_3 代谢途径进行固定，最终生成光合产物。这类通过昼夜变化调节气孔开闭和有机酸合成与分解的光合碳代谢过程，能够较好地适应干旱环境。

5.1.3　光合产物的运输与分布

光合作用中产生的有机物质主要是蔗糖，葡萄糖是中间产物。虽然叶（主要的光合作用器官）会保留一部分碳同化物来满足自身代谢的需要，但大部分光合产物会被转运到非光合器官和组织，以支持整株植物的生长发育。这一过程主要是通过韧皮部的筛管来完成。韧皮部是光合产物的长距离运输通道，运输方向通常是由源到库。

（1）光合产物的运输

在叶绿体内，通过卡尔文循环产生的三碳化合物甘油醛-3-磷酸（G3P）是合成葡萄糖等碳水化合物的物质。由叶绿体转运到细胞质中的部分 G3P 会进一步合成蔗糖，蔗糖是植物中可溶性糖的主要运输形式。

①蔗糖的装载　蔗糖在叶肉细胞内被合成后，能够通过主动运输过程被装载到相邻的筛管分子中。这个装载运输过程需要耗能，当提供外源 ATP 时可以加快运输速度。

②蔗糖的长距离运输　目前，较合理解释韧皮部运输机制的是压力流动学说。筛管细胞形成了一个连续的管道系统，同化物在筛管内随压力流动，而压力流动是由输导系统两端的膨压维持。由于筛管的一端（源，如叶）装载了高浓度的蔗糖，导致源端渗透压升高，而另一端（汇，如根或生长点）消耗或贮存这些糖，从源到汇形成了压力梯度，蔗糖溶液（韧皮部汁液）就通过这些管道在植物体内运输。

③蔗糖的卸载　当光合产物到达汇点（如新生叶、果实、贮藏器官或生长点）时，蔗糖就会被卸载到汇点中的细胞内。卸载后的蔗糖可以直接用以支持新细胞的生长和分化，或者转化为淀粉等贮存起来。

（2）光合产物的分布

光合作用合成的碳同化物，最终要在植物体内进行调配和分布。碳同化物分布是决定植物生长发育状态的关键因素，主要有配置和分配两个方面。配置是指将新合成的光合产物分配到各代谢途径中，而分配则是指光合产物在各种代谢库间的分布。

5.1.4　光合作用的光呼吸

光呼吸（photorespiration）依赖光照且与光合作用密切相关，是指植物绿色细胞在光下吸收 O_2 并释放 CO_2 的过程，是一个氧化过程，主要涉及 Rubisco 对 O_2 的催化活性。乙醇酸

(glycolate)是光呼吸的直接产物，也是光呼吸过程中的关键中间体，因此光呼吸又称乙醇酸氧化途径(glycolate oxidation pathway)。由于乙醇酸是 C_2 化合物，而其代谢物乙醛酸也是 C_2 化合物，所以这条途径又简称 C_2 循环，其与呼吸作用有明显不同(表5-2)。

表5-2　光呼吸与暗呼吸的区别(阮晓 等，2010)

类　型	光呼吸	暗呼吸
底　物	在光下由 Rubisco 加氧反应形成乙醇酸，底物是新形成的	可以是糖类、脂肪或蛋白质，但最常见的底物是葡萄糖。底物可以是新形成的，也可以是贮存物
代谢途径	乙醇酸代谢途径，又称 C_2 循环	糖酵解、三羧酸循环、戊糖磷酸途径
发生部位	只发生在光合细胞里，在叶绿体、过氧化物酶体和线粒体 3 种细胞器协同作用下进行	在所有活细胞的细胞质和线粒体中进行
对 O_2 和 CO_2 浓度的反应	在 O_2 质量分数 $1\% \sim 100\%$ 范围内，光呼吸随 O_2 浓度提高而增强，高浓度的 CO_2 抑制光呼吸	一般而言，O_2 和 CO_2 浓度对暗呼吸无明显影响
反应条件	需要光照	有、无光均可

光呼吸的主要步骤如下。

(1)氧化过程

在光合作用中，Rubisco 不仅能催化 CO_2 与核糖-1,5-二磷酸(RuBP)的反应，也能催化 O_2 与 RuBP 的反应。当 O_2 与 RuBP 反应时，生成一个三碳分子的 3-磷酸甘油酸(3-PGA)和一个二碳分子的 2-磷酸乙醇酸(2-phosphoglycolate)。3-PGA 也是光合作用中的一个产物。

(2)2-磷酸乙醇酸的代谢

2-磷酸乙醇酸进入过氧化物酶体，在一系列酶促反应的作用下，转化为可以进入卡尔文循环的 3-PGA，并产生 CO_2 释放到细胞质中。光呼吸的整个过程是通过叶绿体、过氧化酶体和线粒体 3 类细胞器的协同循环完成的。

(3)能量消耗

光呼吸过程中，为了将 2-磷酸乙醇酸转化并重新进入卡尔文循环，需要消耗大量的 ATP 和 NADPH。

光呼吸与光合作用紧密相关，会消耗能量并释放固定的 CO_2。然而，在环境条件不利时，光呼吸在植物生理活动中起着重要的保护作用：

①光呼吸能够维持 C_3 途径运转及降低碳损失　在气孔关闭或 CO_2 浓度降低时，光呼吸释放的 CO_2 能被卡尔文循环重新利用，这样在维持 C_3 途径运转的同时，还能减少因 Rubisco 催化加氧反应所导致的碳浪费。

②保护光系统免遭强光破坏　在低 CO_2 和高光强环境中，光呼吸能够消耗光反应产生的过量 ATP 与 NADPH。通过消耗 NADPH 并生成 $NADP^+$，可以避免电子受体 $NADP^+$ 的不足，降低由光激发的高能电子与 O_2 结合而形成超氧阴离子自由基(O_2^-)，从而防止光合系

统受到伤害。

③光呼吸能够清除乙醇酸的毒害　在光呼吸过程中会产生 2-磷酸乙醇酸，其代谢产物乙醇酸能够被光呼吸代谢清除，避免了因乙醇酸的积累而毒害细胞。

④光呼吸与氮代谢密切相关　光呼吸途径涉及甘氨酸、丝氨酸、谷氨酸等多种氨基酸的生成与转化，与氮代谢过程存在重要联系，是植物细胞氮代谢的一个补充作用。因此，光呼吸是绿色植物正常生长的一个重要机制，具有特殊的生物学意义，且有利于植物的环境适应。

5.1.5　光合作用的光破坏防御

光合作用的进行离不开光，但过量的光也会抑制光合能力，甚至具有破坏作用。光破坏是指在强光条件下，光系统特别是 PS Ⅱ 受到不可逆损伤，导致光合作用效率显著降低的现象。轻微的光抑制(photoinhibition)能随着胁迫因子的解除而消失，但严重的光抑制会导致 PS Ⅱ 失活。当光照强度超出植物的耐受阈值时，就会对光系统造成不可逆转的长期性损伤，甚至出现光破坏、光氧化或光漂白。为了应对过强的光照和防止光破坏，植物进化出了多种防御机制(图 5-7)。

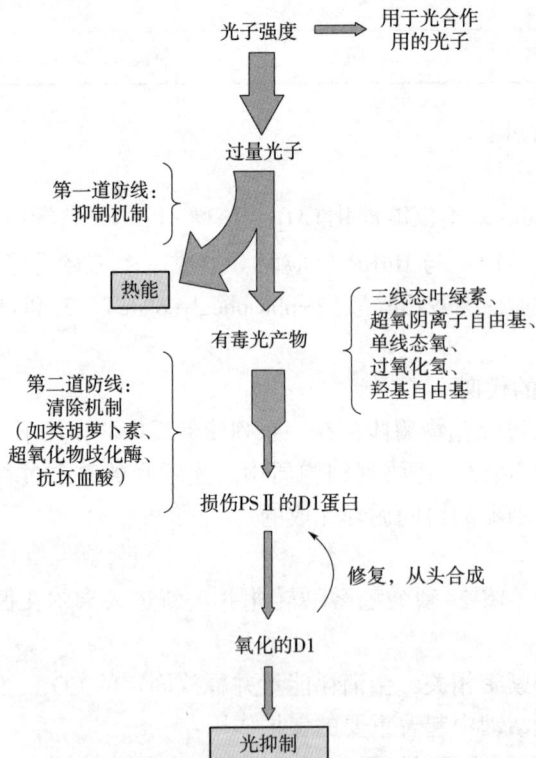

图 5-7　光合作用的光破坏防御机制(Taiz & Zeiger, 2010; 宋纯鹏 等, 2015)

(1)能量耗散(非光化学猝灭)

能量耗散是植物应对强光时最常见的防御机制，通过淬灭把过多的激发能转化为热能(非用于光合作用)并被安全地耗散掉，从而保护光系统。这种耗散主要是通过叶黄素循环(xanthophyll cycle)来实现的，紫黄素(violaxanthin)、环氧玉米黄素(antheraxanthin)与玉米黄素(zeaxanthin)是叶黄素循环的 3 个组分，通过相互转化调节能量耗散。

(2) 反向电子流

当光强过高时，植物可以通过反向电子流来保护光系统。这种机制通过重新利用 PS Ⅰ 中的电子，减少光系统中的能量积累，从而降低活性氧(ROS)的产生。

(3) ROS 的清除

在光破坏条件下，ROS 过量积累，会对细胞结构造成损伤。植物拥有一套抗氧化防御系统，包括 SOD、CAT 和过氧化物酶(POD)等多种抗氧化酶，以及小分子抗氧化剂如抗坏血酸(ascorbate)、谷胱甘肽(glutathione)和类黄酮等物质，可以中和过量的 ROS，从而保护细胞免受损伤。

(4) PSⅡ 的可逆失活与修复

当细胞内的活性氧清除系统不能有效消除有毒的光氧化产物时，这些产物会损伤 PSⅡ 的 D1 蛋白，从而导致光抑制。PSⅡ 反应中心的 D1 蛋白含量较低，但在光反应的电子传递链中起关键作用。当 D1 蛋白受损时，细胞会启动修复机制，通过 PSⅡ 的可逆失活与修复来恢复其功能。首先是从 PSⅡ 反应中心将受损的 D1 蛋白切离降解，随后再把新合成的 D1 蛋白装配到 PSⅡ 反应中心，重新形成具有功能的光合单元。PSⅡ 是光合结构中容易受到光破坏部分，但 D1 蛋白具有较快的周转率且修复迅速，同时其修复过程也会受到光强的调节。

(5) 光呼吸

光呼吸是在高光强和高氧气浓度条件下增强的代谢过程，通过消耗 O_2 并释放 CO_2 来减少光系统中 ROS 的产生。

(6) 叶绿体运动

叶肉细胞中的叶绿体并不是静止的，可以随光环境的变化而移动。植物能够通过调整叶绿体在叶肉细胞中的位置来适应不同的光照条件。在强光下，叶绿体会被移动到靠近细胞壁的位置而减少光的吸收；但在弱光下，叶绿体会被分布到细胞中央以实现光能捕获的最大化。

(7) 形态学调整

植物还可以通过改变叶片角度、表面结构、大小、厚度和叶绿体密度等形态学特征来调节光吸收，从而避免光破坏。此外，有些彩叶树种叶内所含的花色素苷具有滤光、抗氧化、光能吸收和耗散过剩光能的作用，这些作用有助于减轻光抑制，并促进光合功能的恢复。

5.2　古树光合作用特点

树龄增大会影响树木的生长势，引起生存策略的调整，并改变其抵御逆境胁迫的能力，进而影响古树的光合生理。

随着树龄的增加，树木的生长动态和生理功能会发生显著变化。当树木进入高龄阶段时，其代谢活动会进行相应的调整，尤其是光合作用的效率会受到显著影响。

5.2.1　光合特性的树龄效应

(1)光合特性随生长阶段的变化

从幼苗到成年,树木光合特性会随生长阶段而发生相应变化。幼龄时单叶光合速率较高,到老年则呈缓慢下降的趋势。在正常环境中,树龄是诱导叶片衰老的关键因素之一,能够触发与衰老有关的基因表达而调控衰老进程。树木叶片中与光合生理相关的基因表达及蛋白质合成,会因树龄的增长而出现差异,从而影响光合效率(常二梅,2012;Wang et al.,2022)。

(2)光合速率降低

与青壮年树木相比,古树的光合速率普遍较低,通常只有青壮年树木水平的1/3~1/2。树木光合能力会因树龄的增长而降低,导致高龄树的生长速率降低(Day et al.,2001)。高龄树的光合速率比低龄树平均下降了14%~30%(Yoder et al.,1994)。与60年树龄的红云杉(*Picea rubens*)相比,120年树龄的红云杉冠层叶片净光合速率下降,而气孔导度、胞间CO_2浓度和氮素含量却呈小幅升高趋势,因此推测是由树龄增长引起的非气孔限制抑制了光合速率,成为高龄红云杉生产力降低的主要原因之一(表5-3)。此外,树龄增长意味着株型扩大,特别是株高增加易导致木质部运输阻力的递增。北美红杉的高大树冠顶部叶片趋于向节水型生长,来降低水分损失(图5-8),也可能制约了冠层单叶的光合能力。

表5-3　树龄对红云杉冠层叶片光合作用的影响(Day et al.,2001)

气体交换相关参数	树龄/a	
	60	120
净光合速率/($\mu mol \cdot kg^{-1} \cdot s^{-1}$)	14.4±0.86	11.7±0.84
净光合速率/($\mu mol \cdot m^{-2} \cdot s^{-1}$)	3.6±0.34	3.2±0.31
气孔导度/($mmol \cdot m^{-2} \cdot s^{-1}$)	87.5±6.58	92.1±6.63
胞间二氧化碳浓度/($\mu L \cdot L^{-1}$)	261±5.01	276±5.08
总氮浓度/%	1.01±0.032	1.11±0.058
中午水势/MPa	−1.42±0.046	−1.52±0.043
凌晨水势/MPa	−0.41±0.053	−0.45±0.053

(3)光合产物优先分配于生殖生长

古树将有限的光合产物优先分配给开花和结果等生殖过程,而不是营养生长过程,这体现了古树以延续种群为核心的生存策略。

(4)对环境变化高度依赖

古树的光合作用表现出对外界环境条件的高度敏感,在干旱、高温及病虫害等不利因素下,古树的光合速率通常会显著下降。

(5)适应能力较强

与短寿命的植物不同,多年生林木是在更长的时间尺度内表现出树体的年龄效应。尽管古树容易受到逆境胁迫的影响,但仍具有较强的光合生理恢复能力。当环境好转时,古树能够改善光合作用,从而恢复正常的光合功能。

图 5-8　株高对北美红杉叶形态的影响（Koch et al.，2004）

图中数字代表北美红杉树体不同高度位置（m）的幼枝叶样本

5.2.2　古树叶片结构

光合作用的主要器官是叶片，叶的发育、形态结构和光合产物输出状况等生理特征决定了古树的光合能力。树龄增长会引起叶片的形态结构、成分组成及光合功能的适应性调整，是导致光合速率下降的直接原因（Day et al.，2002；Niinemets，2002；England & Attiwill，2006）。

5.2.2.1　形态结构

光合速率的峰值通常出现在单叶面积或针叶体积达到最大值时，并随着叶的衰老而逐渐下降。随着树龄的增大，欧洲水青冈（*Fagus sylvatica*）的单叶面积及干重显著降低（Louis et al.，2012）。同样，油松（*Pinus tabuliformis*）、黄山松（*Pinus hwangshanensis*）和花旗松（*Pseudotsuga menziesii*）的针叶长度也随树龄增长而缩短（Apple et al.，2002；郭希梅 等，2011）。树龄增长时，王桉（*Eucalyptus regnans*）叶片大小和比叶面积下降，而且叶片厚度和角质层厚度增加，叶形也趋近狭窄，但气孔性状变化相对较小（图 5-9）。

5.2.2.2　气孔

气孔位于叶表面，是植物与外界进行气体交换的主要通道，调控 O_2、CO_2 和水蒸气的进出从而维持植物的水分平衡和光合作用。古树可能具有更加高效的气孔调控机制，以响应干旱、高温及生物等环境胁迫。高龄趋衰古树的叶形及显微结构变化较大，但气孔特征的变化相对较小，而且气孔分布和大小与健康成熟树木的相似。因此，树龄对气孔的影响小于对叶片结构的影响。

5.2.2.3　叶肉细胞

在被子植物古树叶片中，叶近轴侧的叶肉组织多为长柱状的栅栏组织，细胞排列紧密并与表皮垂直，有助于捕光，叶远轴侧主要分布着不规则或呈球状的海绵组织，细胞排列

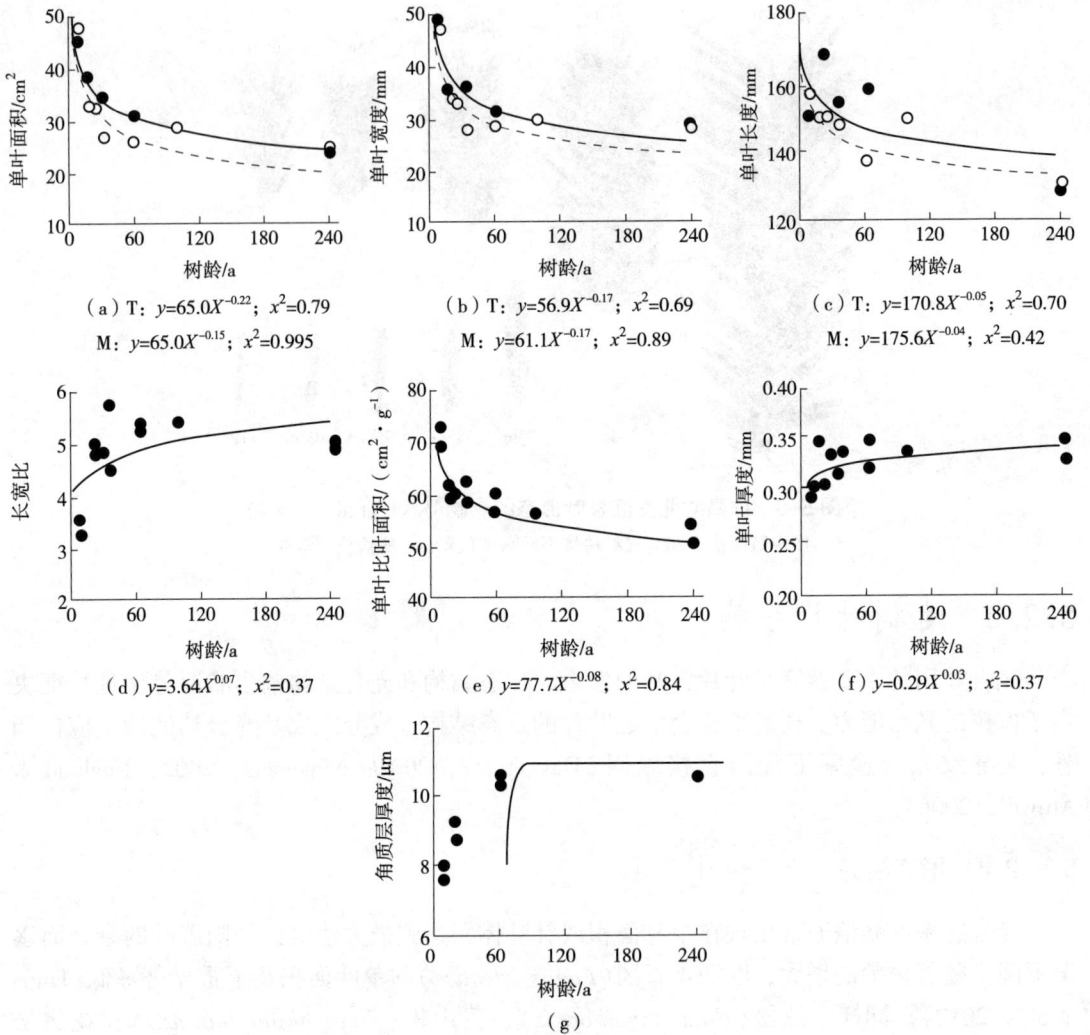

图5-9 树龄对王桉叶片形态结构的影响(England & Attiwill, 2006)

(a)单叶面积 (b)单叶宽度 (c)单叶长度 (d)单叶长宽比 (e)单叶比叶面积

(f)单叶厚度 (g)单叶角质层厚度

疏松且间隙大，便于CO_2在叶内部的扩散从而提高光合作用的效率。相比于低龄的新疆野苹果树(*Malus pumila*)，树龄的增长会引起叶片栅栏与海绵组织的层数减少且变薄(杨美玲等，2015)。虽然松科植物的叶肉细胞没有栅栏组织与海绵组织分化，但由于叶针形缩小了蒸腾面积，常呈旱生形态。花旗松针叶维管束及叶肉组织随树龄的增加而减小，非光合细胞的占比面积却逐渐升高(Apple et al.，2002)，这可能会影响光合细胞的功能。因此，叶片光合细胞的形状、分布、组成及比例会受到树龄的影响。

5.2.2.4 叶绿体

树龄在影响叶片解剖结构的同时，也影响叶肉细胞叶绿体的超微结构及功能。叶肉细胞排列、叶绿体位置及叶绿素分布在叶片内具有典型的三维特性，这些特性因树龄的增长而发生调整，进而影响光合作用的光能吸收、电子传递、CO_2转运和碳同化。

（1）叶绿体数量与大小

叶肉细胞内的叶绿体在数量和大小上会发生适应性调整，以优化古树的光能利用效率。古银杏的叶绿体数目随树龄的增长而下降，其排列方式由紧凑趋向疏松，基粒片层减少，并且出现明显的淀粉粒（张艳洁，2009）。与健康侧柏古树相比，衰老侧柏古树叶的超微结构发生了显著变化，叶绿体的数量、大小、形状、分布等差异明显（Zhou et al.，2019），这可能导致古树光合能力的减弱。

（2）类囊体

濒危趋衰的松柏类古树的叶绿体数量少且畸形多，通过电镜观察到嗜锇颗粒与淀粉粒增大，容易发生膜裂解，而且类囊体片层稀疏，甚至整个膜系统都会出现解体趋势，降低了光合作用的效率（Day et al.，2001；张艳洁 等，2010）。在处于衰老阶段的银杏叶片中，叶绿体内基质片层和基粒类囊体膜出现松散，以及嗜锇颗粒变大、增多的显著特征（杨贤松，2014）。随着树龄增长，古树叶绿体类囊体等膜结构逐渐出现解体，伴随着核酸、蛋白和脂肪等大分子的分解代谢，光合能力也逐渐降低。

树龄增长引起叶片形态结构、叶绿体成分组成及光合功能的适应性调整，是导致光合速率下降的直接原因（Day et al.，2002；Niinemets，2002；England & Attiwill，2006）。但也有研究表明，健康古侧柏叶的解剖结构和超微结构并没有随树龄的增长而显著改变，即使树龄高达 2000 年的侧柏叶绿体结构和功能特性与树龄 50 年的成熟植株相比无明显差异（Zhou et al.，2019）。因此，树龄对古树光合的影响存在较大的个体差异。

5.2.3　古树光合色素

光合色素位于叶绿体内的类囊体膜上，能够吸收光能以驱动光合作用，但容易受到叶片发育过程及树龄的影响。一般情况下，叶绿素降解被认为是叶片进入衰老时的标志，也是引发光合作用一系列生理生化变化的关键因素。叶绿素降解致使光化学反应能力丧失的同时，结构性与功能性营养物质分解和转移，进一步制约了光合作用。槐、银杏、侧柏、油松及黄山松的叶绿素含量，均随树龄的增长而呈下降趋势（李东林 等，1998；张艳洁，2009；郭希梅 等，2011；周凯凯，2017；Chang et al.，2019）。虽然 600 年生健康古银杏树的叶绿素相对含量与 200 年生和 20 年生树龄的银杏相比没有显著差异（Wang et al.，2020），但是 1200 年生古银杏叶片的叶绿素含量则显著下降（周凯凯，2017）。因此，高龄树木叶片容易出现褪绿现象，光合能力也因伴随光合色素的降解及功能活性减弱而逐渐下降。

叶绿素含量并不能单独用来衡量叶片的光能吸收及利用能力。叶绿素含量明显降低的突变体植物，在饱和光下的叶片光合速率与野生型的相同，但在弱光下时又明显低于野生型（Chen & Xu，2006）。叶片衰老时即使保持高含量的叶绿素，光合效率也可能下降，这涉及叶绿素的光反应活性在叶片衰老过程中对光合效率的维持能力。

叶绿素 a 和叶绿素 b 的含量均随侧柏树龄的增长而下降，而类胡萝卜素与叶绿素含量的变化趋势则没有明显的下降趋势（Chang et al.，2019）。但也有研究表明，不同树龄叶中的类胡萝卜素含量存在差异，并且与树木生长势的强弱密切相关（张艳洁 等，2010）。树龄增长时，健康油松和黄山松针叶的叶绿素 a 含量下降比叶绿素 b 更为明显，导致叶绿素 a/b 值下降，这种变化会影响光能利用效率并加速叶片衰老（李东林 等，1998；郭希梅 等，2011）。

5.2.4 古树光合过程

5.2.4.1 光能吸收与转化

光能主要被叶绿素吸收，而叶绿素的主要吸收峰位于蓝光和红光的区域，在这两个波段内吸收较强。叶绿素荧光参数显示，光合作用的荧光产量、光能转换效率、电子传递速率和光合活性随树龄的升高而下降，而光能耗散为热量的比例则增加（张艳洁，2009）。

光反应中心的稳定是维持叶绿体光合性能的基础。侧柏叶片中的 PS I 相对稳定，相比之下，PS II 更容易受到树龄增长及衰老的影响（Chang et al.，2019）。光系统中光合作用相关蛋白的降解是叶片衰老的一个重要特征（张柳 等，2014）。随着树龄增长，黄山松与侧柏叶绿素和光合相关蛋白质含量均有所下降（李东林 等，1998；Chang et al.，2019）。但有研究表明，与树龄 600 年的健康银杏古树相比，树龄 20 年和 200 年银杏的光电转换率和光合能力无明显差异，而且叶片形态和叶绿素含量也无显著差异（图 5-10）。因此，健康的长寿古树虽然生长趋缓，但如果未进入明显的衰老状态，树龄对单叶光能吸收与转化的影响相对较小。

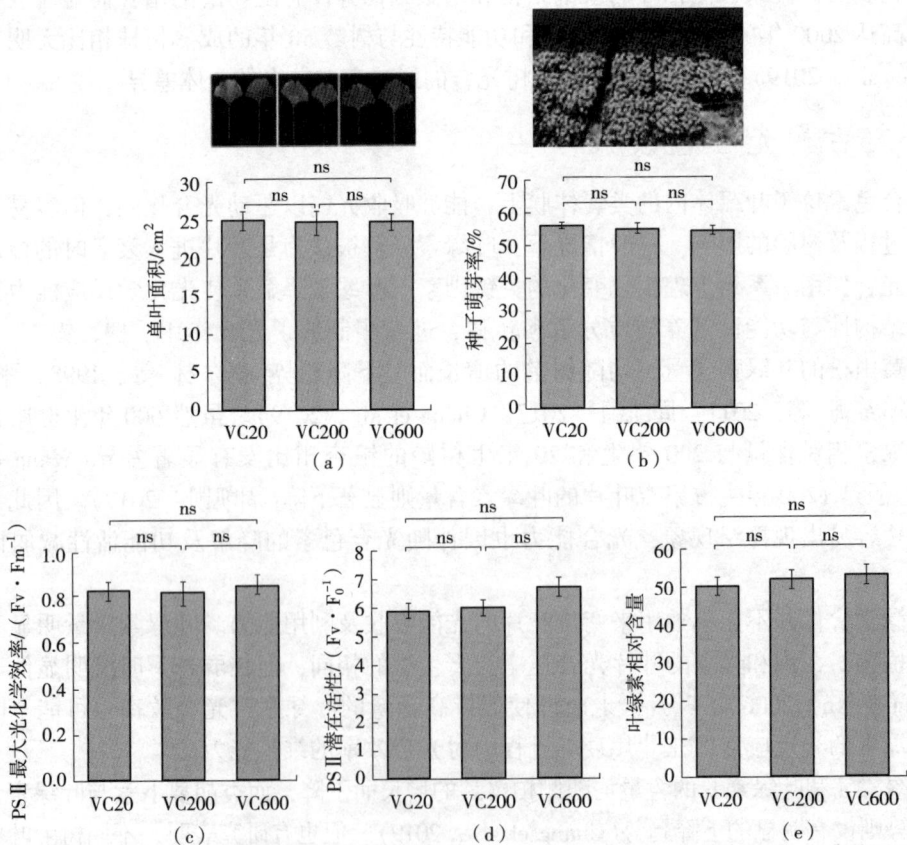

图 5-10　树龄对健康古银杏的叶片形态及光合性能的影响（Wang et al.，2020）

(a)单叶面积　(b)种子萌芽率　(c)最大光化学效率　(d)PS II 潜在活性　(e)叶绿素相对含量

5.2.4.2　电子传递与光合磷酸化

古树在长时间的生理活动中需要替换或修复受损的光合系统，包括叶绿体、类囊体膜、光系统蛋白和电子传递链的组成部分等。光合电子传递能力下降是古树衰老时光合功能逐渐降低的重要原因之一。随着树龄的增长，银杏与槐叶片的电子传递速率降低（张艳洁，2009）。在电子传递与光合磷酸化过程中，PSⅡ、细胞色素 b_6f 复合体、PSⅠ和 ATP 合酶等 4 个关键组分发挥着关键作用。PSⅠ和 PSⅡ相关蛋白与 ATP 合酶在叶片衰老时含量降低，进而影响了光合电子传递（Zhang et al.，2012）。随着银杏树龄的增长，光合电子传递链中与 PSⅠ、PSⅡ相关的基因下调，铁氧还蛋白和编码 ATP 合酶相关的基因也下调（Wang et al.，2022）。侧柏树龄的增长抑制了与光合作用、氧化还原和物质转运相关的基因表达，同时上调了与蛋白水解、衰老、转录及信号传递有关的基因表达（Chang et al.，2019）。因此，树龄增长通过影响电子传递与光合磷酸化相关基因的表达来制约光反应，最终降低碳固定效率。

5.2.4.3　碳同化

树龄增长在改变光合作用光反应的同时，也会影响古树的碳同化过程。树木的碳动态在很大程度上取决于树龄，但有关碳反应过程与树龄关系的研究相对缺乏，更多的工作集中在古树表型及瞬时光合速率的差异方面。

（1）羧化效率

在光合过程中，Rubisco 的羧化效率较低，是光合作用的限速酶，也是叶片衰老过程中最早被降解的蛋白之一（Sedigheh et al.，2011）。Rubisco 的羧化活性也会随树龄的增长而下降（图 5-11），羧化效率降低，最终导致光合能力的逐渐减弱。

（2）碳同化物的积累与分配

林木的干物质积累与光合生产力密切相关，但树木整体的固碳速度同样受树龄的影响。高龄树木的生物量几乎停止增长，碳素的吸收与释放基本平衡。在林木中，碳水化合物可分为结构性碳水化合物和非结构性碳水化合物。结构性碳水化合物如木质素和纤维素，是参与构建林木的组织结构。作为非结构性碳水化合物的可溶性糖和淀粉，主要为林木的生长发育提供碳素和能量。树龄增长增加了非结构性碳水化合物的积累，并改变了碳水化合物的分配模式（崔旭盛 等，2010）。因此，碳素分配格局的变化也受到树龄或林分的影响，这与林木不同生育期的生长策略调整有关。

5.2.4.4　光破坏防御

随着树龄的增长，古树逐渐进入衰弱期，其防御光破坏的抗氧化能力降低。古银杏与古槐的叶片有较高的热耗散，导致所截获的光能用于光合作用的比例降低，进而影响光合效率（张艳洁，2009）。随着树龄的增长，油松、黄山松、白皮松和银杏叶的抗氧化酶活性下降，导致 ROS 清除能力减弱，进而破坏叶绿体结构、降解叶绿素和抑制光合酶活性（李东林 等，1998；郭希梅 等，2011；周凯凯，2017）。与低龄树相比，在 1100 年树龄的侧柏中，其叶内 SOD 和 POD 的活性下降，抗氧化能力显著减弱，导致毒性物质丙二醛大量积累（Chang et al.，2019）（图 5-12）。因此，高龄古树的光破坏防御及抗氧化能力较弱，更容易表现出衰老特征。

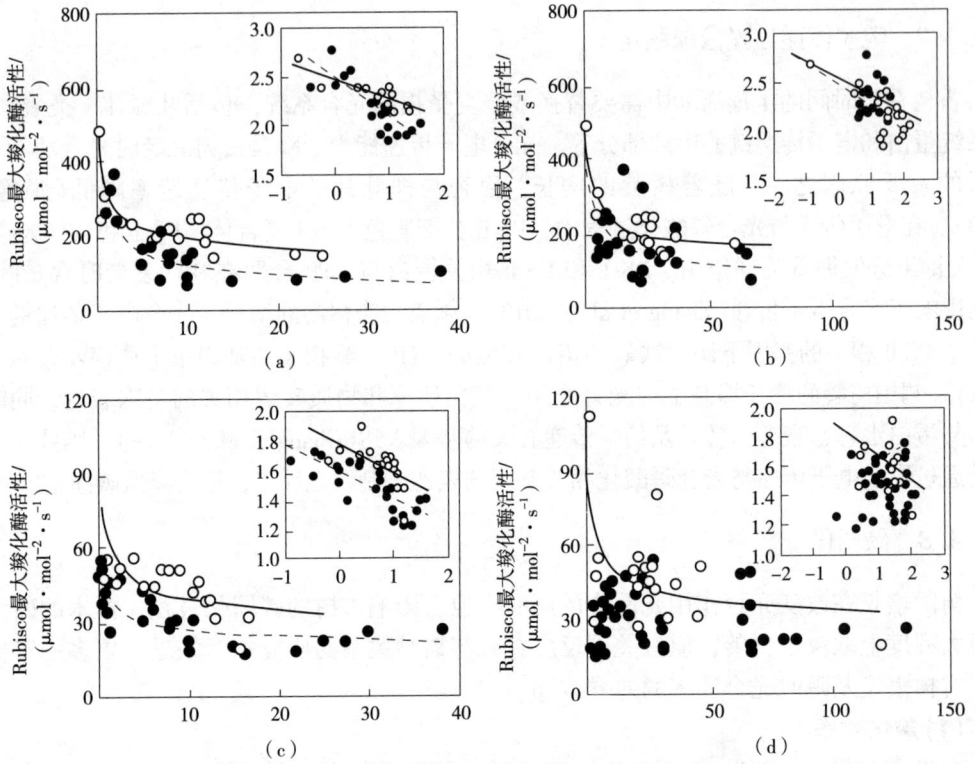

图 5-11 针叶干重 Rubisco 最大羧化酶活性与株高(a)和树龄(b)的关系,以及针叶投影面积的 Rubisco 最大羧化酶活性与树高(c)和树龄(d)的关系(Niinemets,2002)

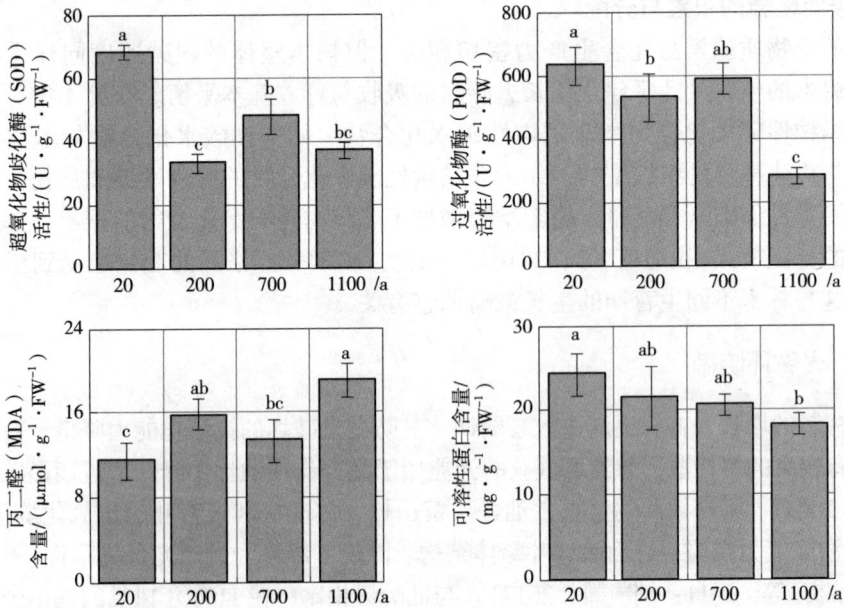

图 5-12 树龄对侧柏叶内超氧化物歧化酶(SOD)活性、过氧化物酶(POD)活性、丙二醛(MDA)含量及可溶性蛋白含量的影响(Chang et al.,2019)

FW 表示鲜重

5.3　古树光合作用与环境因素的关系

古树的光合作用与环境因子之间存在着复杂的相互作用，环境因子如光照、CO_2、温度、水分、矿质营养、大气污染等，以及环境因子之间的交互作用，都会显著影响古树的光合能力。

5.3.1　光照

光不仅是光合作用的推动力，也是重要的环境信号。光表现为日变化和季节变化，还会因森林冠层的位置不同而出现差异，即使是单株树木的光照也是由外向内逐渐减弱的，甚至进入叶片内部的光分布也因各层组织细胞的排列不同而异。叶绿体发育及叶绿素合成都需要光，光还能调控气孔开度和碳同化相关酶的活性。光强、光质、光方向和光周期等因素都会影响古树的光合作用。

(1) 光强

在一定范围内，光照强度的增加会提高古树的光合速率，直至达到某一饱和点后不再增加。通常，幼龄树在光能利用和光破坏防御方面不如成熟植株。但对于树龄较长的古树，其叶片已经适应了较低的光强度，特别是生长在林冠下层或密集森林环境时。天山云杉天然林的光合作用与树龄和叶龄密切相关，而且阳生叶的净光合速率高于阴生叶，其对环境因子的变化也更敏感（臧润国 等，2009）。弱光条件中 PS I 和 PS II 的密度均下降，但 PS I 的密度下降幅度远高于 PS II（Eichelmann et al.，2005）。叶片在强光下会减少 PS II 捕光天线的数量，而在弱光或远红外光较多的环境中又会增加 PS II 捕光天线的数量，以维持与 PS I 光能捕获的协调。冠层结构的光截获效率降低，成为高龄澳洲贝壳杉（*Agathis australis*）生产力下降的原因之一（Niinemets et al.，2005）。因此，光能利用效率降低不仅降低了光合速率，还容易导致树木发生碳饥饿甚至死亡。

(2) 光质

不同波长的光对光合作用的影响存在差异，蓝光和红光能被叶绿素高效吸收，是光合作用的主要光能来源。但绿光较少被叶绿素吸收，可能是作为光信号来启动光合系统。红光下 PS II 吸收的光能多而 PS I 吸收的少，但远红光下 PS I 吸收的光能增加而 PS II 吸收的减少，导致 PS II/PS I 的光能吸收比例因光质变化而出现波动。古树的冠幅通常较大，冠层外围叶片能吸收较多的红光和蓝光，导致冠层内部光环境中的绿光占比较高，由于绿光被叶绿素吸收较少，冠层内部及下层叶片的光合能力可能下降。

(3) 光周期

光周期（日照时长及昼夜比例）会影响古树的生长周期，包括营养生长、花芽分化、落叶和休眠等季节性活动。在光周期内，气孔开度和保卫细胞的氧化还原状态均呈现出规律性变化（Chen & Gallie，2004）。光还是影响叶绿体基质内酶催化效率的重要因子，能够通过改变酶基因的表达及产物活性来调控卡尔文循环。光暗交替调节着碳同化途径中光合关键酶的活性。

5.3.2 CO_2

光合作用过程中，CO_2 通过气孔进入叶片内部后，还需要经过运输过程才能到达羧化反应中心，并依赖碳同化途径来合成有机物。

（1）CO_2 的扩散途径

CO_2 的扩散途径分为气相扩散和液相扩散。气相扩散是外界 CO_2 从叶片表层到叶肉细胞间隙，而 CO_2 由细胞间隙进入叶肉细胞并部分形成 HCO_3^-，然后运至叶绿体基质属于液相扩散。大气 CO_2 扩散进入叶片直至羧化位点的过程会受到多种阻力的影响，主要包括界面层阻力、气孔阻力、细胞间隙阻力与液相阻力等（图 5-13）。光合速率与外界大气 CO_2 至叶绿体羧化位点之间的总阻力呈负相关，而与 CO_2 浓度差呈正相关。CO_2 浓度差是扩散的动力，气孔阻力和羧化阻力则是较大的阻力。CO_2 在叶肉组织内的扩散导度称为叶肉导度，叶片老化过程中叶肉导度的减小可能是光合作用早期下降的主要原因（Flexas et al.，2007）。CO_2 浓度升高有助于提高森林早期的树木生长，但对成熟森林中树木生长的促进作用有限，这可能是由于受到了其他更强因素的干扰。

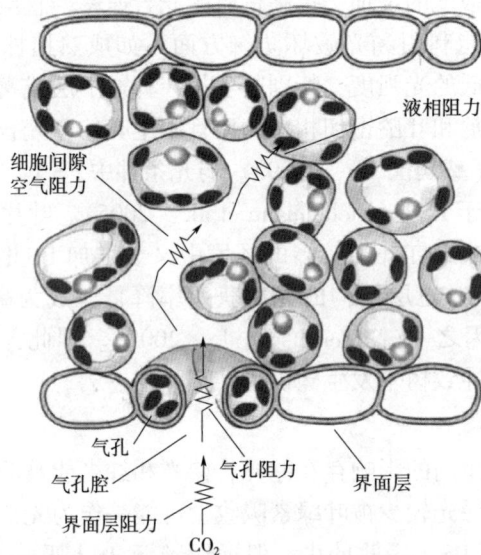

图 5-13　大气 CO_2 扩散进入叶片叶绿体的阻力点示意图

（Taiz & Zeiger，2010；宋纯鹏 等，2015）

（2）CO_2 的调节及肥料效应

光照条件下，作为活化剂的 CO_2 能推动 Rubisco 多肽生成寡聚体而激活 Rubisco。在高浓度 CO_2 条件下，一些古树表现出更快的生长速率，这个现象称为 CO_2 肥料效应。在饱和 CO_2 浓度下，光合速率能够反映光反应活性，包括光合电子传递与光合磷酸化，这是由于同化力供应会影响 RuBP 的产生速率。尽管高浓度 CO_2 有助于增强光合作用，但 Rubisco 的含量及活性在长期高浓度 CO_2 条件下会出现下降。长期处于高浓度 CO_2 处理时光合速率的下降也可能与同化产物的过度积累，而破坏叶绿体结构或导致库源失调有关。在 CO_2 富集条件下，古树叶片的气孔开度趋向于最大限度的关闭，致使蒸腾作用减弱而有助于节水，但也会直接影响光合效率。

5.3.3　温度

光合作用对温度十分敏感，温度会影响与光合作用有关的生化反应及叶绿体膜的完整性。低温能诱导膜脂相变、破坏叶绿体超微结构并钝化酶活性；高温则会导致膜脂与膜蛋白热变性及增强光呼吸与暗呼吸，最终导致叶片的光合功能下降。

(1) 温度对 PS Ⅱ 的影响

古树光抑制的发生都与温度密切相关，高温或低温胁迫会加重光抑制。同时，光抑制的恢复也与温度密切相关。PS Ⅱ 是古树光抑制的主要发生位点，而 PS Ⅰ 相对稳定。低温对 PS Ⅰ 和 PS Ⅱ 的抑制效果存在差异，PS Ⅰ 对低温的耐受力相对更强。但 PS Ⅰ 反应中心失活后的修复却很缓慢，而 PS Ⅱ 的修复能在几个小时内迅速完成。冬季欧洲赤松（*Pinus sylvestris*）PS Ⅱ 反应中心的光化学能力受抑制程度可达 60%，而 PS Ⅰ 的光化学能力受抑制程度较低，仅为 20%（Ivanov et al.，2001）。古树在低温时，严重的光抑制和叶绿素光氧化会伴随光合量子产额下降、PS Ⅱ 荧光释放和 D1 蛋白损耗。

(2) 温度对光合酶活性及生理代谢的影响

温度与光合作用的酶活性关系密切，特别是对酶催化的碳反应速率，进而成为影响古树光合作用的关键因素。由于暗反应过程涉及一系列复杂的酶促反应，因此温度对暗反应的影响通常要大于光反应。低温主要是抑制暗反应中的酶活性，而高温的影响是多方面的，包括促使古树气孔关闭、酶变性和叶绿体结构破坏等。高温容易损伤古树叶片叶绿体及类囊体膜、降低光合电子传递活力、积累活性氧和降解与光合作用相关的蛋白等。但古树也会通过调整细胞膜的脂类与蛋白组分来维持细胞膜的流动性和稳定性，降低细胞受温度波动的影响。

5.3.4　水分

光合作用的原料之一是水，水对古树光合作用的影响涵盖了从分子水平的生理过程到整个生态系统的多个层面。不仅影响古树个体生理过程，还影响整个森林生态系统的碳循环和能量流动。

(1) 水分胁迫引起气孔限制

古树气孔导度因水分胁迫而减小，导致 CO_2 进入叶片受阻，造成气孔限制，从而制约光合作用。树体增大导致顶部水分输送困难，细胞膨压下降，蒸腾作用减弱，最终引发气孔限制（Peñuelas，2005）。高龄及高大树木为保持水分平衡，一般会增强气孔关闭效果，气孔限制的发生在一定程度上解释了光合能力随树龄及个体增大而下降的现象（Munné-Bosch，2007）。非气孔限制常是由于叶肉细胞自身光合活性的下降导致的，这种限制也容易引起叶片光合速率的下降。

(2) 光合速率的水分制约

树龄增长及树体增大时，水力导度的下降逐渐成为树木生长及株高的首要生理挑战。水分充足时，古树的光合作用通常保持在较高水平。水分胁迫则会导致古树的光合速率下降，主要是因为气孔关闭减少了 CO_2 的摄入并降低了蒸腾拉力，同时制约了光合作用光反应过程中的水裂解。银杏叶片的水分蒸发量随树龄的增长而减弱，这与高龄古树叶片内部的物质代谢及组织含水量的调整有关(张艳洁,2009)。古树维管系统水力导度的下降,会进一步抑制叶片的光合作用(Yoder et al.,1994)。红云杉随树龄增长,凌晨及中午冠层、顶层的水势均是下降的。此外,水力限制假说能够阐明北美红杉的树高限制,证实水势及光合速率随树高的增加而下降(Koch et al.,2004)。

(3)光合作用的干旱响应

古树数量相对较多的是针叶植物,针叶常呈旱生形态,叶针形而缩小了光合面积,致使蒸腾效率降低并减少水分损失。百年树龄的欧洲赤松林,也会因干旱而改变光合产物从树体到土壤的转移与利用(Gao et al.,2021)。随着树龄的增长,黄土高原沙地小叶杨(*Populus simonii*)整株的水力导度显著下降,降低了叶片的光合速率、气孔导度及蒸腾速率(左力翔 等,2014)。古榉树的生理活性低于青壮年植株,而且水分供应能力也会因树体过于高大而降低,致使其光合能力在干旱和高温天气中下降(Jung et al.,2023)。许多研究也证实,成熟树木的水分利用效率高于幼树。

5.3.5   矿质营养

矿质元素是光合作用关键酶的组成部分,也能作为活化剂直接参与光合过程,在古树的光反应与碳反应中扮演着重要角色。矿质元素缺乏会抑制叶绿素合成、降低光合电子传递能力、减小气孔导度和增强呼吸作用,进而影响古树的光合速率。同时,矿质营养信号也能调控光合作用(Therby-Vale et al.,2022)。

(1)N 对光合作用的影响

叶绿体发育、叶绿素合成和光合酶活性离不开 N,N 缺乏能够增强植物对光抑制的敏感性。健康古槐中与 N 吸收代谢相关基因的表达量,会随树龄的增长而逐渐增强,甚至 2000 年树龄的古树细根仍具有较强的 N 吸收代谢能力(田晶,2022)。虽然树木木质部的 N 浓度随树龄的增长而降低,但老树当年生叶片仍能维持相对较高的 N 含量。树龄对欧洲水青冈阳生叶性状、叶绿素和叶片 N、C 含量的影响不显著,这种稳定性一方面与林木周围的气候土壤条件类似有关;另一方面,可能与叶片寿命短,不易受到树龄影响有关(Louis et al.,2012)。

(2)光合作用的元素响应

P、S、Mg、Fe、Mn 等元素也是叶绿体结构的组成成分,在光合作用过程中均起着关键作用,缺失会直接影响光合作用的效率。濒危衰弱古树叶片的 N、P、K 与健康古树或成熟树木之间存在明显差异(张艳洁 等,2010),这种差异可能导致矿质元素失衡,进而制约光合能力。此外,树龄增加也会改变光合器官中的 C、N、P 含量及化学计量比。K 和 Ca 能够调控古树气孔开合和同化物的输送,Mn 是光合放氧复合体的关键成分,而 Cu 和 Fe 是电子传递载体的关键成分。Rubisco 的光活化需要 Mg^{2+},而且磷酸基团是同化力 ATP 和 NADPH 及光合 C 还原循环中众多中间产物的构成成分,同时会影响古树 RuBP 再生速率、RuBP 浓度、气孔导度及叶肉导度。CO_2 浓度升高能够强化叶片 N 对古树光合速率的促进作用,而水分胁迫会削弱或消除 N 对古树光合作用的刺激。因此,矿质营养对古树光合作用的影响还会因环境条件的改变而调整。

5.3.6   大气污染

大气污染可以直接损害古树叶内的光合系统和生理代谢,干扰光合作用并破坏树体健康，也能间接地通过改变生长环境来影响光合功能。暴露在空气中的叶片，容易受到大气污染物质的干扰而抑制光合作用。银杏叶片能够富集空气中的有机氯农药污染物，可以作为空气污染的生物指示器(戴天有 等，2008)。氯气会损害叶片叶绿素并产生褐色斑点，氟化物则能抑制叶绿素合成而破坏叶绿体。臭氧(O_3)也会侵害叶肉细胞，主要伤害叶片近轴侧的栅栏组织细胞，同时可抑制光合能力、羧化效率和量子产额，致使光合速率下降。另外，气溶胶可影响叶片光合作用的日动态。由于污染物形式多样且很少单独存在，容易与其他环境因子混合而同时对光合功能产生影响，导致难以判断具体是哪些组分发挥了作用。因此，古树光合作用对环境污染因子的响应机制及调控策略已经成为研究重点。

5.4　古树光合作用研究方法

研究古树光合作用的方法可以结合形态学、生理学、生态学和分子生物学等多个学科的技术手段与方法。下文介绍几种常见的研究方法。

5.4.1　光合能力测定方法

由于古树体积通常较大，枝条与叶片距离地面较高，原位测定的难度大。一方面，可以借助升降机平台的高度调节来测定冠层中不同叶片的光合能力；另一方面，在特定条件下有选择地采用枝条截取的离体方式开展试验。此外，采用截取古树枝芽并嫁接到低龄树的方法可以间接实现原位测定。当将不同树龄的侧柏枝嫁接到同龄幼树上时，高龄枝条的净光合速率、光饱和点、光合色素及可溶性糖含量显著下降(倪妍妍 等，2017)。这说明光合器官的发育及构建会受到树龄的影响，树龄增长对古树光合作用有负面影响。

5.4.2　气体交换测定

光合仪主要用来测定气体交换参数，包括净光合速率、气孔导度、胞间 CO_2 浓度、蒸腾速率和水分利用效率等。气体交换作为树木重要的生理过程之一，相关参数的测定有助于探究古树的生理状况、碳同化能力、生态适应和抗逆性等。

5.4.3　叶绿素荧光测定

叶绿素在吸收光能并驱动光合作用的过程中，吸收的多余能量会以荧光或热的形式释放。叶绿素荧光能反映光合作用的光能吸收、能量分配、光电转换和电子传递等原初反应过程，叶绿素荧光测定是一种无损伤快速测定方法，是古树光合性能研究中的重要指标。光合作用光系统的组分、结构及功能会受到树龄的影响，因而可以基于叶绿素荧光技术来分析古树光合结构和性状的树龄响应。在利用叶绿素荧光仪测定叶片荧光时，可以获得初始荧光(F_o)、最大荧光(F_m)、稳态荧光(F_s)、PSⅡ最大光化学效率(F_v/F_m)、实际光化学量子效率($\Phi_{PSⅡ}$)、光化学淬灭(qP)、非光化学猝灭(NPQ)和荧光诱导动力学曲线($OJIP$)及系列特征指标(如 V_J、PI_{ABS}、PI_{CS}、ABS/RC、TR_0/RC、ET_0/RC、DI_0/RC、RC/CS_0、RC/CS_M)等。这些荧光参数能够用来衡量光合作用过程中光系统对光能的吸收、传递、分配及耗散情况，广泛用于解析古树叶片叶绿体及叶绿素的功能活性。

5.4.4　稳定同位素分析

①碳同位素　通过测定古树组织(如叶片、树干)中碳同位素的比例，可以揭示光合作用的水分利用效率和 CO_2 吸收模式。

②氧同位素　分析树木年轮中纤维素的氧同位素，可以帮助重建古树生长地区过去的气候条件和降水模式，为研究古树对这些环境条件的生理适应提供背景信息。

5.4.5　光合色素含量测定

分光光度计能测定古树叶内叶绿素 a、叶绿素 b、总叶绿素和类胡萝卜素含量。叶绿素仪(SPAD)可以实现高效便捷和非破坏性原位测定古树叶片的叶绿素相对含量，SPAD虽然存在一定的误差，但仍是一种有效的非破坏性测定方法。由于叶龄并不能准确地反映树龄，尤其是选用落叶树的叶片作为试验材料时，可能会导致研究结果误差较大。因此，在古树光合作用的实际测定中，可以根据研究目标和条件采用不同的光合生理仪器和科学合理的测定方法。

目前，光合作用研究中常用到显微结构、同位素示踪、X 射线衍射、光学光谱学、磁共振光谱学、色谱、电泳、数学方程模拟及分子生物学等技术方法。随着科技的进步，通过整合形态学、生态学、解剖学、生理学、细胞学、基因组学、转录组学、蛋白质组学和代谢组学，使得深入、系统、全面地探讨光合作用已经成为可能，古树光合作用研究也随之进入新的发展阶段。

小　结

树龄增长会影响树木生长势，引起生存策略的调整，并减弱对逆境胁迫的耐受能力，进而影响古树的光合作用。树龄不仅改变了古树的光合器官及叶绿体结构，而且影响光反应与暗反应过程。随着树龄增长，古树可利用性氮会因生物量增加而减少，并伴随解剖结构改变、气孔限制和光合能力适应性调整等的变化，从而影响研究结果的一致性。由于光合能力会受到树木内在遗传差异和外界生境条件的影响，光合作用常发生波动，致使研究结果出现差异。因此，古树衰老时会降低光合效率，但光合能力减弱并不一定意味着古树进入了衰亡阶段。本章内容为营建适合古树生长的光环境及维持高效光合作用的途径提供了依据。

思考题

1. 古树叶片通过叶绿体吸收太阳光并进行光合作用的过程是什么？
2. 高龄古树的光合能力下降的原因是什么？
3. 环境因子对古树光合作用的具体影响是什么？
4. 试述古树如何防御光破坏？
5. 如何利用古树生理学的理论知识来恢复、维持和提高古树的光合生产力？

推荐阅读书目

现代植物生理学(第 4 版). 李合生，王学奎. 高等教育出版社，2019.

植物生理学(英汉双语版). 莫蓓莘. 高等教育出版社，2016.

光合作用学. 许大全. 科学出版社，2013.

植物生理学(中译本)(第 5 版). 宋纯鹏等译. 科学出版社，2015.

木本植物生理学(中译本). 尹伟伦等译. 科学出版社，2011.

Plant Physiology (Fifth edition) . Taiz L, Zeiger E. Sinauer Associates, Inc. Publishers, 2010.

第 **6** 章

古树呼吸作用

本章提要

  本章阐述了呼吸作用的基本概念、意义以及线粒体的结构与功能，重点介绍了古树呼吸作用的特点，包括古树呼吸代谢的途径、电子传递、氧化磷酸化以及呼吸作用过程的中间产物，并介绍了古树果实、树干、枝叶、根系等器官的呼吸特点及其环境响应机制，最后介绍了呼吸作用的主要测定方法。本章总结了古树衰退与呼吸作用的关系，为了解古树物质能量代谢奠定了理论基础。

6.1 植物呼吸作用概述

  植物光合作用是 CO_2 和水转化为有机物的过程，是新陈代谢中的同化作用。而呼吸作用是指植物将有机物分解为 CO_2 和水，并释放能量的过程。呼吸作用不仅可以产生能量以满足植物各种生理活动的需求，分解过程中产生的中间产物还可以为植物体内各种物质合成提供前体物质。

6.1.1 植物呼吸作用

  呼吸作用(respiration)是指生物体内的有机物质，通过氧化还原产生 CO_2 并释放能量的过程。植物的呼吸作用可以分为有氧呼吸和无氧呼吸两种类型。

  (1) 有氧呼吸

  有氧呼吸(aerobic respiration)是指生活细胞在有 O_2 的环境下，把一些有机物质彻底氧化分解，释放能量，同时产生 CO_2 和 H_2O 的过程。葡萄糖是植物细胞常用的呼吸物质，呼吸过程如下：

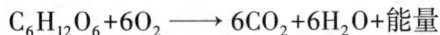

$$C_6H_{12}O_6+6O_2 \longrightarrow 6CO_2+6H_2O+能量$$

（当 pH 为 7.0 时，该反应释放约 2870kJ/mol 的标准自由能）

O_2 在呼吸过程中不直接参与葡萄糖氧化分解，而是与中间产物的 H^+ 结合，还原成水。

呼吸作用方程为：

$$C_6H_{12}O_6 + 6O_2 + 6H_2O \longrightarrow 6CO_2 + 12H_2O + 能量$$

葡萄糖是基本的呼吸底物，在植物细胞中，其呼吸作用底物主要来自光合作用产生的蔗糖、磷酸丙糖和其他糖类，以及由脂质和蛋白质降解的代谢产物转化的中间产物。蔗糖在植物有氧呼吸中分解的化学反应式如下：

$$C_{12}H_{22}O_{11} + 13H_2O \longrightarrow 12CO_2 + 48H^+ + 48e^-$$

$$12O_2 + 48H^+ + 48e^- \longrightarrow 24H_2O$$

净反应式：

$$C_{12}H_{22}O_{11} + 12O_2 \longrightarrow 12CO_2 + 11H_2O + 能量$$

（2）无氧呼吸

在缺氧环境下，植物细胞通过无氧呼吸来满足短期的能量需求，以维持基本生理活动。无氧呼吸（anaerobic respiration）是指在无氧的条件下，细胞把有机物质分解为部分氧化产物，同时释放能量的过程。

植物无氧呼吸过程中将产生乙醇，其反应过程如下：

$$C_6H_{12}O_6 \longrightarrow 2C_2H_5OH + 2CO_2 + 能量（释放 226kJ/mol 的能量）$$

植物无氧呼吸过程除产生乙醇外，也可以产生乳酸，反应过程如下：

$$C_6H_{12}O_6 \longrightarrow 2CH_3CHOHCOOH + 能量（释放 197kJ/mol 的能量）$$

6.1.2　植物呼吸作用的意义

呼吸作用通过氧化还原产生能量并将呼吸底物分解为二氧化碳和水，同时产生中间产物，其主要生理意义表现如下：

①呼吸作用过程中逐步地释放能量，满足细胞生命活动的能量需求。呼吸作用释放的能量一部分以 ATP 等形式贮存在细胞中，另一部分转变为热能形式散失。ATP 水解时，会将其内贮存的能量释放出来，以供植物进行各种生理活动。

②呼吸作用中的糖酵解和三羧酸循环等代谢途径，提供了合成氨基酸、脂肪酸和其他生物分子的中间产物，为细胞提供构建其他重要分子所需的碳骨架。

③呼吸过程不仅能产生能量，还能分解和排除代谢过程中产生的多余物质。如通过呼吸作用分解和去除多余的氨基酸等代谢产物。

6.1.3　线粒体结构与功能

（1）线粒体结构

植物线粒体的主要结构包括以下几点（图 6-1）：

①外膜（outer membrane）　由磷脂和蛋白质组成，相对平滑，具有较高的通透性，允许小分子物质通过。

②内膜（inner membrane）　由磷脂和蛋白质组成，表面具有大量的褶皱（嵴），增加内膜表面积，内膜上有大量的膜蛋白，主要参与氧化磷酸化的过程。

③膜间腔（intermembrane space）　位于外膜和内膜之间的空间，参与质子动力势的形成。

④基质（matrix）　位于内膜内部的液体空间，含有线粒体 DNA、RNA、核糖体和各种代谢酶，是线粒体代谢反应的主要场所。

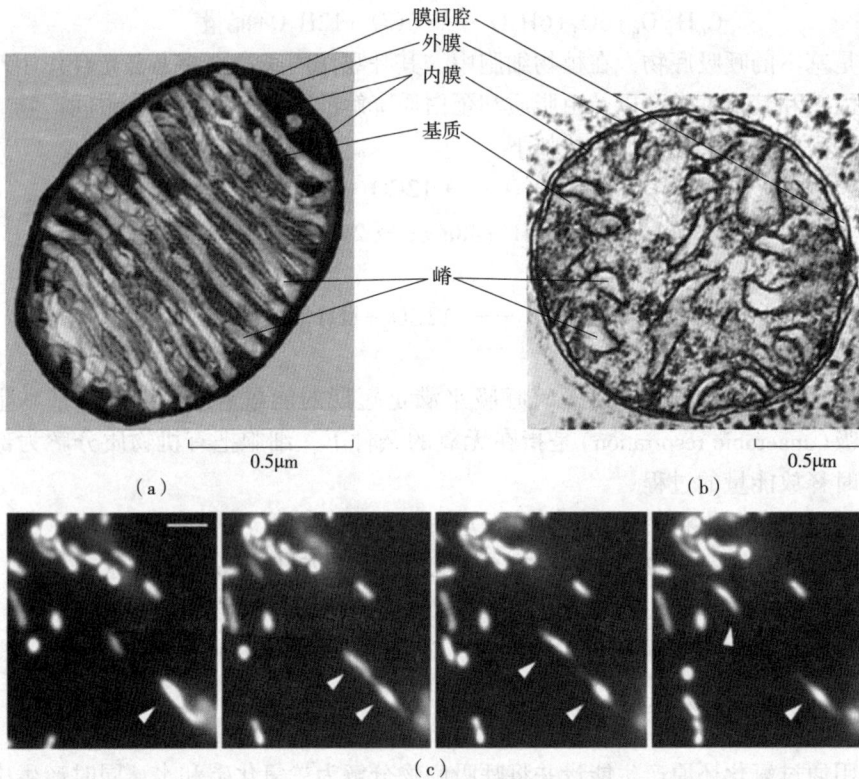

图 6-1　动物和植物线粒体结构(Perkins et al.，1997；Gunning & Steer，1996；Taiz et al.，2018)
(a)鸡脑线粒体的三维断层摄影图片，显示内陷的内膜，称为嵴，以及基质和膜间空间的位置　(b)蚕豆叶肉细胞线粒体的电镜照片，植物细胞中单个线粒体的长度通常为 1~3μm　(c)延时图片显示拟南芥表皮细胞(箭头)中正在分裂的线粒体，所有可见的细胞器都是用绿色荧光蛋白标记的线粒体

⑤嵴(cristae)　内膜向基质内部形成的许多褶皱或突起结构，进一步增加内膜表面积，提高氧化磷酸化的效率。

(2)线粒体功能
植物线粒体的主要功能包括以下几点：

①通过氧化磷酸化在内膜上合成 ATP，为细胞提供能量，线粒体是植物细胞的主要 ATP 生产场所。

②线粒体主要参与光合作用的电子传递。

③线粒体内含有合成血红素、甾体的酶。

④线粒体通过吸收和释放细胞质中的钙离子，参与细胞内钙离子的动态平衡。

6.1.4　呼吸代谢途径

植物细胞中，蔗糖首先被分解为葡萄糖和果糖，随后葡萄糖通过一系列生物化学反应进行氧化降解，该过程所释放的自由能也是逐步进行的。此过程包括 4 个主要的呼吸代谢途径：糖酵解途径、三羧酸循环(又称柠檬酸循环、Krebs 循环)、磷酸戊糖途径和氧化磷

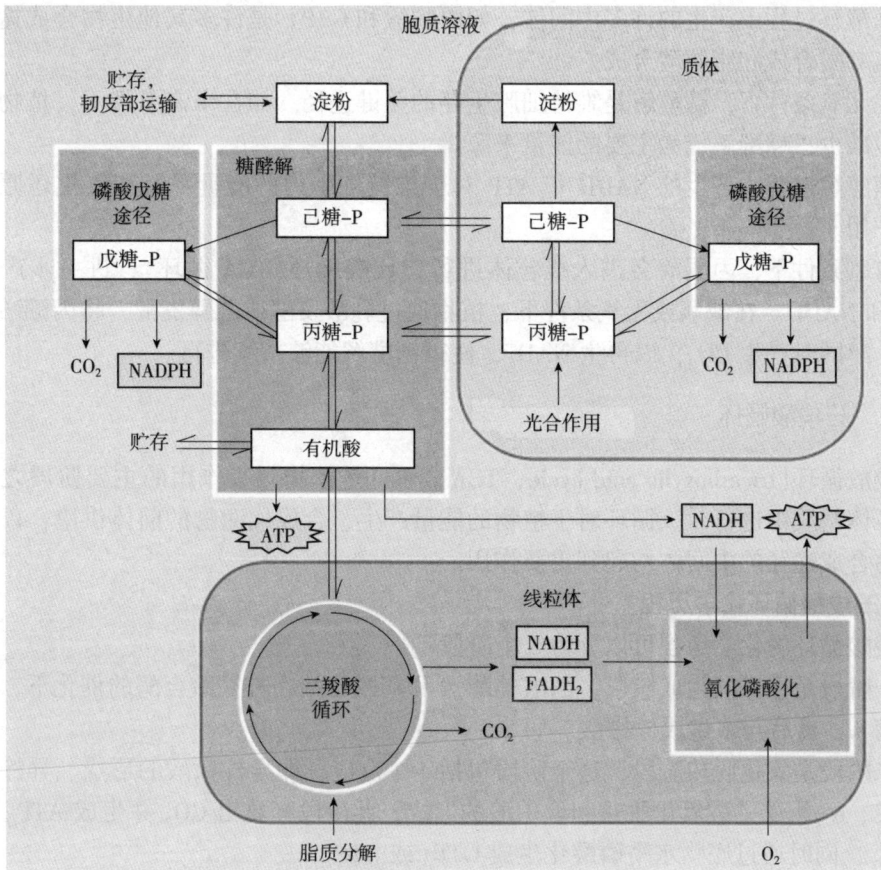

图 6-2 植物呼吸过程(Taiz et al., 2018)

酸化。呼吸作用的这 4 个途径并不是孤立的，而是通过代谢产物的交换相互联系并相互影响，不同的呼吸底物从不同位置进入这些途径进行代谢(图 6-2)。

6.1.4.1 糖酵解

糖酵解是植物细胞内一系列酶催化反应的过程，主要功能是将葡萄糖分解产生能量。

(1)发生地点

糖酵解可以分为 2 个阶段：

①葡萄糖在酶的催化作用下经过 2 次磷酸化修饰，消耗 2 个 ATP 分子，最终转化为分子结构相同的 2 个磷酸甘油醛(G3P)。

②2 个 G3P 分别经过一系列酶促反应，最终转化为丙酮酸。在这个过程中，每个 G3P 分子会生成 2 个 ATP 和 1 个 NADH，因此，每个葡萄糖分子产生 4 个 ATP 和 2 个 NADH，但由于前期消耗 2 个 ATP，最终生成 2 个 ATP 和 2 个 NADH。在植物细胞中，糖酵解主要在细胞质中进行。这个过程中生成的 ATP、NADH 和代谢中间体可以直接用于细胞内其他反应，如合成氨基酸、脂肪酸等。

(2)糖酵解的生理意义

①糖酵解是快速供能的重要途径，尤其在缺氧(如水淹条件下)或快速能量需求增加时(如开花和果实发育期)作用更加明显。

②糖酵解过程中产生的许多中间体，如丙酮酸和 G3P，是许多其他生物合成途径的前体，如氨基酸合成和脂肪酸合成。

③在无氧条件下，糖酵解是维持细胞生存的关键途径。如在水淹条件下，植物细胞的氧气供应减少，糖酵解成为主要的能量来源。

④糖酵解过程中产生的 NADH 和 ATP 对于维持细胞内的能量平衡和氧化还原平衡具有重要作用。

在有氧条件下，丙酮酸会进入线粒体进行三羧酸循环（TCA 循环），进一步产生更多的 ATP 和 NADH。在缺氧或无氧条件下，植物通过乳酸发酵或乙醇发酵，将丙酮酸转化为乳酸或乙醇同时产生 CO_2，以再生 NAD^+，使得糖酵解能够持续进行。

6.1.4.2　三羧酸循环

三羧酸循环（tricarboxylic acid cycle，TCA cycle）是植物呼吸作用的主要阶段之一，主要在线粒体基质中进行。该循环对于植物的能量产生、合成代谢物的前体供应，以及提供多种生物合成途径的中间体均起到重要作用。

（1）三羧酸循环化学历程

三羧酸循环的化学历程可以分为 3 个阶段：

第一阶段是柠檬酸生成阶段，乙酰辅酶 A 和草酰乙酸在柠檬酸合酶的催化下，形成柠檬酰辅酶 A，然后与水生成柠檬酸。

第二阶段是氧化脱羧阶段，这个阶段包括 4 个反应，即异柠檬酸的形成、异柠檬酸的氧化脱羧、α-酮戊二酸氧化脱羧和琥珀酸的形成，此阶段释放出 CO_2 并生成 ATP、NADH 和 $FADH_2$，同时通过底物水平磷酸化生成 GTP（或 ATP）。

第三阶段是草酰乙酸的再生阶段，通过上述 2 个反应阶段，乙酰辅酶 A 的 2 个碳以 CO_2 的形式释放，四碳的草酰乙酸通过一系列反应最终生成四碳的琥珀酸，为保证后续的乙酰辅酶 A 能够继续被脱氢氧化，四碳琥珀酸经过延胡索酸和苹果酸，再次生成并回到草酰乙酸的状态。

三羧酸循环当中有 3 个关键酶，分别是柠檬酸合成酶、异柠檬酸脱氢酶和 α-酮戊二酸脱氢酶。这些酶催化的反应在生理条件下是不可逆反应。柠檬酸合成酶催化乙酰辅酶 A 和草酰乙酸生成柠檬酸，因而三羧酸循环又称柠檬酸循环；异柠檬酸脱氢酶催化异柠檬酸氧化生成 α-酮戊二酸；α-酮戊二酸脱氢酶催化 α-酮戊二酸生成琥珀酰辅酶 A。

（2）三羧酸循环意义

①三羧酸循环是 ATP 生产的重要来源。通过 NADH 和 $FADH_2$ 在电子传递链中的氧化，释放大量能量，其中一部用于 ATP 的合成。

②三羧酸循环产生的中间体，如 α-酮戊二酸和草酰乙酸，是合成多种氨基酸和其他生物分子的重要前体。

③通过产生和利用还原性辅酶如 NADH 和 $FADH_2$，三羧酸循环有助于维护细胞内的氧化还原平衡。

6.1.4.3　戊糖磷酸途径

植物的戊糖磷酸途径（pentose phosphate pathway，PPP），又称磷酸戊糖途径，是一种在细胞质中发生的代谢途径，主要功能是氧化葡萄糖-6-磷酸(G6P)以产生 NADPH 和糖类(主要是戊糖)。该途径对细胞提供还原力(NADPH)和合成核酸所需的五碳糖很重要。

(1)戊糖磷酸途径的 2 个阶段

①氧化阶段　开始于葡萄糖-6-磷酸(G6P)的氧化，该反应由葡萄糖-6-磷酸脱氢酶(G6PDH)催化，产生 6-磷酸葡萄糖酸(6-phosphogluconic acid)和 NADPH。6-磷酸葡萄糖酸经过脱羧反应生成 6-磷酸葡萄糖酸内酯，再经过一系列反应最终转化为 5-磷酸核酮糖(Ru5P)，同时产生更多的 NADPH。

②非氧化阶段　开始于 5-磷酸核酮糖，经过异构或分子重排等反应，形成糖酵解的中间产物 6-磷酸果糖和 3-磷酸甘油酸，这些反应是可逆的。

这一阶段涉及糖类重排反应，通过酶催化的转酮和转醛反应，将五碳糖转化为三碳和四碳糖。最终这些糖重新组合成五碳糖和六碳糖，如重组的葡萄糖-6-磷酸和果糖-6-磷酸，这些产物可以进入糖酵解或糖异生途径。

(2)戊糖磷酸途径的意义

戊糖磷酸途径在植物细胞中具有多重生理意义：

①该途径产生大量的 NADPH。NADPH 是生物体合成脂肪酸和类固醇的必需辅酶，也是通过抗氧化系统保护细胞免受氧化损伤的关键因子。

②该途径提供的戊糖(如核糖-5-磷酸)是核酸(RNA 和 DNA)合成的重要前体。

③戊糖磷酸途径通过生成和利用中间产物与多个其他代谢途径(如糖酵解和三羧酸循环)相连，为植物细胞提供了代谢灵活性。

④在植物遭受环境胁迫(如干旱、盐胁迫、高温等)时，戊糖磷酸途径通过维持 NADPH 的产生，帮助细胞维护氧化还原平衡。

6.1.5　呼吸电子传递及氧化磷酸化

电子传递和氧化磷酸化是植物呼吸作用的关键过程，主要在线粒体内膜上进行。这两个过程是能量转换的核心，通过转移电子并利用释放的能量来合成 ATP，为植物提供必需的能量。

6.1.5.1　呼吸电子传递

呼吸电子传递链是一系列膜结合蛋白复合体，位于线粒体的内膜上，主要包括 4 个主要复合体(Ⅰ、Ⅱ、Ⅲ、Ⅳ)和 2 个电子载体(辅酶 Q 和细胞色素 c)(图 6-3)。过程如下：

①复合体Ⅰ(NADH 脱氢酶)　NADH 在复合体Ⅰ处将电子传递给辅酶 Q，形成还原的辅酶 Q(QH_2)。

②复合体Ⅱ(琥珀酸脱氢酶)　它将电子传递给辅酶 Q。

③辅酶 Q　将电子从复合体Ⅰ和Ⅱ传递到复合体Ⅲ。

④复合体Ⅲ　将电子从辅酶 Q 传递到细胞色素 c，同时将质子泵入线粒体膜间腔，形成质子梯度。

⑤复合体Ⅳ　接收来自细胞色素 c 的电子，并将电子传递到 O_2 生成水。

细胞在呼吸过程中通过线粒体氧化磷酸化合成 ATP，是细胞能量代谢的核心过程。植

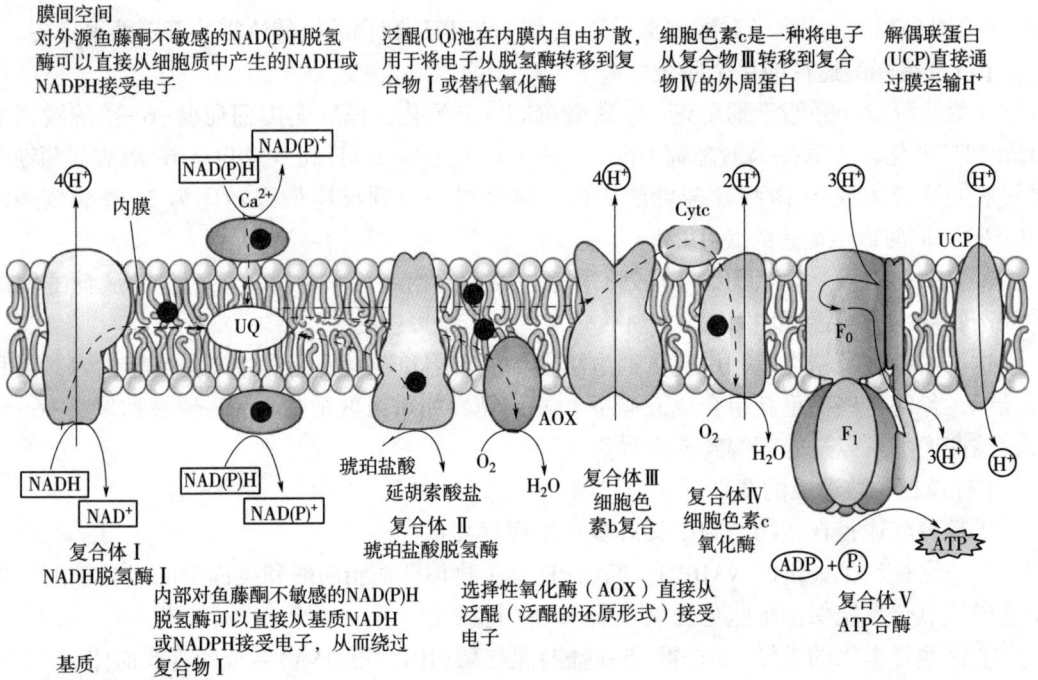

膜间空间
对外源鱼藤酮不敏感的NAD(P)H脱氢酶可以直接从细胞质中产生的NADH或NADPH接受电子

泛醌(UQ)池在内膜内自由扩散，用于将电子从脱氢酶转移到复合物 I 或替代氧化酶

细胞色素c是一种将电子从复合物Ⅲ转移到复合物Ⅳ的外周蛋白

解偶联蛋白(UCP)直接通过膜运输H⁺

复合体 I
NADH脱氢酶 I

内部对鱼藤酮不敏感的NAD(P)H脱氢酶可以直接从基质NADH或NADPH接受电子，从而绕过复合物 I

选择性氧化酶（AOX）直接从泛醌（泛醌的还原形式）接受电子

复合体 II
琥珀盐酸脱氢酶

复合体Ⅲ
细胞色素b复合

复合体Ⅳ
细胞色素c
氧化酶

复合体Ⅴ
ATP合酶

图 6-3 植物线粒体内膜中电子传递链的组织和 ATP 合成（Taiz et al.，2018）

物衰老时，膜的完整性会下降（Thompson et al.，1998）。膜中的脂质分子可以被动员，为植物生长过程提供能量（Buchanan-Wollaston，1997）（图 6-3）。

6.1.5.2 氧化磷酸化

氧化磷酸化是线粒体中的一个关键能量转换过程，它利用电子传递链（ETC）产生的质子动力势来驱动 ATP 的合成。这一过程对于所有需氧生物（包括古树）来说，都是维持生命活动的基本机制。对于古树而言，氧化磷酸化在其生命过程中起着重要的作用，这是因为古树需要通过有效的能量利用来适应多变的环境和缓慢的生长周期。

（1）氧化磷酸化过程

①电子传递　通过复合体 I 、Ⅱ、Ⅲ和Ⅳ的一系列氧化还原反应，电子从 NADH 和 $FADH_2$ 传递到 O_2，O_2 在复合体Ⅳ处被还原成水。

②建立质子梯度　电子在传递过程中，复合体 I 、Ⅲ和Ⅳ将质子从线粒体基质泵入膜间腔，形成跨膜质子动力势。

③ATP 合成　通过 ATP 合酶（复合体Ⅴ），利用回流到基质的质子产生的化学势能驱动 ADP 与无机磷酸盐（Pi）结合生成 ATP。

（2）氧化磷酸化的生理意义

①氧化磷酸化是植物细胞主要的能量生产途径之一，为细胞提供维持生命活动所需的 ATP。

②通过调节氧化磷酸化过程，植物可以调整其生长速率和应对环境变化的能力。

③在缺氧或其他逆境条件下，植物可能会调整氧化磷酸化过程，以提高能量利用效率

并维持细胞稳定。

6.2 古树各器官呼吸作用

随着林木材积或树龄的增长，古树的生长速率通常会下降，这些变化常伴随着呼吸速率的降低。同一棵树不同器官之间的呼吸速率具有显著差异：嫩叶、嫩根和嫩茎等幼嫩器官的呼吸速率较老叶、老根和老茎等器官呼吸速率高；生殖器官比营养器官的呼吸速率高。影响古树各器官呼吸强弱的主要因子包括温度（空气温度和古树器官温度）、空气湿度、大气 CO_2 浓度、营养元素含量、活细胞体积和林木含水量等。

6.2.1 果实呼吸

不同发育阶段的果实其呼吸速率存在显著差异，随着果实成熟，呼吸速率通常会增加（图6-4）。同时，不同树龄树木果实的呼吸速率也有一定差异，研究表明，古树果实的呼吸速率通常高于幼龄林木果实（Khalid et al.，2012）。这可能是因为古树果实中存在更多的呼吸底物（即糖和有机酸），而呼吸速率与果实中存在的呼吸底物（主要是糖）的量密切相关（Rahman，2007）。呼吸底物含量的增加会导致呼吸速率升高。

此外，CO_2 和乙烯产量与可溶性固体总量、可滴定酸和总糖呈正相关，表明高呼吸底物的果实呼吸速率高。随着林龄的增长，果实可滴定酸含量增加（Khalid et al.，2012），这也可能导致古树果实的呼吸速率增加。

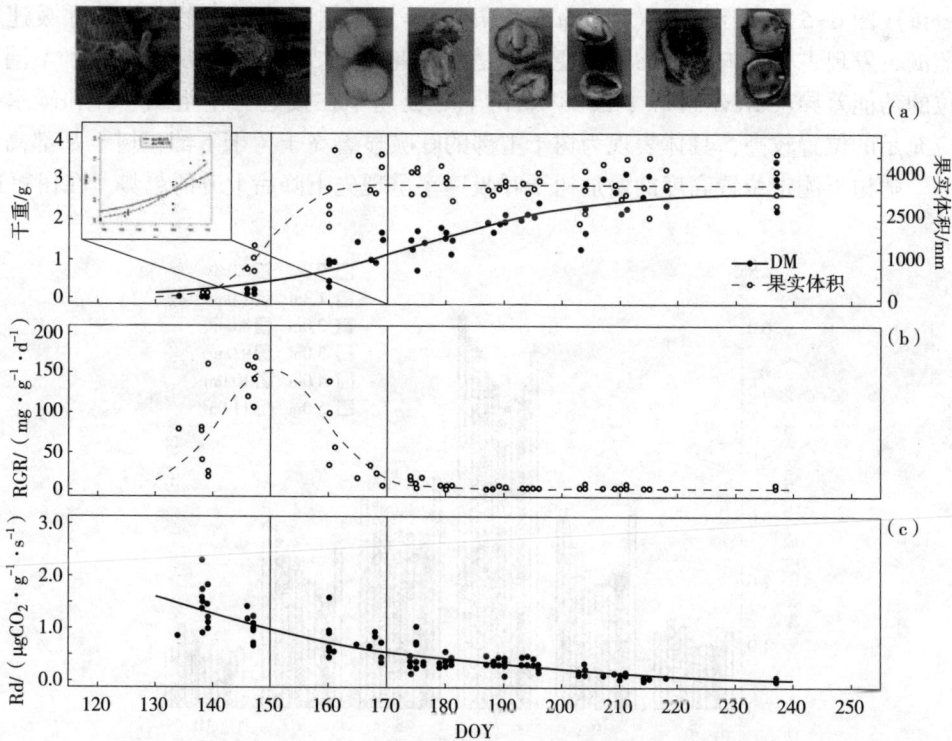

图6-4 果实的生长（a）、相对生长速率[RGR，图（b）]和暗呼吸[Rd，图（c）]与一年中的天数（DOY）之间的关系（Grisafi et al.，2024）

6.2.2　树干呼吸

树干呼吸主要涉及线粒体进行的有氧呼吸过程，通过这一过程，树干细胞能够释放并利用贮存的有机化合物(主要是碳水化合物)来维持其生命活动和支持其他生理功能。

(1)呼吸能量的用途

根据树干呼吸能量的用途，可以将树干呼吸划分为维持呼吸和生长呼吸。维持呼吸常称为基础呼吸或休眠呼吸，维持呼吸产生的能量主要用于树干生理活动中的蛋白质周转、维持代谢物和离子的平衡以及细胞结构等(Saveyn et al.，2008；Garmash，2019)。在生态研究中，维持呼吸速率常通过树干含氮量、边材体积、树干表面积和生物量等指标进行估算。

古树的生长呼吸产生的能量主要用于生成新组织和新细胞(Acosta et al.，2008)，影响生长呼吸速率的主要因子为林木新组织生长速率，即林木生长速率(Damesin et al.，2002；Yang et al.，2019)。在非生长季节，古树生长速率较慢，生长耗能较少，生长呼吸释放CO_2的量较低，在研究过程中常忽略不计(Ryan et al.，1995)。由于生长呼吸和维持呼吸均为产生CO_2的生理过程，主要根据能量的利用途径区分两者。目前，国内外的研究学者多以间接测定的方式估算维持呼吸和生长呼吸，对两者呼吸速率进行区分。

(2)古树树干不同高度的呼吸速率

古树树干呼吸速率随着树干高度变化且因树种不同而存在较大的差异(Kim et al.，2007)，这种差异又会呈季节动态变化。通过对华北落叶松(*Larix genelinii var. principis-rupprechtii*)(图6-5)、美洲黑杨(*Populus deltoides*)等多个树种的树干多个位置呼吸速率的长期监测，发现古树体内呼吸的空间变异不是组织老化的结果，而是反映了树干不同高度和部位的功能差异(Saveyn et al.，2008)。树干呼吸速率在接近分生组织、叶和碳水化合物供应充足的位置较高，具体表现为树干上部的呼吸显著高于树干下部，树干基部高于树干中部，随树干测定位置高度的增加树干呼吸速率呈现先下降后上升的趋势。在树冠遮蔽

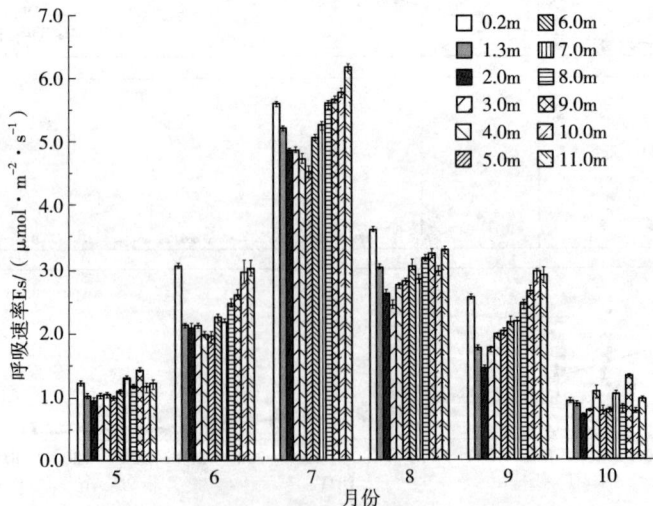

图6-5　华北落叶松树干呼吸速率随高度的变化(Zhao et al.，2018)

区域的树干位置，呼吸速率显著高于树冠外部位置。此外，树干不同部位的呼吸速率差异在生长季节尤为显著，树干呼吸速率受树干位置高度的影响随季节变化而变化。

（3）树干呼吸与林木结构

①树皮对 CO_2 横向扩散具有显著的阻碍作用　大气中 CO_2 约占比 0.04%，而在古树的树干中的 CO_2 浓度通常在 3%～10%，某些特殊条件下，古树中 CO_2 浓度大于 20%；木质部内部 CO_2 浓度是其周围空气 CO_2 浓度的 70 倍以上。悬铃木的树体受到损伤后，树干 CO_2 通量将大幅度增加（Teskey & McGuire，2005），CO_2 从木质部扩散速率增强，证明了古树树皮对树干 CO_2 向大气扩散具有阻碍作用。树干内的 CO_2 经由树皮扩散到大气，扩散阻力主要由皮层、韧皮部、周皮（包括木栓形成层、木栓层和栓内层）和外层树皮的结构组成决定（Ziegler，1956；Teskey et al.，2008）。这些组织保护树木免受水分流失、昆虫和病原体的侵袭，但也限制了 CO_2 和 O_2 与外界的交换。阻碍程度主要取决于木质素、木栓质、脂类和蜡质的含量，以及边材和树皮厚度（Lendzian，2006）。不同树种和林龄的树木在这些成分的含量和组织结构上存在显著差异，从而导致 CO_2 扩散阻力不同。

②树皮的质地也会影响树干 CO_2 的释放　研究表明，蒸腾作用的增强会抑制树干 CO_2 排放（Acosta et al.，2008），而蒸腾速率的快慢取决于古树树种的树皮结构。具有光滑、致密周皮的树木（如壳斗属植物）的水分扩散量约为具有裂开皱纹层的树种（如栎属植物）的 1/3（Lendzian，2006）。

③树龄和生长阶段不同，树皮对树干 CO_2 排放的阻碍作用存在差异　夜间林木树皮对树干 CO_2 向外扩散的阻碍作用显著大于白天。此外，林木结构对树干 CO_2 扩散的阻碍作用随季节变化，在古树中，尤其是树皮厚度对树干呼吸的阻碍作用显著高于中幼龄林木（Zhao et al.，2018）。

④树干结构对 CO_2 释放的影响不仅包括树皮的阻碍作用，还涉及边材的密度、体积、宽度以及林木直径　例如，对新西兰陆均松（*Dacrydium cupressinum*）的研究认为树干呼吸速率与边材密度呈正相关，而与木材组织呼吸活性关系不大，表明边材密度可预测树干呼吸速率（Bowman et al.，2005）；有研究认为树干呼吸速率与木材体积呈正相关，是由于较大的边材宽度有更多的活性组织（Cavaleri et al.，2006）。

⑤林木直径也常认为是影响树干 CO_2 释放的重要因素之一　研究表明，树干呼吸速率变化与林木直径有关（Saveyn et al.，2007）。例如，对我国东北东部 14 个温带树种的树干呼吸速率研究表明，各树种的树干呼吸速率均与胸径呈正相关关系（许飞，2011）；而对马占相思（*Acacia mangium*）的研究结果显示，树干呼吸速率与胸径呈负相关（曾小平 等，2000）。林木直径对树干呼吸速率的影响与树种相关，如双子叶植物的树干 CO_2 通量随木质部直径的增加而增加，而藤本植物的树干 CO_2 通量随着林木直径的增加而减小，而棕榈（*Trachycarpus fortunei*）的树干 CO_2 通量与木质部直径无显著相关性（Cavaleri et al.，2006）。此外，林木直径还可通过影响树干茎流速度来调节树干 CO_2 通量。

（4）树干呼吸与抚育经营

①抚育修枝　可通过减少枝条的数量提高木材质量。在生长季节，对杉木人工林中下部 50% 的树冠进行抚育修枝后，树干 CO_2 通量显著降低了 13.77%。而在非生长季节，修枝对树干 CO_2 通量的影响不显著。树干中的 CO_2 通过蒸腾作用从土壤或者树干下部运输到树冠部位（Teskey et al.，2008），修枝有可能会通过改变树冠蒸腾作用进而影响树干 CO_2

通量。

②抚育间伐　是森林管理中的核心营林措施，通过降低林分密度改善林分空间结构，进而改变林分的小气候，从而提高了森林的固碳能力和森林的生长速率。抚育间伐后的保留木的固碳量显著高于间伐前的林木。研究表明，间伐后林木的树干 CO_2 通量对温度的敏感性显著低于未间伐林分。

(5) 树干呼吸与树干茎流

在古树生理作用方面，树干茎流的流速也是影响树干呼吸的重要因素之一。有研究发现树干 CO_2 释放量与树干液流呈负相关关系；树干 CO_2 通量与树干的膨胀压关系密切。非生长季节的树干 CO_2 通量变化受到活细胞组织中的水分状态影响，表明树干液流是决定树干 CO_2 通量的重要因素(McGuire & Teskey，2004；Saveyn et al.，2007)。

(6) 树干呼吸与树干养分和呼吸底物

树干中进行的呼吸作用依赖于各种养分和呼吸底物，主要包括碳水化合物、脂肪酸和氨基酸等。活性细胞的呼吸速率主要受到细胞内酶活性的影响，而酶的合成与细胞内营养元素含量关系密切。

①古树树干内的养分含量状况，特别是 N 浓度，对古树树干的呼吸速率产生显著影响(Ceschia et al.，2002)　研究表明，不同树种和器官中 N 元素含量与树干呼吸之间存在显著线性关系(Ryan et al.，1995)；树干呼吸速率与边材 N 含量呈正相关(Ceschia et al.，2002；Bowman et al.，2005)，如对挪威云杉研究发现，在生长季节期间施 N 肥可使树干呼吸速率增加 77.8%(Stockfors & Linder，1998)；类似地，松类林木树干活细胞中 N 含量增加也能促进呼吸。

②树干呼吸速率的增加主要由形成层活跃的代谢活动和充足的呼吸底物引起，而呼吸底物的匮乏也会降低树干的呼吸作用(Saveyn et al.，2008)　具体而言，碳水化合物，如可溶性糖和淀粉均是树干呼吸的主要底物。对杉木进行环剥处理后发现，环剥处理的上方可溶性糖和淀粉积累，呼吸速率增大了 127%，而环剥处下方的可溶性糖和淀粉浓度降低，呼吸速率降低了 36%(Yang et al.，2019)。此外，有研究发现，树干中可溶性糖的浓度与树干呼吸速率的日变化规律相似(Edwards & McLaughlin，1978)。因此，通过调节呼吸底物的供应，可以调控树干呼吸等代谢活动(Saveyn et al.，2008)。

6.2.3　枝叶呼吸

林分龄级和树种是决定呼吸组分比例和生态系统呼吸量的重要因素，幼龄林分的叶片呼吸占总呼吸的比例高于成熟林分和过熟林分(Tang et al.，2008)。这可能是由于树干(包括分枝生物量)与叶片生物量的比例在不同林龄阶段呈以下变化趋势：即随着树木从幼树到成熟林木，树干生物量增加，而随着它们成为古树，叶片生物量减少，古树的叶片呼吸碳排放也将进一步降低。

研究林木生物量、林木生物量增量和叶片生物量随林龄变化的关系发现，日本扁柏(*Chamaecyparis obtusa*)处于冠层下层的树木呼吸速率随树龄的增加而降低，且日本扁柏古树的呼吸速率低于其他低龄树木(Araki et al.，2010)。

树枝的呼吸作用可分为生长呼吸和维持呼吸，树龄对树枝的维持呼吸有显著影响。古树的维持呼吸作用与其他林木存在差异显著，这种差异的产生与木材组织组成的时间变化以及单位干质量组织呼吸速率的变化(与其 N 含量有关)密切相关(Bosc et al.，2003)。

6.2.4 根系呼吸

根系呼吸是植物根部细胞在代谢过程中消耗 O_2 并释放 CO_2 的过程，这是植物正常生长和发育所必需的生理过程。根系呼吸受多种因素影响，包括树种、气候变化、根系类型和生物因素等。

(1)树种

不同古树树种的根系呼吸速率存在差异，其在土壤呼吸中的比例通常为 40%~70%。裸子植物光合能力通常较弱，分配到地下部分的光合产物较少，导致裸子植物的根系呼吸速率低于被子植物。研究表明，红花槭(Acer rubrum)的根系呼吸速率高于纸桦(Betula papyrifera)，作为耐阴树种，红花槭的细根更新速度较快，因而其根系呼吸速率也更高(Berntson & Bazzaz，1996)。

(2)气候变化

气候变暖对根系呼吸也有影响，根系呼吸对气候变暖的反应与叶片呼吸对温度的响应呈负相关，叶片呼吸在气候变暖条件下速率增加。气候变暖不改变根系中 N 素含量，根系呼吸与根系 N 素含量呈正相关。根的温度敏感性(Q_{10})与根系组织密度呈正相关，根系组织密度高的植物比根系组织密度低的植物对温度升高的响应更敏感(Atkin & Tjoelker，2003)。

(3)根系类型

古树根系呼吸速率与其根系大小、根序等级、根系年龄、根系 N 素含量以及根发育阶段相关的功能分类相关。古树根系的直径对其呼吸速率有直接影响，根系呼吸速率与根径呈负相关关系，直径越大的根系，其呼吸速率越低，细根的呼吸速率显著高于粗根。例如，在松树—云杉混交林中，根系呼吸占土壤呼吸的 62%，直径小于 5mm 的根系贡献了58%的根系呼吸。根毛代谢活性高，是主要的呼吸部位，根尖的呼吸速率显著高于其他部位，这可能与根系中的分生组织和非分生组织所占的比例不同有关。一般而言，粗根的呼吸仅占根系总呼吸的 30%左右，粗根呼吸对温度的敏感性远低于细根(Chen et al.，2009)。

(4)生物环境

根际微生物(如菌根真菌和细菌)会影响根系呼吸，有时是通过改善养分吸收或改变根部生理状态来实现。具有外生菌根的根系呼吸速率比无菌根的高 6%~40%，甚至某些树种高达 300%。

6.2.5 呼吸作用的中间产物

古树有氧呼吸的过程，可以分为 3 个阶段：

第一阶段(称为糖酵解)，1 个分子的葡萄糖分解成 2 个分子的丙酮酸，在分解的过程中产生少量的 NADH 和 ATP。这个阶段是在细胞质基质中进行的。

第二阶段(称为三羧酸循环或柠檬酸循环)，丙酮酸经过一系列的反应，被氧化为 CO_2，同时产生 NADH 和 $FADH_2$。这个阶段是在线粒体基质中进行的。

第三阶段(电子传递链)，前两个阶段产生的电子，经过一系列的反应，最终与 O_2 结合而形成水，同时释放出大量的能量。这个阶段是在线粒体内膜中进行的。以上 3 个阶段中的各个化学反应是由不同的酶催化。在生物体内，1mol 葡萄糖在彻底氧化分解以后，共释放出大约 2694.7kJ 能量，其中约 916.2kJ 的能量贮存在 ATP 中（30 个 ATP，ATP 水解时释放的量约为 30.54kJ/mol），其余能量都以热能的形式散失（呼吸作用产生的能量约 34% 转化为 ATP）。

6.3 古树呼吸作用与环境因素的关系

森林生态系统古树的呼吸作用包括茎、枝、叶和根系的呼吸作用（Tang et al.，2008）。呼吸作用受多种因素的影响，如光照、温度、湿度和呼吸底物的质量等。

6.3.1 温度

温度升高通常会增加呼吸速率。这是因为温度上升可降低树干中的 CO_2 浓度（图 6-6），同时加快呼吸酶的反应速率，从而增强了代谢途径中的生化反应。树干呼吸速率对土壤温度的响应研究发现，长白山阔叶红松林的树干呼吸速率与气温及土壤温度均呈正相关关系（王淼 等，2006）。

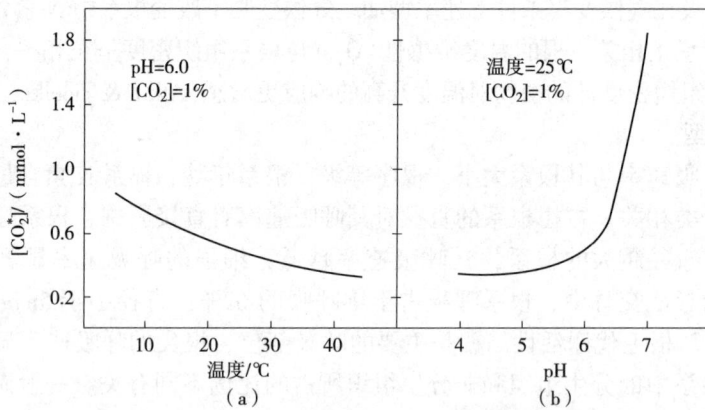

图 6-6 温度及 pH 对木质部树液中溶解 CO_2 总浓度的影响（Teskey et al.，2008）

（a）在恒定的 CO_2 浓度（1%）和 pH（6.0）下，温度对木质部树液中溶解 CO_2 总浓度的影响　（b）在恒定的 CO_2 浓度（1%）和温度（25℃）下，pH 对木液中溶解 CO_2 总浓度的影响

树干呼吸速率与温度之间呈正相关关系，但树干呼吸速率对树干温度和空气温度的响应均存在滞后效应。冷杉古树树干呼吸速率的变化规律滞后于温度变化约 1.75h（Lavigne，1996）。海岸松成熟林的树干呼吸速率滞后于温度变化 50min（Bosc et al.，2003）。挪威云杉树干呼吸速率变化滞后于温度变化 1~2h（Acosta et al.，2008）。推测树干呼吸速率的变化规律滞后于温度的原因在于以下两个方面：首先，测定位置处的树干温度不能代表整个边材的温度（Stockfors，2000），而直接影响树干呼吸速率变化的温度变量为产生 CO_2 活性细胞所处位置的温度；其次，形成层和树皮具有高阻抗性，导致树干活性组织中 CO_2 的产生和树干表面的 CO_2 扩散之间存在的延迟效应。

每种酶都有其最适反应温度。当环境温度接近这一最适温度时，酶活性达到最高，呼吸作用也相应更加活跃。超过这一温度，酶蛋白发生变性，导致活性下降。古树的根系呼吸对温度的响应与树干呼吸速率类似。根系呼吸为根生物量合成、离子吸收等活动提供能量支持。古树根系呼吸过程实际是一系列的酶促反应过程，受到温度的直接影响。

温度对古树细根和粗根呼吸作用的影响存在显著差异，细根一般分布在土壤表层，受到温度变化的影响较大，粗根分布位置的土壤温度较为稳定，受到温度变化的影响较小。古树细根和粗根的呼吸对季节性温度变化的响应模式存在差异，细根呼吸速率和呼吸活性比粗根高，而且周转时间更短，温度变化对细根的影响显著大于粗根呼吸，细根呼吸速率对温度的变化更为敏感。

呼吸作用对极端温度会产生应激反应。当温度过高，超过古树可耐受的范围时，可能会导致酶蛋白变性，影响细胞内代谢过程的正常进行。这种高温应激可以引起古树呼吸速率暂时上升，随后因酶活性丧失而急剧下降。持续的高温还可能引起蛋白质合成受阻，进一步抑制呼吸作用。另外，低温情况下，酶的活性降低，导致呼吸速率减慢。这会降低能量的产生，进而影响古树的生长和生理活动。极端低温可能导致细胞内部的液体结冰，从而物理性破坏细胞结构，影响呼吸作用。

6.3.2　水分

水分充足保证了气孔开放，维持正常的呼吸速率，促进了气体交换，使得 O_2 可以自由进入叶片，CO_2 可以顺畅排出，维持植物正常的呼吸作用和能量生产。此外，水分充足还有助于增强植物整体的生长和碳固定能力。空气湿度的增加也改变树干内部膨胀压强，促进树干细胞生长，进而提高古树 CO_2 排放速率。

在干旱条件下，古树根系呼吸作用会随着土壤中水分的减少而逐渐降低，其原因与干旱胁迫导致的根系生长受阻、离子吸收和维持组织活动所消耗的能量减少，以及光合作用受到抑制，呼吸底物不足等因素有关。反之，过多的水分(如在洪水或过湿的环境中)会导致根部缺氧，迫使古树依靠厌氧呼吸来维持代谢活动。

6.3.3　CO_2

CO_2 浓度是影响古树呼吸作用的重要因素之一，在高 CO_2 浓度环境中，一些植物的呼吸活动(尤其是暗呼吸作用)通常会受到抑制。然而，研究者在测定 CO_2 浓度升高对 9 种落叶树夜间叶片呼吸速率的短期影响时发现，夜间叶片呼吸速率对短期 CO_2 浓度增加的响应不显著，对呼吸测量的准确性影响较小(Amthor，2000)。

CO_2 浓度升高可以减少光呼吸的发生，大气 CO_2 浓度升高一般会刺激并改变维持呼吸速率(Carey et al.，1996)。有研究发现，环境中大气 CO_2 浓度的升高促进了树干 CO_2 的释放(Acosta et al.，2010)。然而，也有研究表明大气 CO_2 浓度升高会抑制云杉(Edwards et al.，2002)、水青冈和欧洲水青冈(*Fagus sylvatica*)树干 CO_2 的释放(Ceschia，2001)。此外，有关黑杨(Liberloo et al.，2008)和云杉成熟林(Mildner et al.，2015)的研究显示，大气 CO_2 浓度的变化对树干 CO_2 通量影响不显著。这是因为大气 CO_2 升高可能会抑制线粒体呼吸(Amthor，1997)，且会因增强碳同化而提高对树干碳供应(Ainsworth et al.，2005)，从而间接增加呼吸通量(Amthor，1991)。一些研究推测大气 CO_2 升高可能会增加碳水化合物供应、茎生长量和生物量，从而增加树干生长呼吸和维持呼吸速率(Acosta et al.，2010)。因此，在不同树种或不同空气 CO_2 浓度梯度下，空气 CO_2 浓度对古树树干呼吸的影响作用存在明显差异。

CO_2 浓度升高对根系尤其是细根的呼吸速率有显著影响（McDowell et al., 1999）。当 CO_2 浓度从 $400\mu mol/mol$ 增至 $1000\mu mol/mol$ 时，古树的细根呼吸速率降低 90%。古树根系的呼吸作用随着土壤 CO_2 浓度增加出现显著降低，其主要原因是随着 CO_2 浓度的增加，占呼吸总量 60%~80% 的维持呼吸速率显著下降，而生长呼吸速率却未受到 CO_2 浓度变化的直接影响（McDowell et al., 1999）。

6.3.4　光照

光照是影响古树呼吸作用的主要因素之一。以高龄落叶松为研究对象，发现遮阴枝干的碳增益仅比碳消耗（包括生长+呼吸）高 1.6 倍，而阳枝则高 3.5 倍。阳枝每根针叶生物量碳平衡比阴枝高 5 倍，按枝长计算的碳平衡则比阴枝高 9 倍（Matyssek & Schulze, 1988）。由此可见，在适当范围内，强光照可以有效促进古树的光合作用，进而影响呼吸作用。

6.3.5　呼吸作用研究方法

在对古树呼吸的研究中，常用呼吸速率和呼吸商来衡量呼吸作用。

6.3.5.1　呼吸速率

古树的呼吸速率是指古树通过呼吸作用在单位时间内释放 CO_2 或消耗 O_2 的速率。这一参数对于理解古树的生理状态、能量代谢、环境适应性以及古树在碳循环中的作用非常重要。古树的呼吸速率受到多种因素的影响，包括环境条件、树龄、树种、生长季节以及部位（如叶、树干或根）等。目前，古树呼吸速率的测定方法主要有两类：离体测定法和原位测定法。

（1）离体测定法

在早期对古树呼吸速率的研究试验中，常用的测定方法为离体测定法，该方法最早可追溯至 1972 年。早期的离体测定法是将取下的树干或枝叶组织样本放入容器中密封，用瓦勃格测定法结合静态碱吸收法监测容器中的 CO_2 浓度，通过记录测定时长以及样品的体积或质量，计算样本的呼吸速率。随着科技的发展，研究人员利用气相色谱仪连接放入树干样本的容器测定容器 CO_2 容量，或者利用 IRGA 或差示扫描显热仪，通过监测树干组织呼吸过程中的热量变化计算林木呼吸速率。该方法的优势在于可以定量地测定树干各个结构（如形成层的薄壁细胞、木质部和韧皮部等）的呼吸速率，便于分别测定树干各组织对呼吸速率的贡献。但该种测定方法测定精确度较低，为此需要采集大量样本进行测定，对森林破坏较大。此外，由于离体测定损伤树干，无法进行连续性高频率的监测；且树干可能产生应激反应，导致呼吸速率显著增加（Teskey & McGuire, 2005），致使测定值较未离体正常生长状态下的树干呼吸速率偏高。

（2）活体测定法

在科学技术发展和实验仪器改进的背景下，为了提高呼吸速率的测定精确度，越来越多的研究人员采用活体测定法对呼吸速率进行监测。活体测定法是指将测定位置的树干与 CO_2 红外线测定装置连接，监测气室中的 CO_2 浓度变化速率，计算树干呼吸速率。早期研究人员通过建立密闭气室的方式对树干呼吸速率进行监测。最早可追溯至 1987 年，研究人员利用便携式的红外分析仪（Beckman 865）对树干呼吸速率进行测定（Lavigne，1987）；之后研究人员对密闭气室测定方式进行了改进，将目标树干部位密封形成密闭的气体采集空间，通过三通阀注射器采集气体，注入静态箱后带回实验室测定 CO_2 浓度，并计算树干呼吸速率。随科学仪器的发展，开路系统成为测定树干呼吸速率的常用方法，如 Li-6400 便携式光合作用测定系统、LCA3 或者 Li-6262、Li-8100 土壤碳通量测量系统、Li-840A。活体测定法的优势在于可以实现野外实地测定，由于测定过程中未对林木造成损伤，可以有效避免树干因创伤引起的呼吸速率骤增的现象，测定数据更为准确可靠，并具有测量方法简单易行及仪器测定结果稳定的特点。

6.3.5.2　呼吸商

呼吸商（respiratory quotient，RQ）是表示呼吸底物性质和氧气供应情况的一种指标。林木组织在单位时间内，释放出 CO_2 物质的量与吸收 O_2 的摩尔数的比率即呼吸商。

①通过将古树各个组织部位，如叶片、枝条或树干置于封闭系统中，采用红外气体分析仪（IRGA）等测定一定时间内 CO_2 的产生量和 O_2 的消耗量，从而计算 RQ 值。

②使用气体交换系统直接在田间条件下测量古树的 CO_2 排放量和 O_2 摄入量，通过适当的时间积分也可以估算 RQ。

③ATP 产量可以通过酶活性测定来间接估算，尤其是与 ATP 合成酶相关的酶活性，通过特定的生化测试来评估。

④评估与呼吸代谢途径相关的关键酶活性，如琥珀酸脱氢酶、丙酮酸脱氢酶、ATP 合成酶等。

小　结

呼吸作用为古树提供必需的能量，特别是在长期受到各种生物和非生物环境胁迫时起到调节作用。同一植物的不同器官之间的呼吸速率存在显著差异。树龄和树种是决定呼吸组分比例和生态系统呼吸量的重要因素，幼龄林分的叶片呼吸占总呼吸的比例通常高于成熟林分和过熟林分。根系呼吸速率随着其直径的增加而逐渐降低，细根的呼吸速率显著高于粗根。随着树龄增长，林木结构尤其是树皮厚度对气体交换的阻碍作用逐渐增强，古树树皮对树干的呼吸限制作用显著高于中幼龄林木。一般来说，古树果实的呼吸速率通常高于幼龄林木。另外，古树呼吸作用受到温度、湿度、CO_2 浓度和光照等环境因子的影响。本章为古树健康生长过程中的能量转换研究提供了理论基础。

思考题

1. 以古树为例，阐述古树各器官组织的呼吸特征。
2. 从呼吸作用的角度，描述林木衰老过程中生理特征的变化。
3. 阐述古树树干、枝、根系等器官的呼吸特征。
4. 古树如何调节自身的呼吸作用？
5. 对古树呼吸起到主要影响的环境因素有哪些？如何影响？

推荐阅读书目

现代植物生理学(第 4 版). 李合生，王学奎. 高等教育出版社，2019.

植物生理学(英汉双语版). 莫蓓莘. 高等教育出版社，2016.

Plant Respiratory Responses to Elevated Carbon Dioxide Partial Pressure. Amthor J S. Advances in Carbon Dioxide Effects Research, 1997.

Handbook of Food Preservation. Rahman M S. CRC Press, 2007.

第 7 章

古树次生代谢

本章提要

　　本章首先介绍了植物次生代谢产物的定义及其在植物生命过程中的重要作用，特别是在增强植物适应性和抗逆性方面。其次重点探讨了古树与环境之间的相互作用，尤其是在环境胁迫条件下古树次生代谢活性发生的变化及其对古树生长和环境适应能力的影响。最后系统介绍了古树主要次生代谢产物的种类、特征及其研究方法。通过本章的学习，读者将更深入理解次生代谢产物在古树适应环境，尤其是在防御机制中的关键作用。

　　植物代谢物主要贮存在植物细胞的液泡和细胞壁中，一般不直接参与植物生长发育中的光合和呼吸作用、养分吸收与代谢等生理生化过程，而是和植物与环境，以及植物同其他生物的相互作用有关，进而实现提升植物对环境变化的适应性和抵御逆境的能力。古树在长期的生长过程中，进化出一系列生理生化和分子机制，包括增强二次发育和对二次生长的代谢需求等，以维持古树在逆境条件下的生长。

7.1　植物次生代谢概述

7.1.1　植物次生代谢定义

　　初生代谢（primary metabolism）是许多生物都具有的生物化学反应，包括碳水化合物、脂肪酸、蛋白质、核酸的合成分解及能量代谢等，生物的新陈代谢一般是由初生代谢来完成的。除初生代谢外，植物还存在一种从初级代谢途径衍生出的代谢过程，起初认为这种代谢过程的功能不明确，并非直接参与细胞基本生命活动，仅存在于某些植物科属或种中，这就是植物的次生代谢（secondary metabolism）。次生代谢是指生物合成生命非必需物质，并贮存次生代谢产物的过程，是植物在长期进化中对生态环境适应的结果。植物次生代谢产物（plant secondary metabolites）是植物在正常生长发育过程中通过复杂的次生代谢途径合成的，不参与基本生理过程的小分子有机化合物，其合成和分布通常存在种属、器官、组织和生长发育期的特异性，是一大类种类繁多、含量一般较少的"天然产物"。

7.1.2　植物次生代谢物种类和合成途径

植物次生代谢物种类繁多，化学结构迥异。根据次生代谢物的结构不同，主要分为3类：含有异戊二烯结构为单元的萜类化合物(terpenoids)，含有苯环结构的苯丙烷类化合物，以及以生物碱为代表的含氮类化合物。

(1)萜类化合物

萜类化合物是由五碳的异戊二烯单元构成的化合物及其衍生物，也称萜烯类化合物、萜烯或萜类(图7-1)。萜类化合物是植物次生代谢物中数量最多的一类化合物，目前已经在植物中发现超过2万种萜类化合物。萜类化合物的结构有链状的也有环状的，其骨架是由多个异戊二烯组成的。根据组成的异戊二烯数目，萜类化合物种类可分为单萜、倍半萜、双萜、三萜、四萜和多萜(李合生，2012；武维华，2012)。含有2个异戊二烯单位的为单萜，包含开链单萜、单环萜、二环单萜3种；含有3个异戊二烯单位的为倍半萜；含有4个异戊二烯单位的为双萜；含有6个异戊二烯单位的为三萜，以此类推。

植物萜类化合物作为结构上具有多样性的天然产物家族，一般不溶于水，对大多数植物的生长发育、胁迫应答均具有重要作用。叶绿素和β-胡萝卜素是植物重要的光合色素；脱落酸和赤霉素是调控植物生长发育的重要激素；植物的芳香油、树脂、松香和樟脑油是常见萜类化合物，常用于抵御虫害；柑橘类植物中常见的苦涩物质如柠檬苦素类似物是一类不易挥发、能抵抗草食动物的三萜类物质。许多萜类化合物具有优良的药理活性，是中药和天然植物药的主要有效成分，如萜内酯化合物被认为是银杏叶中关键的药用活性成分；

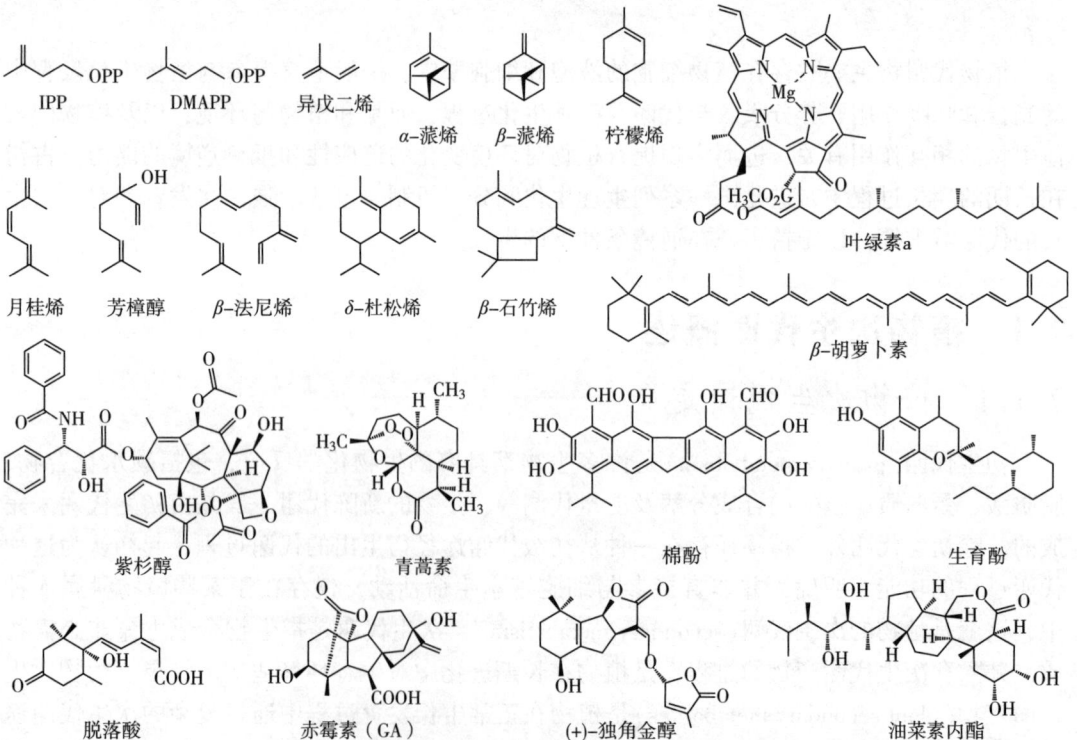

图 7-1　**IPP、DMAPP 及以之为共同前体合成的部分重要萜类化合物结构**(朱三明 等，2023)

红豆杉(*Taxus wallichiana* var. *chinensis*)的二萜紫杉醇可用于治疗癌症。

植物萜类化合物的合成可以分为 3 个阶段：首先是合成中间体异戊烯基焦磷酸(IPP)以及双键异构体二甲丙烯焦磷酸(DMAPP)；其次是生成法尼基焦磷酸(FPP)、牻牛儿基焦磷酸(GPP)及牻牛儿基牻牛儿基焦磷酸(GGPP)等萜类化合物的直接前体物质；最后是合成萜类化合物及其衍生物。

萜类化合物在高等植物中存在 2 条合成途径，一条是位于细胞质中的甲羟戊酸(MVA)途径，另一条是发生于质体中的甲基赤藓糖醇磷酸(MEP)途径，而且 2 条途径之间存在交流(图 7-2)。细胞质中的甲羟戊酸途径以乙酰 CoA 为原料，依次经乙酰 CoA 转移酶(AACT)、HMG-CoA 合成酶(HMGS)、HMG-CoA 还原酶(HMGR)等酶蛋白的 6 步催化，生成 IPP 和 DMAPP，合成萜烯化合物前体 FPP，进而在不同萜烯合成酶的作用下生成倍半萜和三萜类化合物。叶绿体等质体中的甲基赤藓糖醇磷酸途径，以糖代谢中间产物 3-磷酸甘油醛和丙酮酸为原料，经由 1-脱氧-D-木酮糖-5-磷酸合成酶(DXS)、1-脱氧-D-木酮糖-5-磷酸还原异构酶(DXR)、2-C-甲基-D-赤藓醇-4-磷酸胱氨酰转移酶(MCT)等酶蛋白的依次催化，生成 IPP 和 DMAPP，合成萜烯化合物前体 GPP 和 GGPP，而后在不同萜烯合成酶的作用下生成单萜、二萜和四萜等化合物。

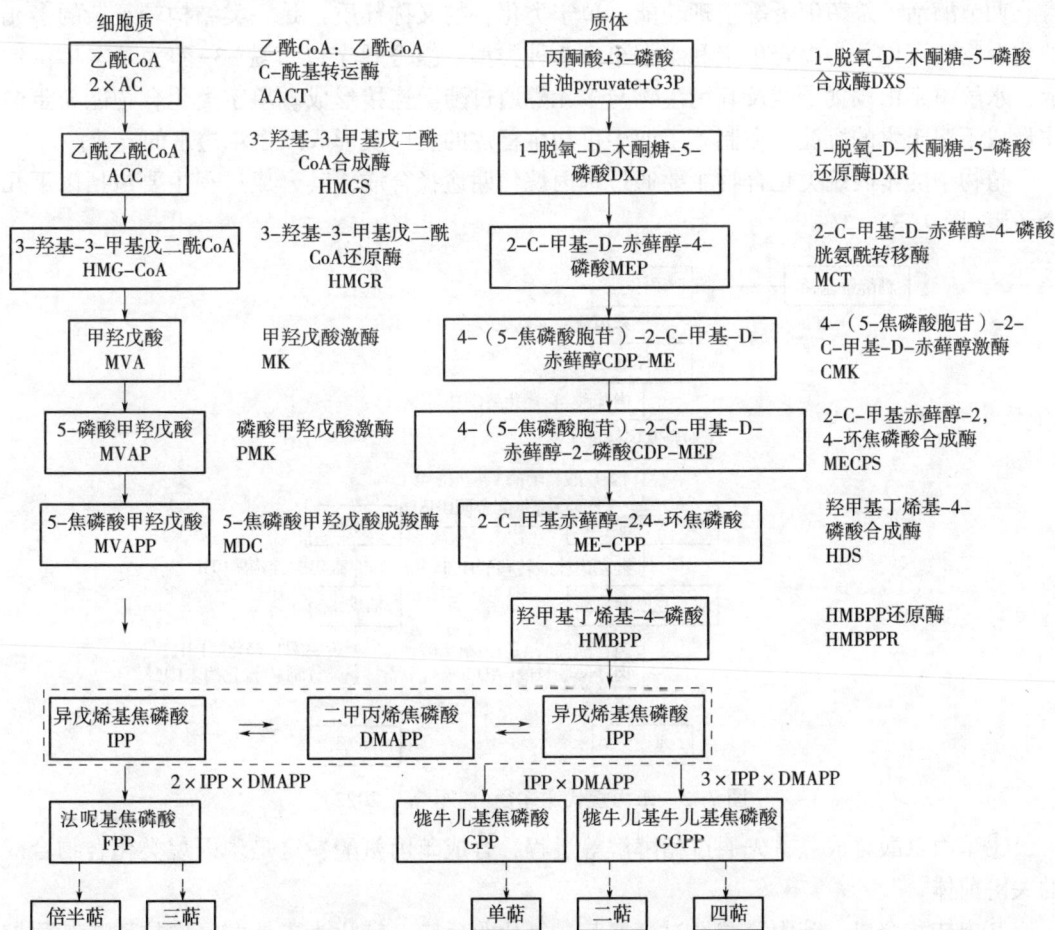

图 7-2　植物萜类物质合成代谢途径(陈瑶 等，2018)

甲羟戊酸途径和甲基赤藓糖醇途径虽然在亚细胞空间上是隔离的，但均生成萜类化合物的共同前体 IPP，可以跨越质体膜进行运输，在两条途径之间起桥梁作用。

(2) 苯丙烷类化合物

苯丙烷类化合物是一类重要的植物次生代谢产物，在植物的根、茎、叶、花和果实等部位中均有合成，包括木质素、孢粉素、花青素、香豆素和槲皮素等，在植物的生长发育、防御机制和环境适应性等方面发挥着重要作用。

根据组成结构不同，苯丙烷类化合物可以分为酚类、类黄酮等几类。以一个或多个特定的 C6—C3 结构单元的苯丙烷类化合物为酚类，又可以分为香豆素类（含 1 分子 C6—C3 结构单元）、木脂素类（含 2 分子 C6—C3 结构单元）、木质素苯丙烷类聚合物 3 类。香豆素具有化感作用，在植物与植物间的化学信号传递中起作用。木质素类化合物存在于所有的维管植物中，占有的比重仅次于纤维素，在增强树干强度、抵御病原菌的入侵中起着重要作用。类黄酮化合物是以由 15 个碳原子组成的 C6—C3—C6 结构为基本骨架，2 个苯环之间通过中央三碳链相互连接而成。类黄酮主要分为黄酮、黄烷酮、黄酮醇、二氢黄酮醇、黄烷酮、花青素、查尔酮等化合物，不仅是植物抵御环境胁迫的重要次生代谢物，还在植物形成各种颜色和进行信息交流中起着重要作用，此外，类黄酮具有抗氧化、抗病毒、调节酶活、杀菌消炎等生理功能。单宁类化合物又称鞣质，是一类结构较复杂的多元酚化合物，可以分为缩合单宁和水解单宁 2 种类型，缩合单宁以黄烷-3-醇为基本单位构成，水解单宁由没食子酸及其衍生物与多元醇通过酯键连接形成。单宁类化合物能与蛋白质形成不溶于水的沉淀，在制革工业中可与生兽皮的蛋白质形成致密难透水的皮革。

植物中的苯丙烷类化合物主要通过苯丙烷代谢途径合成，其合成过程主要包括以下几个步骤（图 7-3）：

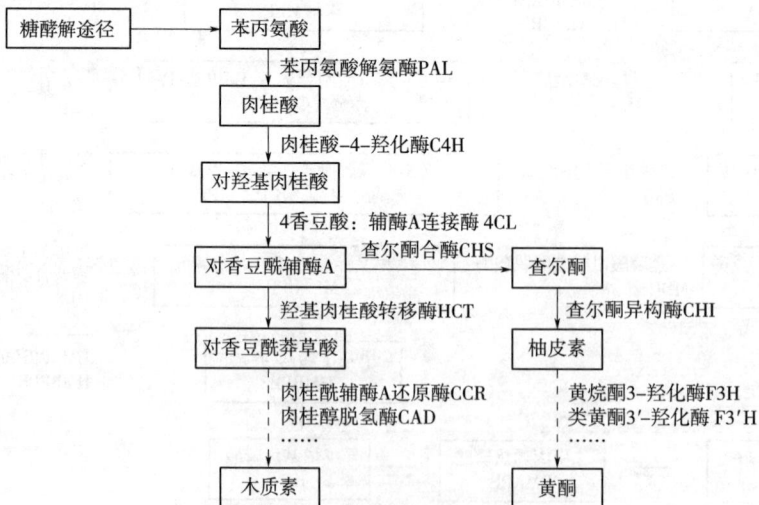

图 7-3　苯丙烷代谢途径（尚军 等，2022）

①苯丙氨酸合成　首先通过糖酵解等过程，合成苯丙氨酸，这是苯丙烷类化合物合成的关键前体。

②肉桂酸合成　苯丙氨酸经过脱氨基、氧化等反应，转化为肉桂酸。肉桂酸是苯丙烷类物质合成的重要中间体。

③苯丙烷结构形成 肉桂酸进一步经过缩合、氧化还原等反应，合成多种苯丙烷骨架，如木酚素、木脂素、酚类等化合物的基本结构就是由此产生。

④修饰反应 苯丙烷骨架化合物再经过甲基化、羟基化等修饰反应，最终生成更加复杂的鞣质、黄酮、香豆素等植物次生代谢产物。这些合成步骤受到多种酶的催化和调控，构成了一个复杂的代谢网络，同时会受到植物激素、环境因子等的调节。因此，植物能根据自身需求和环境变化，合成多种苯丙烷类化合物，以适应不同的生长和发育需求。

(3) 含氮化合物

含氮化合物是一类分子结构中含有氮原子的植物次生代谢物，主要包括生物碱、非蛋白氨基酸、胺类、氰苷等，具有多样的化学结构和生物活性，包括药理作用、防御作用等。

生物碱结构中有多种含氮杂环，是植物在长期的生态环境适应过程中为抵御动物、微生物、病毒及其他植物攻击而形成的一大类次生代谢产物，在植物的生长、发育、共生和繁殖过程中具有重要作用（李合生，2012；武维华，2012）。由于绝大多数生物碱存在于植物体中，极少数存在于动物体、真菌内，又称植物碱，目前已经分离到 12 000 余种，20% 左右的维管植物含有生物碱。双子叶植物中通常含有多种生物碱（陈绍民，1985），但在单子叶植物和裸子植物中很少见。根据化学结构的特征，生物碱可分为有机胺类、吡啶衍生物类、莨菪烷衍生物类、喹啉衍生物类、喹唑酮衍生物类、嘌呤衍生物类、异喹啉衍生物类和吲哚衍生物类等类型，且均有其特定的生物合成途径。如麻黄碱属有机胺类，一叶萩碱、苦参碱属于吡啶衍生物类，莨菪碱属莨菪烷衍生物类，喜树碱属喹啉衍生物类，常山碱属喹唑酮衍生物类，茶碱属嘌呤衍生物类，小檗碱属异喹啉衍生物类，利血平、长春新碱属吲哚衍生物类。图 7-4 所示为部分生物碱合成途径。

非蛋白氨基酸是一类不参与合成植物蛋白的含有氨基和羧基的化合物，经常以游离或小肽的形式存在于植物体的各种组织中，如 D-苯甘氨酸、D-4-羟基苯甘氨酸、D-2-萘基丙氨酸和 L-高苯丙氨酸等。大多数非蛋白氨基酸具有抗菌、消炎和充当神经介质等作用，被广泛用于药物的开发和研制。胺类是 NH_3 中的一个或多个氢原子被羟基等取代后的

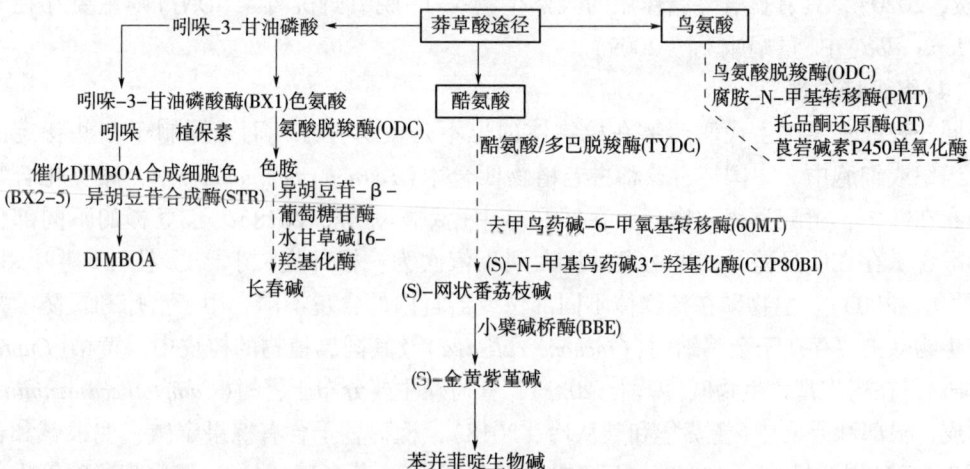

图 7-4 部分生物碱合成途径（Facchini，2001）

化合物，通常由氨基酸脱羧或醛转氨而产生，在植物中分布广泛，常存在于花部，某些胺类具有特殊气味。胺类化合物具有重要的生理和生物活性，有些胺类与植物的生长发育有关，如离体条件下多巴胺能促进石斛提前开花。此外，临床上使用的很多药物都属于胺或者胺的衍生物。氰苷是指一类含有氢氰酸基团的苷类化合物，又称生氰苷或含氰苷，是植物生氰过程中产生 HCN 的前体，氰苷本身无毒，但当含氰苷的植物被损伤后，则会通过生氰过程释放出有毒的 HCN 气体，抵御昆虫、食草动物的取食。豆科、蔷薇科和景天科等的一些植物中含有的百脉根苷、苦杏仁苷和垂盆草苷都属于氰苷。

7.1.3　植物次生代谢物特点

(1)种类丰富

植物通过次生代谢途径能够产生极其丰富和多样的化合物，目前从植物中分离获得的次生代谢物已超过 20 万种，除了主要的萜类、苯丙烷类化合物和含氮类次生代谢物外，还发现诸如多炔类等其他类型次生代谢物。这些化合物的结构多样，涉及多条次生代谢途径，反映了植物适应复杂环境的能力。

(2)功能多样

种类繁多的植物次生代谢产物具有多种多样的生物活性和功能。这些化合物在植物体内起着调节、抵抗病害和捕食者、吸引传粉媒介等多种功能，对于植物的生存和繁衍具有重要作用。另外，由于具有抗菌、抗氧化、抗肿瘤和调节免疫功能等多种药理活性，植物次生代谢物在医药、农业、食品、化妆品等领域发挥着重要作用，对人类的生活和健康产生积极影响。

(3)物种特异性

不同的植物由于代谢途径差异，合成的次生代谢物也存在特异性。如三尖杉(*Cephalotaxus fortunei*)生物碱是从三尖杉科三尖杉属植物中分离得到的一类具有较高药用价值的生物碱。相对分子质量最大的多萜类天然橡胶主要是由热带大戟科三叶橡胶树分泌的乳胶制成(刘禹 等，2015)，天然的紫杉烷类化合物仅存在于红豆杉属(*Taxus*)植物中(白贺，2020)，具有显著降糖作用的天然生物碱 1-脱氧野尻霉素(DNJ)则主要存在于桑树(*Morus alba*)中(董娟娥 等，2009)。

(4)组织特异性

同一种或一类次生代谢产物在植物体内也不是全株存在，而是限制于一些特定的器官、组织或细胞中。中国特有珍稀古老植物四合木(*Tetraena mongolica*)中，萜类化合物主要分布在叶中，黄酮类化合物分布在叶和茎中(武志刚 等，2018)。红豆杉的不同部位中紫杉醇含量存在明显差异，平均含量从大到小依次为：根部皮>树干皮>枝叶>树叶>树干(郑德勇，2003)。生物碱在植物体不同部位或器官内的含量不同，用于治疗和预防疟疾的奎宁生物碱主要存在于金鸡纳树(*Cinchona calisaya*)及其同属植物的树皮中，黄柏(*Cupressus funebris*)只在树皮富含生物碱(魏颖，2021)，喜树碱主要分布于喜树(*Camptotheca acuminata*)的树皮、根部和果实中(杨葵华和聂从玲，2018)，槐树种子含有槐果宁碱、槐根碱和苦参碱等生物碱(周金娥 等，2006)，而槐白皮则含有(+)-苦参碱、(+)-氧化苦参碱等生物碱成分(潘龙 等，2016)。

(5)发育时期特异性

一些次生代谢过程只在特定的发育时期或季节较为活跃,合成特定的次生代谢产物。通过对不同季节桑叶中 DNJ 含量的测定发现,7~8 月桑叶中 DNJ 含量最高(欧阳臻 等,2004),并且随着桑叶生长成熟,DNJ 含量逐渐降低(魏兆军 等,2009)。四合木中的单萜、黄酮和酚酸等 9 种次生代谢产物含量随季节发生明显变化,秋季含量最高(武志刚 等,2018)。南方红豆杉枝叶中紫杉醇的含量也随生长节律呈现明显的季节变化规律,最佳采收利用时间通常为 11 月下旬(杨逢建 等,2009)。植物在不同的生长阶段,生物碱的含量与种类也有差异(唐丽 等,2015)。喜树主根和各级侧根的喜树碱含量随着生长均呈缓慢上升趋势(叶水英,2021)。

7.2　植物次生代谢物与环境因子的关系

在自然环境中,植物不断遭受紫外线辐射、极端气候、干旱、洪灾、土壤盐渍化、环境污染,以及病虫害等各种非生物和生物胁迫的挑战,次生代谢物在植物应对这些逆境中发挥着重要作用。植物体内旺盛生长的细胞不断地合成次生代谢产物,涉及复杂的代谢调控、信号传递及防御策略。这是植物在长期进化过程中与环境因子相互作用的结果,对植物抵御不良环境,提高适应能力有重要意义。

7.2.1　植物次生代谢物与非生物因子的关系

(1)温度

植物的次生代谢过程对温度变化非常敏感,温度的升降都可能导致次生代谢产物种类和含量的显著变化,这些变化体现了植物对环境变化的响应。

温度升高可以增加一些次生代谢产物的合成,如类黄酮和酚类化合物,这些物质具有抗氧化作用,能帮助植物抵御高温引起的氧化胁迫。此外,生物碱和萜类化合物的合成也会发生变化。适度升温会加速植物的代谢速率,从而增加特定次生代谢途径的活性,促进这些化合物的合成,参与植物的防御反应。

低温条件下,植物可能会通过刺激次生代谢途径,增加抗寒性化合物含量,以提高细胞的低温耐受性。在低温下耐寒植物细胞液中的多糖化合物大量积累。糖类和多元醇的积累可减少液泡中冰的形成,增加体内不饱和脂肪酸的含量,增强细胞膜的流动性,提高抗寒能力。此外,植物在低温下次生代谢产物的分解或代谢速率减缓,也是导致其累积的一个原因。

(2)水分

干旱条件下,植物会增加酚类、类黄酮和萜类等化合物的合成,抵御由干旱所引起的氧化胁迫。在受到中度干旱胁迫的针叶树中,萜类化合物的含量明显升高,同时,树脂酸和单萜的组成也发生了变化。干旱胁迫导致喜树叶片中喜树碱的含量增加(Liu,2000),也是提升耐旱性的表现。干旱胁迫能促进木质素积累。在桉树(*Eucalyptus robusta*)中,干旱增加了茎基部区域的木质素,并降低了基部区域的 S/G 比(丁香基/愈木酰木质素单位)。另外,干旱胁迫通过影响植物激素平衡,尤其是脱落酸的水平,进一步调节次生代谢途径,启动特定的信号转导途径促进次生代谢物的合成。

在水分过量条件下，植物根部氧气供应减少，影响次生代谢途径的正常运转，从而降低光合作用产物供应，影响一些次生代谢物的合成。为了应对低氧胁迫，植物会增加一些特定次生代谢物的合成，进一步调节次生代谢途径。

（3）光照

光强、光质等光环境因子也会影响植物次生代谢物的合成。较高的光强可以增强光合作用，提供更多的光合产物作为次生代谢的前体物质，从而促进一些次生代谢产物的合成。非洲热带雨林植物中的酚类含量与光强呈正相关，而且林中植物上部阳生叶中的酚类物质含量也要多于下部阴生叶。此外，在强光条件下，为了防御光损伤，植物会增加抗氧化剂和紫外线吸收化合物（如类黄酮）的合成，以减少活性氧对植物的伤害。

不同波长的光（如红光、蓝光）能够特异性地调控植物次生代谢物的合成途径。红光能增加高山红景天根中的红景天苷含量，而蓝光则提高了喜树叶片中的喜树碱含量，蓝光和红光照射均能够显著提高茶树芽叶中花青素的含量。紫外线（特别是 UV-B）照射可以显著提高植物体内类黄酮的含量，以防御紫外线带来的伤害。

7.2.2 植物次生代谢物与生物因子的关系

（1）取食

植物被取食者啃食时，能产生一些具有毒性或难闻的气味的次生代谢物，阻止或终止食草动物和昆虫啃食。植物能合成生物碱和酚类化合物抑制食草者的消化酶，降低植物组织的可消化性，或直接对取食者产生毒性。这些次生代谢物中有很多带有涩味、苦味、酸味的物质，能显著降低其适口性，从而降低组织被取食的概率；或者具有毒性，减少取食者的取食量，引起取食者生长发育受限或健康受损。此外，有些植物的次生代谢产物还能吸引取食者的天敌，发挥间接防御功能。

萜类是许多昆虫和草食哺乳动物的毒素或拒食剂。松节虫是松树等针叶树的一种主要虫害，松树叶片中合成的萜类物质柠檬烯是松树防御松节虫的重要物质。此外，针叶树体内合成的树脂也能保护其抵御昆虫的侵害。存在于菊花中的单萜酯——拟除虫菊酯有强烈杀虫活性，现已开发成为杀虫剂。单宁是木本植物中含量较多的一种次生代谢物，具涩味且难以消化，具有很好的抗虫效果。

（2）传种授粉

一些植物的次生代谢物可吸引授粉者和种子传播者。植物释放的花香（由挥发性有机化合物组成）和颜色丰富的花色（由类黄酮等色素化合物决定）能吸引特定的授粉者。虫媒花植物依赖昆虫传授花粉，两者在漫长的进化过程中形成了密切的互惠共生关系。植物通过鲜艳的花色和芳香的气味招引昆虫，并将花蜜等作为食物奖励，"帮助"植物传授花粉。类胡萝卜素、花色苷和橙皮素等次生代谢物是决定花色的主要成分。另外，甜菜碱除具有渗透调节作用外，也是重要的呈色物质，可以吸引昆虫采食和授粉。植物花香的组成成分十分复杂，多为萜类和苯丙烷类化合物，还有少量酯类及含硫化合物等。

（3）病原侵染

许多植物次生代谢产物具有抗菌特性，能够保护植物抵御病原体侵害。一些萜类和酚类化合物可以抑制病原菌的生长，从而减少植物病害的发生。目前，已发现数百种次生代谢物参与植物抵御真菌、细菌、病毒甚至线虫侵染的过程。

参与植物抗病反应的次生代谢物主要有两大类：一类是植物组成型次生代谢物，如单宁、多酚和生物碱类，通过毒害作用阻止病原菌侵入，而一些大分子次生代谢物，如角质、木栓质、木质素、胼胝质和黑色素等，是病原菌侵入的物理障碍；另一类是诱导型次生代谢物，即只在病原菌或其他诱导因子的作用下，次生代谢途径被激活，才能在植物体内合成，如植保素，以及萜类、酚类、异黄酮类等小分子次生代谢物。

(4) 化感作用

化感作用(allelopathy)是近年来逐渐受到重视的植物交叉研究领域，是指一个活体植物(供体植物)通过地上部分茎叶挥发、茎叶淋溶、根系分泌等途径向环境中释放一些特定的次生代谢物，影响周围植物(受体植物)的生长和发育，进而为产生这些化合物的植物提供竞争优势。化感作用包括促进和抑制两种类型，在作用范围上包括种群内部和植物种间的相互作用，其作用受到其他生物或非生物因素的制约或促进。

通过分泌次生代谢物干扰其他植物生长是植物进行个体间或种间竞争的重要手段。苹果分泌的黄酮苷，桃树(*Prunus persica*)分泌的扁桃苷可抑制其幼苗生长。混交林中落叶松的萜烯烃和萜烯醇物质可以抑制水曲柳的生长；冷杉树叶的挥发性物质能抑制燕麦(*Avena sativa*)和黄杉幼苗的生长；黑胡桃(*Juglans nigra*)分泌的胡桃醌的抑制作用主要对阔叶草本植物有效，不影响悬钩子属和草地早熟禾的生长。

7.3　古树次生代谢物

古树在生长过程中会经历各种环境胁迫，包括病虫害、气候变化和物理伤害等，其体内积累的次生代谢产物，如苯丙烷类化合物、萜类化合物和生物碱等具有抗氧化、紫外线防护和抵抗微生物等功效，在古树抵抗这些胁迫，维持健康和持续生长中发挥着重要作用。下面介绍主要次生代谢物。

7.3.1　苯丙烷类化合物

(1) 黄酮类物质

黄酮类物质在植物生长过程中具有抗氧化、抗病毒、抗菌、提高抗逆境的能力，从而延缓植物衰老过程，有利于古树的长寿。林木中黄酮类物质的合成也受到多种因素的影响，如不同品种、不同种源、不同培育模式的槐树中黄酮类物质成分存在显著差异(唐健民 等，2017；韦源林 等，2019；史艳财 等，2020)。不同组织中黄酮类物质种类和含量不同，其中花、叶、果等以苷为主，而根、皮等多为苷元(Zhi et al.，2015；王笑 等，2018)。槐米中的芦丁含量为13%~24%，而在品种'金槐'(*Styphnolobium japonica* 'Jinhuai')中可达25%~28%。此外，槐米还含有槲皮素、山奈酚及其糖苷等成分。

不同树龄也可导致黄酮类物质的差异。在桃冲野生古树中，总黄酮含量随着树龄的增长呈现下降趋势(章发盛和张学英，2018)。银杏古树的叶片黄酮含量也随树龄增长呈递减趋势，幼龄银杏叶片的总黄酮含量显著高于老树叶片，而不同地域老树叶间黄酮含量差异不显著($P>0.05$)(吴红菱 等，1994)。在扦插过程中，侧柏古树的愈伤组织黄酮含量显著高于幼树，可能是抑制不定根形成的主要原因之一(图7-5)。2年生银杏的叶片中黄酮含量为2.84%，在树龄800年的古银杏中含量降至1.00%，但在树龄超过20年后，银杏叶

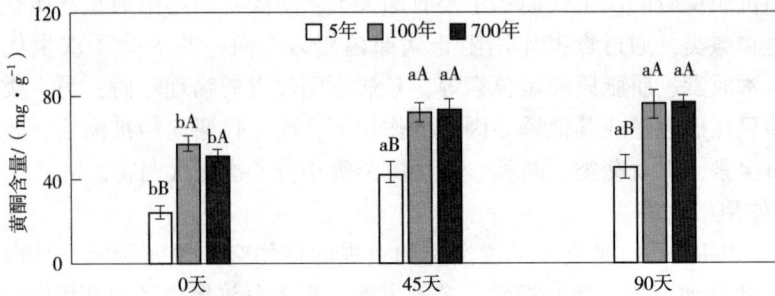

图7-5 不同树龄侧柏扦插过程中类黄酮的含量(Chang et al.，2023)

黄酮含量下降速度逐渐减缓(程水源 等，1999)。

古树黄酮类物质含量还受气候、土壤、地理环境和遗传等影响。黄酮含量是茶叶品质的重要理化指标之一，如生长于阳坡古树中的茶黄酮含量显著高于阴坡，制成茶叶的品质和经济价值相对较高(王佳佳 等，2021)。干旱是古树在生长过程中面临的主要胁迫之一。应对干旱，古银杏叶片中黄酮(槲皮素、山柰酚、异鼠李素)含量显著升高，并且随着胁迫程度的加剧，其含量呈现出逐渐增加的趋势(朱灿灿，2010)。土壤营养元素种类和浓度也是古树黄酮类物质含量的影响因素。银杏黄酮受各元素影响效应顺序为 N>B>P>K>La，随着 N 浓度的升高，银杏黄酮含量呈先升高后降低的趋势，而且中高浓度 B(120~480mg/L)和 P($P_2O_5$180~720mg/L)更利于黄酮积累，K 和 La 对黄酮含量影响不显著(罗丹，2019)。

(2)木质素

木质素对细胞壁的强化作用，不仅能够使古树保持直立姿态，抗御压力和风力，而且有助于植物形成足够强度的木质部导管分子，保证水分的长距离运输。木质素还具有防御功能，尤其在逆境中含量升高。侧柏古树木质素能够抑制真菌及其分泌的酶和毒素对细胞壁的侵袭，感染部位周围细胞壁的木质化还会抑制水分和养分向真菌运输，达到抑制真菌生长的目的。除了上述的屏障作用之外，木质素合成过程中产生的过氧自由基或羟基自由基可以钝化真菌的细胞膜、酶和毒素。长寿树种胡杨(*Populus euphratica*)，含有 70% 紫丁香基木质素单体(s-木质素)和 30% 愈木酰基木质素单体(g-木质素)，以及少量羟基苯基木质素(h-木质素)，其中 s-木质素含量明显高于草本植物，这也是其能在荒漠中屹立不倒的原因之一。

(3)植保素

植保素是植物受病原微生物侵染后产生的一系列相对分子质量较低的抗病原微生物的次生代谢物，其产生速度和积累的量与植物的抗病性密切相关。植保素多具有毒性，如棉酚，能导致病原微生物的死亡或生理功能的紊乱。原儿茶酸可以抑制真菌孢子萌发，从而防止真菌感染引起的斑点病。油茶中的皂苷对炭疽病菌具有较强的抑制作用。在古树体内存在的一些非诱导次生代谢抗菌物质可以预先贮存在特定的组织中，当受到病原体侵染时能转变为植保素等，产生免疫反应。

7.3.2 萜类化合物

古树通过积累特定的萜类物质来适应其长期生长所面临的逆境，包括抵抗干旱、盐碱、低温等。在干旱胁迫情况下，针叶树中的萜类化合物含量表现出增加的趋势(李继泉和金幼菊，1999）。古树中的萜类化合物对于防御病虫害尤其重要，它们可以直接对抗侵害者，或通过影响古树的气味来间接抵抗食草动物和害虫。橡胶是一种具有化感作用的挥发性萜类物质，其聚合体橡胶是抵御病原菌和草食动物的屏障，其合成质量和数量受树龄影响。桃胶是桃树树皮分泌的一种具有药用功效的萜类化合物。桃胶的质量优劣受桃树的品种及树龄等因素的影响（梁美宜 等，2019）。松脂是由松树树脂道的泌脂细胞合成的一种天然萜类物质，产脂量与采脂树木的胸径、树高、树龄等呈显著的正相关性，其中树龄的影响程度最大。古松产生的大量松脂在其抵御病虫害中发挥着重要作用（王长新，2004）。

7.3.3　生物碱

生物碱也参与了古树对环境胁迫（如干旱、盐胁迫和重金属污染等）的适应机制。通过调节生物化学途径，生物碱有助于维持古树生理平衡，抵抗食草动物和害虫的攻击，参与植物间的通信或调控植物自身的生长发育过程。干旱、遮阴及水淹等非生物胁迫能引起喜树体内喜树碱含量的升高（Liu，2000；王纬航，2017；郭米山 等，2018）。10-羟喜树碱还参与了喜树抵御高温胁迫的过程。古红豆杉紫杉醇含量与生长量、积温、无霜期、降雨呈负相关性，与经度和纬度呈正相关关系，随着纬度升高，生长量降低，但紫杉醇含量呈现增加的趋势（程广有 等，2005）。

生物碱含量与树龄密切相关。在不同树龄的三尖杉叶片中，三尖杉碱含量随树龄的增长逐渐升高。古红豆杉紫杉醇含量也随着树龄的增长而升高，其在生长旺季植株内紫杉醇含量较低，而在休眠期含量则较高。古茶树叶片中的咖啡碱含量明显高于树龄较小的普通台地茶树（罗正飞 等，2021），而且咖啡碱含量还与光照等因素存在一定的相关性（图7-6）。

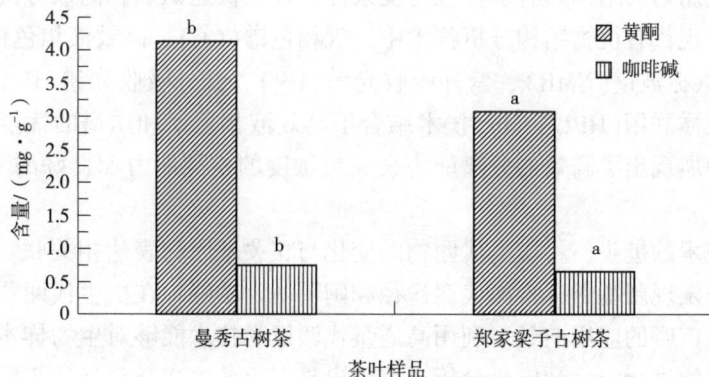

图 7-6　不同普洱茶黄酮与咖啡碱含量（工佳佳 等，2021）

7.4　植物次生代谢物主要研究方法

7.4.1　植物次生代谢物提取方法

植物次生代谢物繁多且含量相对较低，对其成分和含量进行测定和研究需要依赖精准且目标明确的提取及分析技术。天然产物提取是利用化学工程原理和方法对目的化学物质进行提取、分离和纯化的过程。不同次生代谢物的提取方法，需要根据植物类别、提取部位、化学结构与性质、多技术组合等因素选择合适的方法。主要的提取方法包括物理、化学、生物及新型技术等，可根据不同的材料尝试选择最优的提取方法，见表 7-1 所列。

表 7-1　植物次生代谢提取方法（郑洁 等，2017）

类　别	提取方法
物　理	研磨、高压匀浆、超声波、过滤、离心、干燥等
物理化学	冻融、透析、超滤反渗析、絮凝、萃取、吸附、吸附色谱、分配色谱、凝胶色谱、蒸馏、电泳、等电点沉淀、盐析、结晶等
化　学	离子交换、化学沉淀、化学亲和等
生　物	生物亲和色谱、免疫色谱等
新技术	微波、超声波萃取、树脂吸附分离、微滤、超滤、纳滤、亲和膜分离、泡沫分离、超临界流体萃取、分子蒸馏、双水相分离、反胶束萃取等

此外，树木的树龄、生长季节、微生物的侵染和营养状态等都显著影响植物的次生代谢。大多植物会根据环境变化来调整次生代谢产物的类型和数量，在特定环境中才会合成特定的次生代谢物（苏文华 等，2005）。因此，样品采集时间、处理方法和时间段对特定次生代谢物的提取具有决定性作用。

7.4.2　次生代谢物分离鉴定方法

植物次生代谢物的结构具有多样性与复杂性，开发快速识别和高效分离的方法是亟待解决的问题。在现代有机物结构分析技术中，气相色谱（GC）、高效液相色谱（HPLC）、质谱（MS）、核磁共振波谱（NMR）、紫外吸收光谱（UV）、红外吸收光谱（IR）均是鉴定结构的有力工具。液质联用（HPLC-MS）技术结合了高效液相色谱和质谱的优点，在植物次生代谢物的研究中展现出了高效的分离能力、高灵敏度的检测能力和良好的专一性（张加余 等，2013）。

随着生物技术的进步，将次生代谢物的变化与相关基因的表达相关联，并通过次生代谢物的变化规律发现新基因、推测代谢途径和阐明基因功能，在次生代谢物生物合成途径研究中已显现出广阔的应用前景。利用高通量代谢组学技术能够对生物样本中相对分子质量较低的代谢产物进行定性和定量分析，鉴定出具有重要生物学意义的组间显著差异代谢物，并结合转录组学等多组学联合阐明这些差异物的生理过程和代谢机制。

对于古树来说，由于其再生能力有限，采样时应尽量减少修剪取样，做到适当适量，以减少营养耗费，促进枝叶更新。综合运用先进的分析技术解析古树次生代谢物的功能以及合成调控机理，为古树保护利用提供科学依据和支持。

（1）色谱分离鉴定技术

利用高效液相色谱、气质联用等色谱技术可以有效地分离和鉴定次生代谢物。罗正飞等（2021）在古茶树次生代谢物的研究中，利用紫外分光光度法和高效液相色谱法，结合核磁共振、质谱等技术,测定了次生代谢物的组分含量,鉴定了化合物的分子组成,为古树茶的合理开发和健康管理提供了科学参考。吴雅琼等(2019)利用超声波提取技术结合色谱技术对 10 个产地的古银杏叶片黄酮含量进行了分析,并对黄酮合成相关苯丙氨酸解氨酶(PAL)活性,以及可溶性糖、蛋白质等代谢物含量进行了测定,揭示了不同地区古银杏叶片的活性物质含量变异以及之间的关系。

(2)同位素示踪技术

植物次生代谢的同位素示踪技术是一种用来追踪植物次生代谢产物合成途径的方法,通过引入标记同位素来追踪原料在生物合成途径中的转化过程,在稳定同位素示踪中,通常先使用稳定的同位素标记物质,如^{13}C、^{15}N、^{2}H 等,添加到植物生长介质或者单个代谢物中,然后通过质谱分析等技术,追踪这些同位素标记物质在代谢网络中的转化过程,从而揭示植物次生代谢产物的合成途径。

(3)分子生物学技术

应用分子生物学技术,研究环境、激素、树龄等因素对古树次生代谢基因表达的影响,分析调控网络及代谢通路,预测潜在的关键基因,这些研究成为揭示古树的长寿机制和健康机制的有力支撑。古银杏的再生枝中参与类黄酮合成的 *PAL* 和 *FLS* 基因,以及参与萜内酯合成的 *GGPS* 基因,表达水平显著高于老枝,山柰酚、异鼠李素、银杏内酯 A、银杏内酯 B 和银杏内酯 C 等次生代谢物的含量也相对较高(Yan et al.,2021)。在古树不定根形成机制研究中,700 年树龄侧柏的类黄酮和苯丙烷生物合成途径中查尔酮合成酶(CHS)、查尔酮异构酶(CHI)和黄酮-3-羟化酶(F3H)等基因的高表达,引起黄酮类化合物、酚类化合物和木质素的过度积累,最终抑制了不定根的形成(Chang et al.,2023)。

(4)组学分析技术

随着生物技术的发展,以基因组、转录组学、代谢组学、蛋白组学为代表的组学技术已广泛应用于植物次生代谢物组成及形成机制的研究中。李溱等(2020)应用代谢组学技术,通过对次生代谢成分和含量的分析,成功预测了茶叶年份。Zhang 等(2020)以云南省保山市野外深山古茶树为试验材料,首次完成了高质量染色体级别的古茶树基因组组装,并对来源于我国 16 省(自治区、直辖市)的审定品种和古茶树等共 217 份茶树种质进行了表型调查和转录组测序,通过关联分析挖掘到 176 个控制儿茶素等代谢物含量自然变异的遗传位点。周凯凯等(2018)利用蛋白质组学对不同树龄银杏叶片蛋白表达进行分析,筛选到大量功能蛋白,并发现这些蛋白涉及多个代谢途径,参与了多个次生代谢物的合成。多组学联合分析为古银杏长寿机制研究提供了有力的技术支撑,通过分析代谢途径和产物,发现古银杏中的木质素单体、类黄酮和芪类化合物等次生代谢通路的基因数量和表达水平较高,维持这些具有特殊保护功能的次生代谢物在古树中有较多累积,保持了抵御各种生物和非生物胁迫的能力,从而大幅延长了寿命(Wang et al.,2020)。

小 结

合成和积累次生代谢物作为植物适应环境、抵御逆境的关键机制之一,对于古树等生命周期较长的木本植物尤为重要。通过分析次生代谢物种类、特征及其对环境胁迫的响应,可以深入地理解古树的生长发育与长寿机制。利用基因组学、转录组学、代谢组学等组学技术，可以对古树中一些重要次生代谢产物的合成调控机制进行系统探索。这不仅有助于了解次生代谢产物在古树长寿中所发挥的作用，还为采取有效手段保护古树、维持其健康水平提供了重要的理论依据。

思考题

1. 什么是植物次生代谢物？
2. 简述植物次生代谢物的特点。
3. 简述植物次生代谢物与环境因子的关系。
4. 简述植物次生代谢物的种类和合成途径。
5. 简述古树中的主要次生代谢物及其作用。
6. 简述植物次生代谢物的主要研究方法。

推荐阅读书目

药用植物次生代谢. 张康健，董娟娥. 西北大学出版社，2009.

植物次生代谢与调控. 董娟娥，张康健，梁宗锁. 西北农林科技大学出版社，2009.

植物生物化学与分子生物学(中文版). 布坎南. 科学出版社，2004.

植物化学(第二版). 高锦明. 科学出版社，2012.

第 *8* 章

古树与环境

本章提要

　　本章阐述了古树与环境之间的关系，包括气候(温度、降水、光照、CO_2、风、雷、火及极端天气等)、土壤(理化性质、土壤污染等)、地形(海拔、坡度、坡向等)等非生物因子和动物、植物、微生物、人为活动等生物因子。本章内容为调控古树生长发育环境，精准提升古树的保护管理水平提供科学依据。

　　历经千百年的生长后，古树逐渐进入衰老阶段，呈现出树势衰弱、生理机能下降、根系的生长和再生能力减退、抗逆能力减弱的现象，因而对环境变化极为敏感。

8.1　生态因子概述

8.1.1　相关概念

　　环境(environment)是指生物(个体或群体)所处的外界条件及其直接或间接影响该生物个体或群体生存的一切要素的总和。生态因子(ecological factors)是指环境中对生物生长、发育、生殖、行为和分布有直接或间接影响的各种环境要素的总称，包括温度、湿度、光照、降水、土壤肥力等，其功能主要体现在影响生物的生长、发育、生殖和行为，改变生物的繁殖力和死亡率，并可能会引起该区域生物迁移，最终导致种群数量发生改变。当某一生态因子发生改变，不再适合原有生物，可能会引起该区域内特定生物的消失，即生态因子还可以限制生物物种的分布区域。所有生态因子构成生物的生态环境(ecological environment)。

8.1.2　生态因子分类

　　根据生态因子是否为生物对象，可将其划分为非生物因子(abiotic factor)和生物因子(biotic factor)。

(1)非生物因子

①气候因子　温度、降水、光照、风和雷电等。

②土壤因子　土壤的理化性质、土壤结构、土壤肥力和土壤生物等。

③地形因子　海拔、坡度、坡向等。

(2)生物因子

①植物因子　植物之间共生、寄生、附生等关系。

②动物因子　摄食、传粉、践踏等。

③微生物因子　细菌、真菌等。

④人为因子　垦殖、放牧、采伐等。人为因子属于特殊的生物因子，它的提出是为了强调人类在生态系统中的特殊作用。

在各种生态因子中，并非所有的因子都为植物的生长所必需。植物生长所必需的因子称为生存条件，即植物缺少它们就不能生长。对于绿色植物来说，这些因子包括 O_2、CO_2、光、热、水和无机盐等。

直接参与生物生理过程或新陈代谢的因子(如光、温、水、土壤养分等)属于直接因子，如光可以促进种子萌发。而那些通过影响直接因子而对生物作用的因子，属于间接因子。经度、纬度、海拔、坡向等都是间接因子，它们对生物的影响程度并不亚于直接因子。如四川二郎山的东坡湿润多雨，分布类型为常绿阔叶林；而西坡空气干燥且炎热，只能分布耐旱的灌草丛，同一山体由于坡向不同，导致植被类型的显著差异。

8.1.3　生态因子作用的一般规律

不同生态因子之间相互制约、相互组合、构成多样化的生物生存环境(图 8-1)。有学者研究发现，处于某一特定的环境中，不同生态因子之间表现为 4 个共同特性(张人方，2008)：

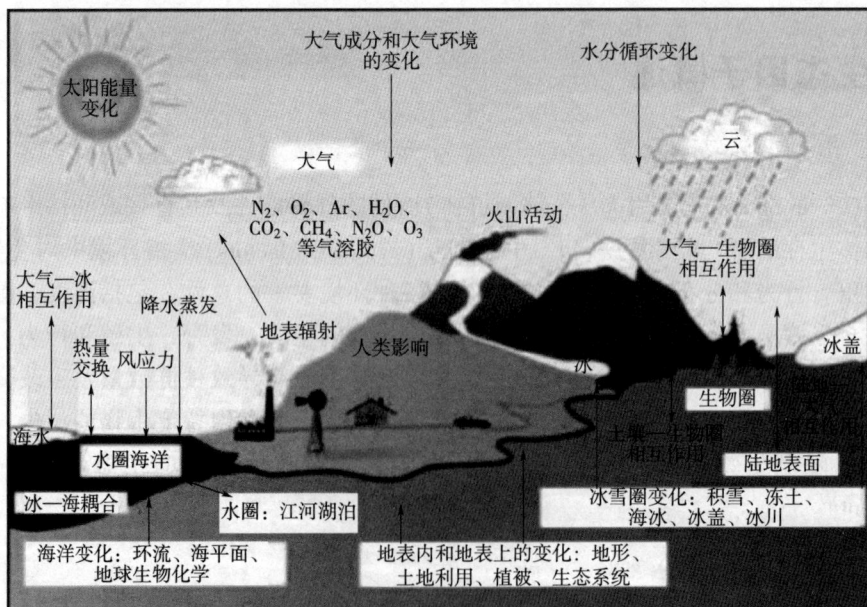

图 8-1　气候系统各组分及其过程和相互影响(IPCC_ AR4 WG I 技术摘要 FAQ 1.2)

①综合性　环境中各种生态因子不是孤立存在的，而是彼此相互联系、相互促进、相互制约的。如光照强度的变化必然会引起大气和土壤温度、湿度的改变，这就是生态因子的综合作用。

②主导因子作用（非等价性）　所有的生态因子都是植物生长所必需的，但在一定条件下，对生物起决定性作用的生态因子，称为主导因子（dominant factor）。主导因子的改变常会引起其他生态因子发生变化或使生物的生长发育发生变化，如光周期现象中的日照时间和植物春化阶段的低温因子就是主导因子。

③不可替代性和部分补偿性　生态因子虽非等价，但都不可缺少，一个因子的缺失不能由另一个因子来代替。但某一因子的数量不足，有时可以由其他因子来补偿。如光照不足所引起的光合效率下降可由 CO_2 浓度增加得到补偿。生态因子间的补偿作用，并非经常和普遍存在。

④阶段性和限制性　生物在生长发育的不同阶段往往需要不同的生态因子或同一生态因子的不同强度。如低温对多种植物的春化阶段是必不可少的，但对其后的生长阶段则是有害的，因此，某一生态因子的有益作用往往只限于生物生长发育的某一特定阶段。植物的生长、生存和繁殖依赖于各种生态因子的综合作用。当某一生态因子的强度接近或超过植物的耐受范围时，该因子即成为限制因子（limiting factor）。如干旱胁迫下水分成为限制因子

8.2　古树与气候因子

8.2.1　温度对古树的影响

温度是重要的气候因子，所有生物均生活在一定温度的范围内，并受温度变化的影响。温度的波动会调节光合作用、呼吸作用和蒸腾作用等重要生理过程，从而影响树木的生长发育。一般来说，温度升高会加速生理生化反应，促进树木的生长发育；而温度降低则会减缓这些反应，导致生长发育变慢。当温度超出树木所能承受的范围时，生长会逐渐减缓、停止，发育受阻，最终可能导致树木受损甚至死亡。

温度在空间上会随纬度、海拔及各种小生境而变化，在时间上也经历一年四季的变化和一天的昼夜波动，这些温度变化会对树木产生多方面的影响。树木在长期演化过程中形成了最适宜的温度范围，并具备一定的适应能力。在最适宜的温度范围内，树木能够健康地生长发育；而当温度偏离这一最适点时，树木的生长发育则可能变得缓慢甚至停滞。

8.2.1.1　温度对古树生长的影响

①温度的季节性变化会影响古树的生长周期　树木的生长需要一个特定的生物学起点温度，只有日平均气温超过此温度临界值时才开始生长发育。例如，当 3 月平均气温升至 10℃以上时，古樟树开始萌芽并迅速展叶；5 月平均气温达到 20℃以上，才能使古樟树开花和落花；当月平均气温降到 15℃以下时，古樟树果实进入成熟期，并随着气温进一步下降（7℃以下），逐渐进入脱落期。异常的温度波动可能扰乱古树的正常生长周期，如气温的骤降，会促使 2 年生叶片提早衰老（戚元春，2011）。自 20 世纪 40 年代以来，气候变暖

陆续引发了青藏高原东北部高海拔地区云杉林的衰退、死亡现象（Liang et al.，2016）。

②生长季节内温度对树木的生长速率和生长质量有直接影响　春季温度升高有利于提早形成层活动，延长生长期，从而促进树木生长（Graumlich，1991；Li et al.，2024）。温度，尤其是夜间温度也是影响树干形成层细胞伸长和增大的关键因素（Antonova et al.，1993）。例如，新疆伊犁地区雪岭云杉径向生长与前一年11月至当年1月最低气温存在显著正相关关系（朱海峰等，2004）。自20世纪80年代开始，青藏高原冬季气温的上升有利于减少低温对树木生长的限制以及对树木细胞结构的破坏，从而促进树木生长（图8-2）。

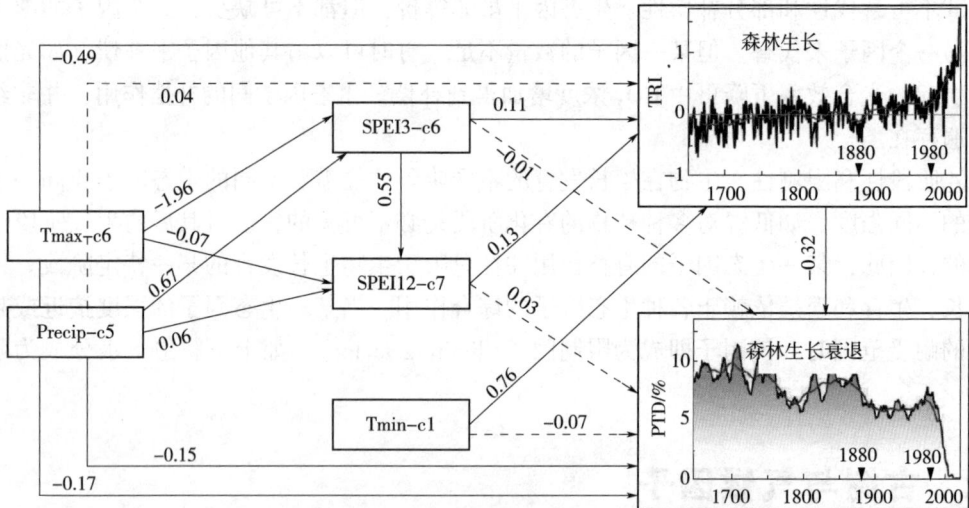

图8-2　树木生长与气候因子的关系（Mu et al.，2021）

　　Tmin-c1表示上年11月至本年1月的平均最低气温；Tmax-c6表示4~6月的平均最高温度；Precip-c5表示3~5月的总降水量；SPEI3-c6表示4~6月的3个月SPEI；SPEI12-c7表示上一年8月至本年7月的12个月SPEI；TPI表示标准化树木年轮年表；PTD表示生长衰退的树木百分比

③温度升高可促进植物代谢过程，加快植物物候进程　然而，在气温回升期间的降温则会减缓树木的物候期进程，冬季冰冻天数的减少和温度的升高会引起古樟树芽膨大期提前。低温胁迫会导致植物水分和矿质营养吸收、叶片光合作用、呼吸作用和正常新陈代谢等生理过程发生紊乱，从而对植株造成伤害甚至死亡。研究发现，低温会导致千年古侧柏叶片中叶绿素和可溶性蛋白质含量下降（张胜，2017）。

温度变化会激发古树的抗逆反应，使其产生抗氧化酶和热激蛋白等。如古银杏在冬季叶绿体中的淀粉粒会出现大量水解，淀粉水解可提高细胞的含糖量，增加细胞液的溶质浓度和细胞内的能量供应，从而增强了抗寒性（Fagerberg，1984）。

④长期的温度变化对古树的影响　随着全球气候变暖，适应性较强的古树个体可以在新的温度条件下存活并繁殖，而适应性较弱的个体则会逐渐减少。温度升高也会促进害虫和病原体的活动和繁殖，导致古树遭受病虫害的风险增大。

8.2.1.2　温度对古树分布的影响

我国许多现存古树都生长在高海拔、寒冷、干旱且人类干扰较少的山区。这主要是因为古树在干冷、土壤贫瘠的高海拔环境中，树木生长速率缓慢，会促进其投入更多能量用于存活。基于全球树轮数据库的研究发现，热带树木的平均生长速率是温带和北方树木的2 倍，但平均寿命显著缩短（热带树木的平均寿命为 186±138 年，热带以外地区的树木为322±201 年）。在全球范围内，生长速率和寿命与温度密切相关，在阔叶树物种占主导地位的温暖热带低地，树木寿命随着干旱程度的增加而持续缩短。此外，当年平均气温超过25.4°C 时，树木寿命显著下降（图 8-3）。

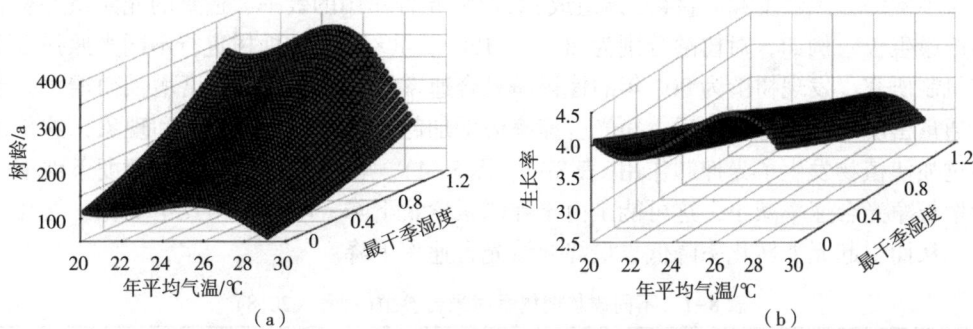

图 8-3　树木寿命（a）和生长速率（b）与温度、最干季湿度之间的关系
（Locosselli et al.，2020）

8.2.2　降水对古树的影响

降水的空间分布主要受纬度、经度、海陆位置和海拔高度的影响。降水对树木生长发育、病害和森林火灾的风险等方面有显著影响。

8.2.2.1　降水对古树生长的影响

降水通过降水量、分布模式及降水持续时间来影响树木的生长、发育、繁殖和分布。树木在不同生长阶段以及不同环境条件下，生长的制约因素也会相应地发生变化。古树随着高度的增加，水分输导压力增大，导致死亡率增高（Rowland et al.，2015）。许多古树随着树龄的增长，胸径逐渐增加（Stephenson et al.，2014），但高生长受限，这可能是由于水分输导压力限制了水分向树冠的运输（Phillips et al.，2008；Sillett et al.，2010；Koch et al.，2015）。研究发现，世界上较高的树木多出现在高降水量和长时间有雾的地区（Larjavaara，2014；Liu et al.，2019）。

8.2.2.2　降水对古树生理过程的影响

降水量的强度和持续时间都直接影响古树的蒸腾作用。在干旱和半干旱地区，降水是树木径向生长的主要限制因子（Tessier et al.，1989；Bräuning，1999）。在生长旺季，由于蒸腾加剧，土壤含水量下降，从而抑制了树木的生长。

8.2.2.3　降水对古树健康的影响

降水量的变化引发病虫害的发生和传播。如湿润的条件有利于真菌性病害的发展，而干旱则可能增加古树遭受虫害的风险。极端降水事件（如风暴和洪水等），会对古树造成直接的物理损害，包括树木倾倒、枝条断裂，甚至根系暴露等。

8.2.3　光照对古树的影响

光是植物维持生命活动的重要生态因子，对植物的生长发育和形态结构的调控起着重要作用。在自然环境中，光在空间和时间上分布不均(董鸣，2007)，因此，生境中光的异质性在植物的整个生命周期中起着重要的作用。

①不同的光照强度和质量(光谱组成)会影响光合作用的效率，适宜的光照条件有利于古树健康生长　例如，对树龄分别为20年、120年和800年的槐树进行不同光照强度下的响应机制研究，发现树龄为800年的槐树净光合速率随光量子通量密度增强而增大，当光量子通量密度超过光饱和点后，净光合速率的增加趋于平缓，出现光饱和现象，这是由于光照过强使植物发生了光抑制作用(表8-1、图8-4)。在相同光量子通量密度条件下，随树龄增长净光合速率减小，这可能是由于叶绿素含量下降，叶片结构发生变化，气孔导度降低，从而引起光能转化率降低，最终导致光合速率下降。

表8-1　不同树龄槐树瞬时光合参数(程程，2018)

树龄/a	净光合速率(P_n)/ ($\mu mol \cdot m^{-2} \cdot s^{-1}$)	气孔导度(G_s)/ ($mol \cdot m^{-2} \cdot s^{-1}$)	胞间CO_2浓度(C_i)/ ($\mu mol \cdot mol^{-1}$)	蒸腾速率(T_r)/ ($mmol \cdot m^{-2} \cdot s^{-1}$)	水分利用率(WUE)/ ($\mu mol \cdot mmol^{-1}$)
20	18.73±0.21c	0.735±0.036a	332±5a	8.25±0.21a	2.23±0.015a
120	9.49±0.23b	0.103±0.004b	210.33±7.02b	4.8±0.24b	1.98±0.11b
800	8.89±0.35c	0.090±0.009b	190.67±2.08c	4.28±0.18c	2.16±0.049a

注：$P=0.05$水平差异显著。

光照强度也会影响古树叶片气孔的开张程度。黑暗状态下，银杏气孔开张度为3.64μm，随着光照强度的增加，气孔的开张度呈上升的趋势。当光照强度达到800μmol/(m² · s)时气孔开张度达到最大值5.38μm，进一步提高光强，气孔开张度逐步下降，在2500μmol/(m² · s)时，气孔开张度为3.12μm，低于黑暗状态下的水平。通过将光照强度与气孔开张度进行拟合分析，发现两者呈极显著的相关关系($R^2=0.9151$)(图8-5)。

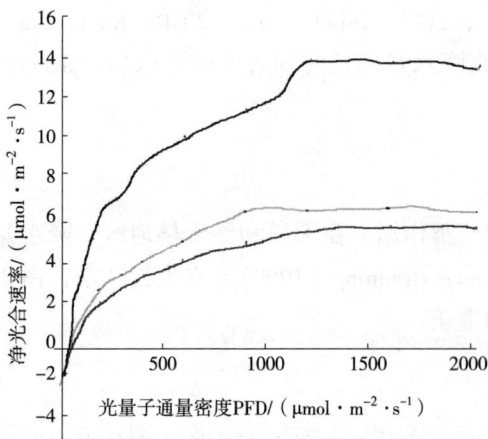

图8-4　不同树龄槐树净光合速率的光响应曲线(程程，2018)

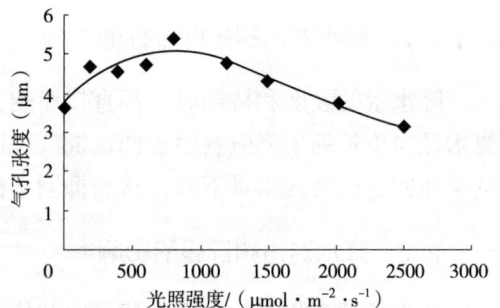

图8-5　光照强度与树木叶片气孔开张度的相关性拟合曲线(王丽丽，2008)

叶片衰老过程光合作用能力逐渐下降，叶绿体色素含量也逐渐降低，但由于不断地吸收太阳光能，造成光能过剩，从而引起细胞内积累大量的活性氧。活性氧能氧化叶肉细胞的内膜系统，破坏生物膜结构，导致功能丧失，光合能力衰退。

②光照不仅影响古树的生长速率，还会影响生长方向和形态结构　在自然环境下，古树会通过向光性反应调整生长方向，使叶片最大限度地接受光照。光照强度的变化也会影响古树的分枝模式、叶片大小和茎的粗细。如在低光照条件下，古树可能会产生较长的茎和较小的叶片以获取更多光照。

③光照对古树的季节性生长和繁殖周期也有影响　古树可以通过光周期（日照时间的长短）来调节生理活动，如落叶、休眠和花期。长日照或短日照条件会诱发特定的生长和发育过程，如花芽的分化。

④光照强弱影响古树养分吸收与抗性　充足的光照有利于古树积累足够的养分，增强其抗逆性；而光照不足的环境容易导致古树营养积累不足，抗病虫能力下降。

8.2.4　CO_2 对古树的影响

CO_2 是植物光合作用的基本原料，大气 CO_2 浓度升高可以提高植物的光合速率，从而促进其生长。对于古树来说，增加的 CO_2 会提高生长速率，增加生物量（Phillips et al.，1998；Lewis et al.，2009），从而在一定程度上增强与其他大树的竞争优势。研究表明，大树比小树对 CO_2 浓度升高的响应更积极，因为它们在森林上层能获得充足的阳光（Laurance et al.，2004）。CO_2 浓度升高还可以提高树木的水分利用效率，因为较高的大气 CO_2 浓度可以减少植物气孔开放时间（Keenan et al.，2014）。

尽管 CO_2 浓度升高可能在一定程度上促进古树的生长，但气候变化带来的负面影响可能更为显著。CO_2 浓度增加会导致蒸气压不足和传导组织栓塞引发干旱胁迫，从而导致大树死亡率上升（Clark et al.，2003；Pfautsch et al.，2016）。因此，保护古树不仅关注单一因素（如 CO_2 浓度增加），还需要综合考虑气候变化及其相关的生态环境变化。

8.2.5　风对古树的影响

(1) 积极影响

①适度的风可以帮助古树进行更好的空气循环，带走叶片表面的热量和湿气，有助于光合作用和呼吸作用。

②适度的风也可以促进气孔周围空气的流动，增强 CO_2 的吸收和 O_2 的排出，有助于提高光合作用的效率。

③古树在对环境长期适应过程中，还会形成一定的抗风能力，如通过气动阻尼、质量阻尼、黏弹性阻尼等能量耗散机制来减弱风造成的树木损伤。研究发现，拥有较高的树冠、细密的一级侧枝、较小的新梢夹角结构的古树，其抗风能力强（施士争 等，1996；Kane & Clouston，2008）。

④风可以减少树叶表面的湿气，从而抑制真菌和细菌的滋生，有利于预防古树病害。

(2) 消极影响

①强风会导致古树的树枝折断，甚至使整棵树倒伏，尤其是在古树老化、病弱或根系不稳固的情况下。如广州在 1985—1995 年有 20 株古树被狂风连根拔起。枝干的损害会直

接造成叶面积减少，断枝还易引发病虫害，使本来生长衰弱的树木更加衰弱，甚至导致古树死亡(吴泽民和何小弟，2012；贾婷宇，2018)。

②在干旱条件下，风增加了叶片周围的空气流动，加速了叶片水分的蒸发和蒸腾作用，可能导致水分胁迫。强风会使气孔关闭来减少水分损失，暂时降低光合速率。

③长期的风吹作用会影响古树的生长方向和树形结构，常出现偏冠、树体倾斜。风对枝叶、树冠、树干和根系等部位产生的影响会逐渐改变古树的生长状况(表8-2、表8-3)。

表8-2　树体倾斜方向分布(贾婷宇，2018)　　　　　　　　　　单位：株

程　度	东	西	南	北	东南	西北	西南	东北
轻　度	1	3	2	2	4	0	6	1
中　度	3	3	3	0	3	2	8	3
重　度	2	9	4	0	1	1	9	2
共　计	6	15	9	2	8	3	23	6
占　比	8.3%	20.8%	12.5%	2.8%	11.1%	4.2%	31.9%	8.6%

表8-3　倾斜角度与树高、胸径的相关分析(贾婷宇，2018)

项　目	胸　径		树　高	
	相关性	显著性(双侧)	相关性	显著性(双侧)
胸　径			0.460**	0.001
倾斜角度	-0.297**	0.003		

注：** 在 0.01 水平(双侧)上显著相关。

使用软件 SPSS19.0 对 100 株古树的倾斜角度及其树高和胸径做相关性分析，分析结果见表8-3所列。可以发现，样本古树的胸径和树高呈显著的正相关关系($P<0.01$)，相关系数为 0.460；倾斜角度与胸径为显著的负相关关系($P<0.01$)，相关系数为-0.297，与树高无明显相关关系。

(3)综合影响

古树对风的反应也受树种、树龄、健康状况以及生长环境的影响。如松树和橡树对风有较强的抵抗力，而一些树种，如桦树和柳树更容易受到风的损害。维护古树健康、避免人为干扰和采取适当的保护措施，如设置防风林，可以减少风对古树的负面影响。

8.2.6　雷击对古树的影响

(1)积极影响

雷击后的树木可能会引发生理上的应激反应，如激活自身的防御机制，产生更多的树脂或其他防御物质，但防御物质的过度积累也会影响树木的正常生长。

(2)消极影响

严重的雷击会直接导致古树死亡，特别是当雷击破坏了树木的生长点或严重影响树木的根系和主干的完整性时死亡率较高。雷电的高温和强大的电流会在瞬间烧焦树木的部分结构，尤其是树干和树枝。例如，我国安徽省多地古银杏和黄山松因遭受雷电袭击而造成树体局部甚至整株枯焦坏死。雷电产生的高温会使树木内部的树液迅速蒸发，产生巨大的压力，导致树干和树枝爆裂，破坏树木的输导组织(木质部和韧皮部)，影响养分和水分的运输。同时，树皮破裂和树干开裂为病菌和害虫提供了入侵的通道，增加了树木遭受病虫害的风险。

8.2.7　火对古树的影响

火的发生也会减少或消除特定地区的大型古树种群(Barlow et al.，2003；Lindenmayer et al.，2012)，经历火烧后的古树容易遭受昆虫攻击而导致死亡(Kashian et al.，2011；Popkin，2015)。有研究发现，焚烧会导致大型古黄松的死亡加速，如胸径大于22cm的黄松在火烧区域的死亡率(19.5%)高于未火烧区域(6.6%)。在喀斯特山脉东部，低强度火烧可通过减少幼苗和未成熟的树木的数量，降低老龄树木群体的死亡率，从而维持健康的林分结构(Wright，1978)。在澳大利亚的热带草原上，反复发生的火烧导致约75%的大型古树死亡(Williams et al.，1999)。林火发生时树冠的蒸腾作用强度会急剧增加，饱和水气压差(vapour pressure deficit，VPD)的瞬时升高会对叶片组织造成不可逆的伤害(图8-6)。火也会烧伤古树叶片和分生组织(芽和形成层)，使树冠光合速率和韧皮部传导能力下降，导管(或管胞)气穴栓塞和软化引起木质部水分运输失败，进而造成古树死亡(韩大校 等，2020)。火也是森林动态主要驱动因子，如火灾的周期性发生可以促进耐火的古樟树种群更新(Kuuluvainen et al.，2002)。

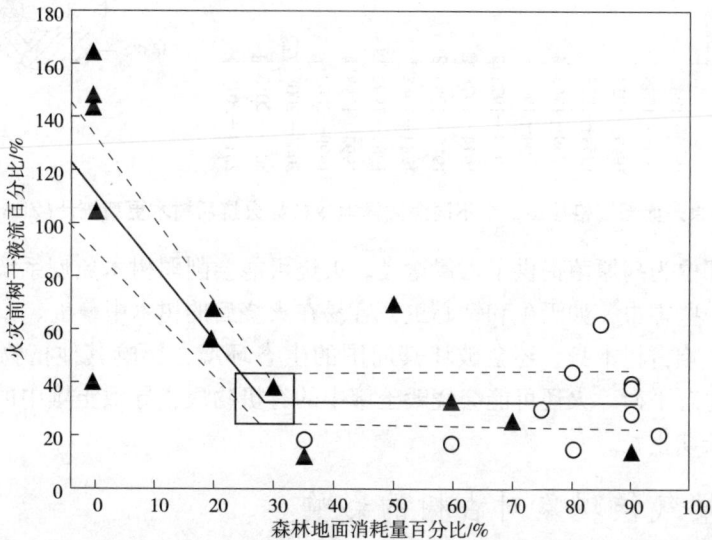

图 8-6　森林地表消耗对长叶松树液通量影响的事后分割回归(O'Brien et al.，2010)

火烧后树液通量数据以平均首选树液通量的百分比表示。活树用三角形表示(▲)，树木的延迟死亡用圈表示(○)。评估的断点是31.3%的森林面积消耗。左段斜率为-2.8，右段斜率为0.0，整个分析的R^2为0.677。虚线表示90%置信区间

火烧会使地表温度急剧升高，烧焦树根表层，影响根系的吸收功能。由火烧引发的高温还可能改变土壤结构和微生物群落，降低土壤的透气性和养分循环，从而间接影响根系健康。

树木在火烧后会启动生理防御机制，如增加树脂或其他防御化学物质的分泌。这些物质虽然能抵御进一步的损伤，但如果长期持续进行，也可能会耗尽树木的储备能量。火烧后，树木可能会迅速长新枝叶和新树皮，以替代受损组织，但这需要消耗大量的资源(图8-7)。

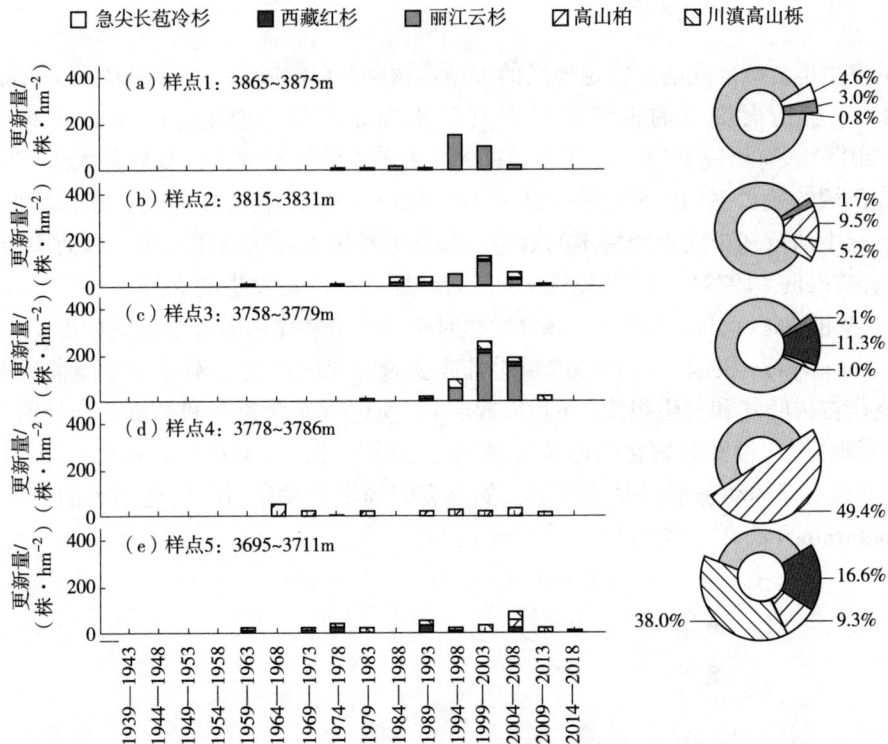

□ 急尖长苞冷杉　■ 西藏红杉　▨ 丽江云杉　▢ 高山柏　▨ 川滇高山栎

图 8-7　青藏高原东南部锡格拉山 5 个不同海拔样地冷杉林火烧后树木更新统计（Zhang et al.，2023）

火烧损伤部位为病原菌提供了入侵途径。火烧可能会削弱树木免疫系统，从而使其容易感染病害。一些害虫，如天牛和钻心虫，容易在火烧后的树木中孳生。

火烧不仅影响古树本身，还会破坏其周围的生态环境，影响其他植物和动物的栖息地，从而改变生态平衡。火还可能会烧毁土壤中的有机物质，导致土壤中的养分流失，从而影响古树的长期生长。

8.2.8　极端气候现象对古树的影响

8.2.8.1　极端干旱

极端干旱是古树生存的一个严重威胁（Choat et al.，2018；Venter et al.，2017）。极端干旱会导致古树生长停滞，年轮变窄甚至几乎没有生长。研究表明，古树易受干旱和高温的影响，而发生死亡（Bennett et al.，2015）。如在亚马孙地区，经过 30 年的栖息地破碎化后，干旱导致了树冠干梢现象加剧，导致约 1/2 胸径 60cm 的大树死亡（Laurance et al.，2000）。1998—2005 年，我国福建省南平市延平区因干旱而死亡的古树达 18 株（Ge & Yu，2005）。

（1）干旱胁迫树木死亡的假说

关于干旱胁迫导致树木死亡的生理机制，主要有 3 个假说：

①水力失衡假说　在干旱条件下，树木的边材导管由于蒸腾拉力产生强大的负压，运输过程中的水柱容易断裂，形成"空穴"。由于水分胁迫、木质部管道内树液结冰、维管病害、机械损伤等因素，使空气经纹孔膜进入输水导管，形成"栓塞"，阻碍植物体内水分的长距离

运输，导致无法将足够的水输送到树冠顶端的叶片中（Domec et al.，2006；Choat，2013）。如在 20 世纪 20 年代至 21 世纪初，由于干旱造成树冠水分亏缺，美国加利福尼亚州胸径为 61cm 的大树数量下降了 50%（McIntyre et al.，2015）。

②碳饥饿假说　缺水状态的植物为了防止水力学失败，会降低气孔导度甚至关闭气孔，这会导致光合碳摄取降低，若长期缺乏碳水化合物供给，最终会导致碳饥饿，引发代谢失衡和细胞死亡（McDowell et al.，2008；McDowell，2011）。

③生理毒害假说　干旱条件下，树木体内会积累一些有害代谢产物，如活性氧、有害次生代谢物等。这些毒性物质的积累最终会破坏细胞膜，导致细胞死亡。

（2）极端干旱对古树的影响

极端干旱对古树的影响主要表现在以下 4 个方面：

①干旱导致土壤水分减少，进而引起古树细胞脱水和组织萎缩　随着干旱程度的加重，古银杏高生长、径生长、生物量增长、单株叶面积和单株根系体积等均逐渐减少。叶绿体耦联因子对水分胁迫极为敏感（林植和吴志华，2006），干旱胁迫降低了银杏成熟期和衰老期叶片的叶绿素含量和净光合速率。干旱胁迫导致展叶率降低，并加速叶片衰老，在生长后期导致老叶枯死和总叶面积减少（Kumar et al.，1994）。

②长期生长在干旱环境中的树木会优先增加地下部分生物量的分配　生物量分配增加能使树木形成更强大的根系，提高其获取深层土壤水分的能力，从而适应干旱（Aaltonen et al.，2017；Schlesinger et al.，2016；Markesteijn & Poorter，2009）。对古银杏树幼苗的研究发现，随着干旱胁迫的加重，银杏分配到叶干重的比例先升高后降低，分配到根中的比例随土壤水分含量的减少而增大，而分配到茎中的比例相对降低（朱灿灿，2010）。此外，不同干旱程度对古树叶片的相对含水量影响不同，轻度和中度干旱胁迫下，古银杏叶片的相对含水量变化较小，而在严重干旱胁迫下，叶片相对含水量急剧下降，叶片萎缩（景茂，2005）。

③干旱还能导致古树激活抗氧化防御系统　干旱能提高抗氧化酶[如 SOD、CAT 和谷胱甘肽还原酶（GSR）]活性和抗氧化剂（如谷胱甘肽和维生素 E）含量，以清除过量的活性氧，减轻氧化损伤。另外，干旱胁迫使古银杏叶黄酮（槲皮素、山奈酚、异鼠李素）含量增加，但对茎和根内黄酮含量影响较小。次生代谢物质能保护细胞结构免受损害，从而提高古树的抗旱能力。

④干旱引起古树水分利用策略的改变　在水分利用策略上，长期应对干旱胁迫的树木会通过改变其他功能性状的适应性，从而获取一个更为综合且可调节的水力系统，来更好地应对干旱胁迫（Sánchez-Salguero et al.，2018）。极端干旱改变古树的吸水策略，使其从根系吸收水分变为利用和贮存的水。侧柏和栓皮栎在不同水源的水分利用中具有很强的可塑性，其年平均水通量分别为 374.69mm/年和 469.50mm/年，其中有 93.49% 和 93.91% 的水分别用于蒸腾。然而，侧柏和栓皮栎的夜间树液流动主要用于树干储水，而非蒸腾，这有效地缓解了干旱胁迫，促进了营养物质的运输（图 8-8）。

8.2.8.2 极端高温

①在极端高温下，为了减少水分损失，古树会产生生理应激反应　古树在极端高温下会减少蒸腾，但反过来又会使得叶片更易受到高温伤害。高温胁迫还会对糖类物质产生影响，极端高温会减少碳贮存，增加古树的水分胁迫和生理应激，从而导致古树死亡率增

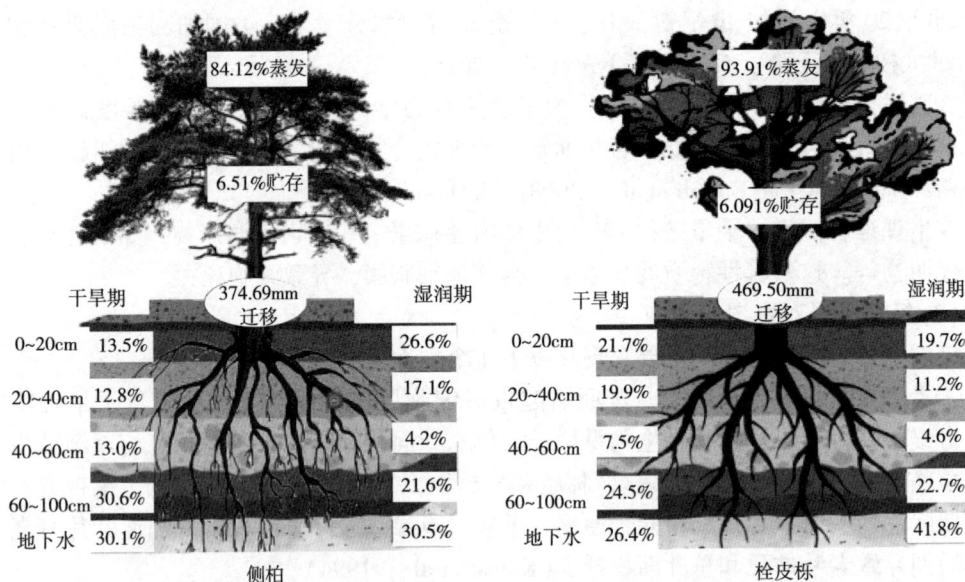

图 8-8　侧柏和栓皮栎水分吸收、迁移和利用示意图（Liu et al.，2021）

加。极端高温可直接导致古树细胞内部的热伤害，影响蛋白质的正常功能和细胞膜的稳定性，从而损害古树的生理机能。丙二醛（MDA）含量、脂氧合酶（LOX）活性、H_2O_2 含量及超氧阴离子一般会在高温胁迫下显著升高。此外，CAT 和抗坏血酸-谷胱甘肽循环也会受到高温胁迫的影响而产生变化。研究表明，高温胁迫可通过降低樟树的光能吸收、量子产量和电子传递速率，促进吸收光能进行热耗散，降低光系统 Ⅱ 效率，进而减少同化力以降低光合速率（图 8-9、图 8-10）。

②极端高温也会抑制光合作用中的 Rubisco 活性，降低光合效率。为了减少水分蒸发，古树在高温下可能会减少气孔开度，这虽然有助于保水，但也减少了 CO_2 的吸收，进一步降低了光合作用。且极端高温会加速呼吸作用，导致古树消耗更多的能量维持生命活动。

③持续的高温环境下，古树可能会生长缓慢或完全停止生长。生长停滞不仅减少了古树的碳固定能力，也影响其长期的繁殖和生存策略。高温胁迫还可能引起一些植物开花和结实的异常。

④高温使古树容易受到病虫害的侵扰。

8.2.8.3　极端低温

（1）形态影响

极端低温会导致古树细胞内部水分结冰，冰晶在形成过程中会破坏细胞结构，导致细胞死亡。即使不直接结冰，寒冷的气候也会导致古树组织脱水，表现为叶片失绿、萎蔫、表皮变色、局部组织坏死等症状。

（2）生理影响

低温会减缓或抑制古树的光合作用，因为温度是限制酶活性和光合速率的关键因素。同时，呼吸作用在低温条件下也会减慢，影响能量的产生和营养物质的转化。低温胁迫下

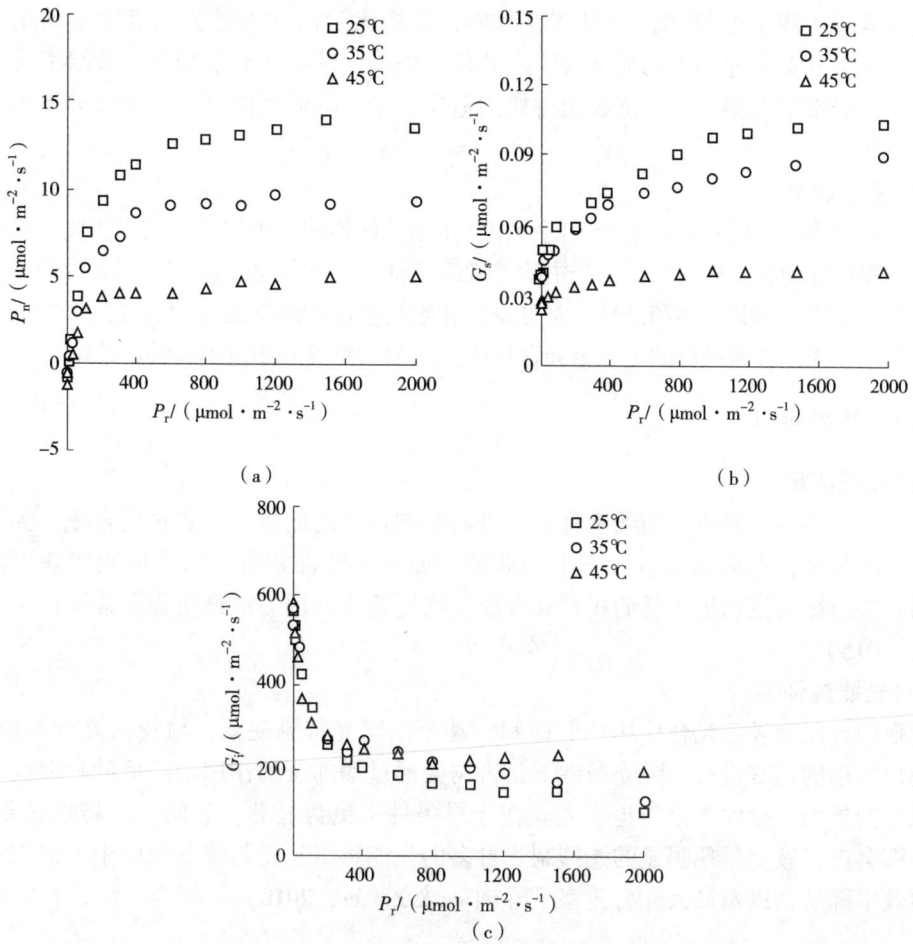

图 8-9　高温胁迫对樟树光合作用的影响(王彬 等，2019)

(a)光合速率 P_n　(b)气孔导度 G_s　(c)胞间二氧化碳摩尔分数 G_i

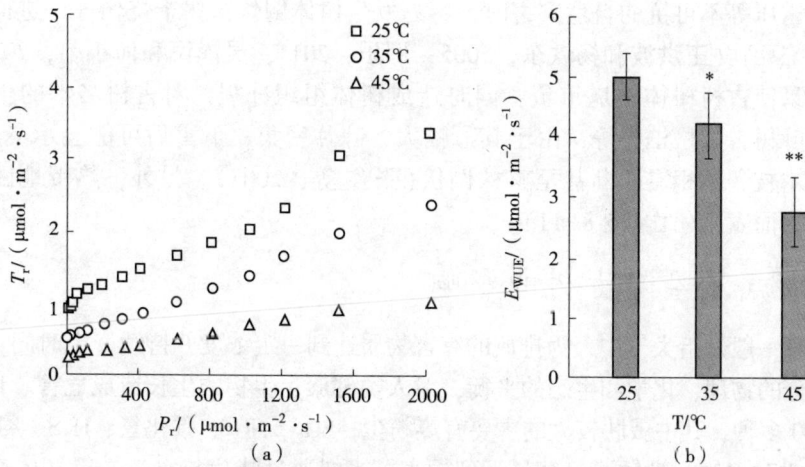

图 8-10　高温胁迫对樟树蒸腾速率和水分利用效率的影响(王彬 等，2019)

(a)蒸腾速率 T_r　(b)水分利用效率 E_{WUE}

* 表示差异显著($P < 0.05$)；** 表示差异极显著($P < 0.01$)

生理代谢表现为膜透性增加，选择透性减弱，膜内大量溶质外渗，原生质流动减慢或停止，吸水能力和蒸腾速率都明显下降，水分代谢失调，叶绿体分解加速，叶绿素含量下降等。频繁或极端的低温事件可能超出古树的适应范围，降低其恢复力，导致健康水平和生存能力下降。

（3）生态影响

低温可以改变古树和其他生物之间的相互作用，如影响与古树共生的微生物、昆虫或鸟类的活动和种群动态。作为生态系统中的关键组成部分，古树遭受极端低温会导致整个生态系统功能的变化，如碳贮存和循环、水分调节和生物多样性维持的能力会受到影响。长期的极端低温还会降低古树种群的生长率和存活率，从而影响其分布范围和种群结构。

8.2.8.4 光照胁迫

（1）光照不足

光照不足会导致光合作用效率降低，进而影响古树的能量和营养物质合成。为了适应光照不足的环境，古树会发生形态上的调整，如增大叶面积等，以尽可能捕获更多的光照。弱光胁迫影响植物生物量的积累和分配，经过遮光处理的植物生物量普遍低于全光照（乐也，2015）。

（2）光照过强

过强的光照会导致光合作用达到饱和，甚至出现光抑制现象，植物的光合系统受损，影响光合作用的正常进行。强光条件下，古树会通过增加蒸腾作用来降低叶片温度，进而加剧水分的损失，导致水分胁迫，尤其在干旱条件下更为显著。然而，在高强光条件下，这种平衡会被打破而呈现明显的光抑制。过多的光能将引起光系统 II 反应中心的失活，电子传递效率降低，以及最大光合速率下降（Taiz & Zeiger，2010）。

8.2.8.5 其他

古树多因树体高大且多为孤立木（Lindenmayer & Laurance，2017），在遭受台风、雷电、火灾、雪压等不可抗的自然灾害时，容易发生树体倒伏、树干烧伤等，进而出现生长不良甚至濒临死亡（王洪波和杨铁东，2005；邢乐，2011；吴泽民和何小弟，2012）。冬季积雪挤压容易使古树树体不堪重负，同时造成树体组织冻损，对古树名木的生长产生危害。一些针叶树，如松柏类等，由于其冠幅大、叶片密集，下雪后可能会承受过重负荷，从而发生树木枝条被积雪压断甚至整株倒伏（张鑫 等，2007）。另外，热带地区大型古树会因闪电伤害而发生死亡（图 8-11）。

8.2.9 大气污染对古树的影响

大气污染一般是指大气中人为排放的有害物质达到一定浓度并持续一定时间，破坏了大气中原来成分的物理、化学和生态的平衡，对人类健康、生物的生长造成危害。目前，大气污染物有 100 多种，其中威胁较大的主要有煤粉尘、SO_2、NO_2、碳化氢、H_2S、氨等。

许多古树对大气污染敏感，容易受到损害。古树通过叶片与空气进行气体交换，而根系固定于土壤之中，避免了污染物的直接侵害。关于大气污染对古树的影响，主要包括一氧化碳（CO）、臭氧、氮氧化合物、SO_2、粉尘等产生的危害。大气污染对古树的伤害程度

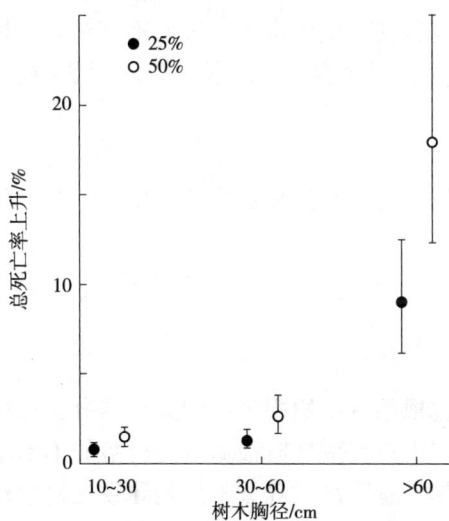

图 8-11　闪电频率对不同胸径树木
死亡率的影响（Yanoviak et al.，2019）

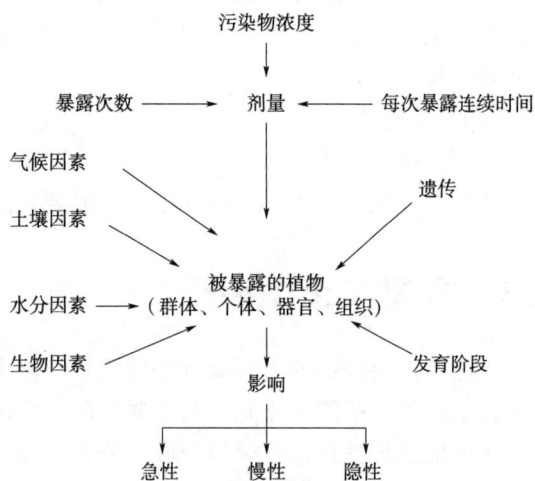

图 8-12　大气污染对古树的伤害程度及
影响因素（李馨，2008）

和影响因素如图 8-12 所示。

（1）光合作用减弱

大气污染导致古树气孔关闭，降低气孔导度，限制 CO_2 的吸收，进而降低光合作用的效率。臭氧对古树的影响还与树体大小有关，大树的气孔导度通常比幼苗低，说明大树能减少对臭氧的吸收，如红云杉、黄松和巨杉等古树受到臭氧影响时，气孔导度和臭氧叶面损伤均小于小树和幼树（Kolb et al.，1997）。粉尘污染会引起古树气孔堵塞，进而影响光合作用、呼吸作用和蒸腾作用。如黄帝陵侧柏受水泥粉尘污染后，光合、呼吸和蒸腾强度均显著下降（杨茂生 等，1994）。

空气中的 SO_2 会形成酸雨从而影响古树，如天目山柳杉（*Cryptomeria japonica* var. *sinensis*）古树在受到酸雨腐蚀后，其叶片组织中的叶绿体与线粒体遭到破坏，叶绿素含量大幅度减少，导致其生长发育受到影响（马原，2007）。

（2）直接毒害

臭氧能穿透叶片的蜡质层，导致细胞内部结构损伤，影响叶片的正常功能，如造成植物叶片出现斑点和萎黄等明显的损伤特征。高浓度臭氧对叶片的损伤远大于低浓度臭氧，但短时间低浓度臭氧暴露可能对树木叶片生长有一定的促进作用（高阳，2014）。此外，受污染胁迫的古树更易受到病原体和害虫的侵袭。

（3）生理应激和抗氧化防御

大气污染引起的活性氧积累，导致氧化应激，损伤蛋白质、脂质和 DNA。为应对这种应激古树会增强抗氧化酶系统，如 SOD、CAT 和 POD 的活性，以减轻损伤。短期叶片对氧化胁迫作用也会表现出一定的适应性，如减缓活性氧积累，抑制膜脂过氧化，以减轻胁迫对叶片的伤害。臭氧胁迫时间延长会对植物的抗氧化系统产生负面效应，造成抗氧化能力下降，丙二醛（MDA）含量升高，导致膜脂过氧化程度加深。

（4）影响物质转运和分配

大气污染会影响古树内部物质的运输和分配，包括水分、养分和同化产物的运输。如酸雨可以加速土壤酸化，使土壤中的铝活化游离出来，在土壤中富集，进而毒害树木的根系，尤其是当细根不能正常吸收且利用养分和水分后，树木会出现生长不良的症状（杨金宽和姬兰柱，1989）。

（5）生长缓慢

长期暴露于高浓度的大气污染物中，特别是臭氧，可以直接抑制古树的生长。在大气污染严重的环境下，古树的枯死率也会显著升高。

8.3　古树与土壤因子

土壤是古树生存的重要基础条件之一，树木通过根系从土壤中吸收的无机养分，是树木正常生长发育所需矿质元素的主要来源。当树木进入自然成熟阶段后，随树龄的不断增大，树木根系日益衰退，树根吸取水分和养分也会越来越困难。养分不足是导致古树生理机能下降，内部生理失衡，进而造成古树生长衰弱的重要原因之一（邢乐，2011；吴泽民和何小弟，2012）。

8.3.1　土壤理化性质对古树的影响

土壤的理化性质如紧实度、通气条件、营养物质含量、含水量等均会直接影响古树对无机养分的吸收效率（图8-13）。研究表明，土壤条件恶化是导致黄帝陵古侧柏和福州市古槐树衰弱的主要原因之一（薛秋华和徐炜，2005；杨玲 等，2014）。王焕新（2006）对北京不同立地条件衰弱古树的研究发现，土壤环境造成的根系生长受阻、生理功能紊乱是古树早衰的主要原因。

图8-13　水土流失严重区域的古树（靳红军　摄）

（1）水分吸收和运输

土壤水分是古树进行光合作用、输送养分和维持细胞结构所必需的要素。如在黄帝陵中人类活动频繁的区域，古侧柏生境的土壤有机质含量、速效磷含量、土壤含水量显著降低的同时，土壤呼吸大幅减弱，土地板结现象严重，从而影响侧柏的正常生长（李方民等，2003；杨玲 等，2014）。

（2）营养吸收

土壤是古树获得必需养分（如 N、P、K 等）的主要来源。土壤中养分含量和比例直接影响古树的营养状况。如对陕西省咸阳市古槐树的研究发现，其土壤中的养分含量小于壮年槐树，对古槐树进行配方施肥，可以迅速有效地改善古槐树叶片中的营养元素含量（高嘉一 等，2018）。在北京市戒台寺，部分古油松生长衰退的原因主要为周围各层土壤均缺乏有机质、全氮和速效磷，土壤表层水分含量偏高，渗水性能较差，不利于古树生长，表层土壤钠离子含量超过 100mg/kg，对古树根系生长有毒害作用（聂立水 等，2005）。研究也发现，N 是限制新西兰假山毛榉（*Nothofagus solandri* var. *cliffortioides*）古树生长的重要因子之一（Coomes et al.，2007）。

土壤酸碱度是土壤的重要化学性质，直接影响土壤微生物区系的分布、活性以及土壤养分元素的释放、固定和迁移等过程，进而影响古树对养分的利用（林大仪和谢英荷，2011）。如健康古侧柏立地环境中土壤养分含量、氨化细菌数量及氨化作用、磷转化强度和微生物数量均高于衰弱的古侧柏，表明古树土壤微生物数量可能与树木健康程度及土壤养分转化有关（张安才，2009）。对兰州市五泉山公园内不同树龄古树土壤营养的研究发现，增加土壤有机质含量能激活土壤磷酸酶活性，降低土壤 pH 值，有助于维持古树活力（表 8-4）。

表 8-4　古树树龄与土壤特征的关系（蒲小鹏 等，2011）

pH	总 盐	有机质	容 重	磷酸酶	脲 酶
-0.889a	-0.417	0.954a	-0.378	0.900a	0.850

注：a 表示在 0.05 水平上呈显著关系。

（3）根系生长

土壤的物理结构和化学性质会影响古树根系的扩展和生长。细根是树木与土壤之间进行水分和养分交换的主要部位。土壤的温度、水分及养分等因素对树木细根的生长和寿命影响显著。人为活动可能造成土壤紧实度过高，使植物根系生长受阻，养分吸收能力减弱。景区内的树体根盘常因水泥及树池覆盖等现象，严重抑制根系生长，限制植物对水和养分的吸收和利用，导致营养不足。

（4）生长速率调节

土壤条件也影响古树体内生长激素的产生。如土壤水分状况会影响赤霉素的水平，进而影响古树的生长速率和果实成熟（Tanner et al.，1998；Baker et al.，2003）。在马来西亚的一个低地混交林中，在砂壤土等资源贫乏的土壤条件下，所有树种的生长速率都显著低于资源丰富的土壤条件（Russo et al.，2005）。在牙买加山地森林中，随着土壤 pH 值的增加，古树生长速率呈现正相关增长，其中平均 pH 值范围为 3.7~5.0（Bellingham et al.，2000）。

8.3.2　土壤盐渍化对古树的影响

盐碱土是指盐类和碱类在土壤中积累过多，影响作物正常生长的土壤类型，是盐土和碱土的总称。盐土主要指含氯化物或硫酸盐较高的盐渍化土壤，其 pH 值可能不高，呈现中性或弱碱性；碱土是指含碳酸盐或重碳酸盐的土壤，pH 值较高，土壤呈碱性。

在盐渍化生境中，植物细胞过量摄取 Na^+ 和 Cl^- 以后，首先破坏细胞的离子平衡，对细胞酶活性及膜系统产生特异性效应，从而影响一系列代谢反应，如光合作用、呼吸作用、核酸代谢和激素代谢等，进而严重影响植物的生长发育，使植物生长缓慢，发育不良。

在盐碱胁迫条件下，树木会在生长、形态与解剖结构，以及生理生化特性等方面产生一定的适应性。如根具有发达的通气组织、叶肉厚、气孔下陷、栅栏组织发达、角质层厚，茎维管组织占比例小且发达、皮层厚，含黏液细胞和结晶细胞，具有泌盐结构和蜡质纹饰等结构，都是植物耐盐碱的指示特征。大量研究证实，渗透调节和离子区域化是树木耐盐的主要机理。

(1) 水分胁迫

盐分在土壤中的积累增加了土壤溶液的渗透压，使古树难以从土壤中吸收水分，导致古树经历类似于干旱条件下的水分胁迫。这种胁迫会限制古树的生长和光合作用，导致树木更加脆弱，易受到病虫害的侵袭。

(2) 营养失衡

高盐环境影响土壤中养分的可用性，尤其是干扰植物对 K、Ca 和 Mg 等重要营养元素的吸收。盐分与这些营养元素竞争吸附位点，导致营养失衡。营养失衡不仅影响古树的正常生理功能，如叶绿素的合成和能量转换，还可能导致古树生长缓慢，出现叶片发黄等症状。

(3) 生理障碍

盐分过高会直接损害古树的细胞结构，尤其是根细胞，从而影响根系的吸水能力和整体的健康状况。长期的盐渍化胁迫还可能导致细胞内酶活性受到抑制，进而影响植物的代谢过程。

(4) 氧化胁迫

盐渍化还会导致植物体内产生过量的 ROS，引起氧化胁迫。高盐引起氧化胁迫是抑制植物生长发育的重要因素，从而诱导植物衰老，而抗氧化酶类则能抑制植物衰老的发生(Smart, 1994)。在盐胁迫下，随胁迫时间延长，古侧柏幼苗叶片 H_2O_2 和 MDA 含量逐渐上升。

在整个胁迫过程中，古树抗氧化物酶(SOD、POD 和 CAT)活性逐步上升。侧柏古树为适应高盐胁迫通过提高抗氧化酶活性适应高盐环境。在活性氧代谢相关基因表达方面，随着盐胁迫时间延长，*Cu/Zn-SOD*、*CAT*、*APX* 和 *GST* 表达水平呈显著升高。端粒相关基因表达方面，盐胁迫诱导侧柏幼苗叶片端粒相关基因 *WHY1*、*Kub3* 和 *TRF1* 表达水平有不同程度地提高，而 *POT1* 表达水平则降低。

8.3.3　土壤污染对古树的影响

土壤污染通常指由于化学物质、重金属、有机污染物等积累在土壤中而导致的土壤环境恶化。这种污染不仅影响古树的生长环境，还会通过根系吸收对古树的生理机能产生负面影响。

(1) 养分吸收障碍

土壤污染物，特别是重金属和有机污染物，可能会干扰古树对必需营养元素的吸收和利用。如重金属可以与营养离子竞争土壤交换位点，降低古树对这些营养元素的吸收能力，导致古树营养缺乏。重金属会对古树各器官营养元素吸收产生显著影响，如 Cd、Pb 胁迫抑制了银杏各器官中 K、Ca、Mg 的含量，使其代谢发生紊乱，进而影响根、叶、茎生长发育(朱宇林，2006；李永杰，2010)。

(2) 损伤器官

土壤中的有毒物质可以直接损害古树的根系，影响其结构和功能。例如，重金属(如 Cd 和 Pb)积累在根系中，损害根细胞的生理活动。

重金属胁迫会对古树叶片超微结构产生不同程度的破坏。如在 Cd、Pb 胁迫下，银杏叶绿体片层肿胀，外膜消失，嗜锇颗粒数量增加，严重时叶绿体发生降解或解体；线粒体的外膜破损，呈空泡化，细胞核的核膜破坏，染色质凝聚。重金属胁迫也会使叶片出现失绿症状，随着胁迫浓度的增加，受伤害程度加深，叶片出现枯黄。

(3) 光合作用下降

重金属污染通过阻碍养分吸收、损伤叶绿体结构，或干扰植物内部的水分平衡等方式，间接影响古树的光合作用。重金属胁迫会对古树叶片的叶绿素含量表现出抑制效应(朱宇林，2006；李永杰，2010)。如在 Cd、Pb 胁迫下，银杏净光合速率、气孔导度和蒸腾速率均随着胁迫程度的增加而下降，而胞间 CO_2 浓度则表现出增加趋势。银杏最大光化学效率(Fv/Fm)、光化学猝灭参数(qP)、非化学猝灭系数(qN)均随胁迫程度的增加呈明显下降趋势，说明 Cd、Pb 导致了银杏 PSII 反应中心的关闭和破坏，热耗散能力降低。随着重金属处理浓度的增加和胁迫时间的延长，植物高生长和地径生长均受到不同程度的抑制，同时，比叶重显著下降($P<0.01$)。

(4) 生理应激反应

重金属对古树细胞及酶活性会产生影响。如 Cd、Pb 胁迫会导致银杏叶片质膜透性的增大、膜脂过氧化作用增强及根系活力的下降，随胁迫浓度的增加及胁迫时间的延长，保护酶 SOD、CAT 的活性先升后降，导致在细胞、组织、器官水平上表现出受毒害的生理生化变化。但与此同时，银杏通过对重金属的限制作用、细胞壁阻止作用、抗氧化酶等生理防卫，及积累 Ca、K、脯氨酸、蛋白质等渗透调节机制，对重金属胁迫也表现出较强的抗性(朱宇林，2006；李永杰，2010)。

8.4 古树与地形因子

地形因子如海拔、坡度、坡向等通过影响温度、气压、氧气浓度、紫外线强度和湿度等，间接地影响古树的生长和生理活动。

海拔是影响古树分布的重要因素(Liu et al.，2018；2021)，如新西兰的假山毛榉古树生长量随着海拔的升高而减少(Coomes & Allen，2007)。我国及世界范围内的古树多分布于高海拔及人迹罕至的地区，且海拔越高，分布的古树树龄往往越大(图 8-14)。这可能是由于我国海拔较高地区人为干扰更少。也有研究发现，古树树干腐烂

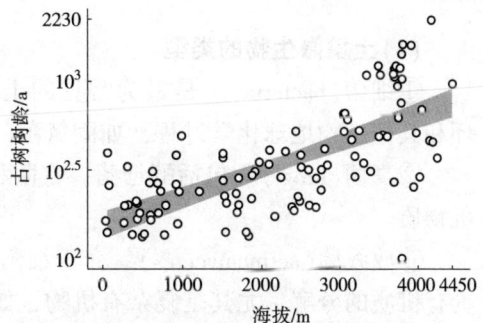

图 8-14 古树树龄与海拔的关系

(Liu et al.，2019)

及空洞比例与海拔相关，如浙江西天目山柳杉、银杏、枫香树和金钱松等古树树干腐烂及空洞占比会随海拔升高而增加(图8-15)。

坡度对土层厚度和土壤母质的堆积过程及水分状况都有影响，坡位反映了水分、养分等的生态因子梯度变化，而坡向通过光照的差异影响光、热、水分等因素，从而影响古树的生长(李程 等，2015)。在江西梅岭国家森林公园，古树集中分布于平坡、阳坡及平地，因为在阳坡的古树能有效地利用光温水汽等环境资源，有利于其生长(殷立新，2019)。浙江天目山柳杉古树腐烂程度与坡度具有显著的线性正相关(图8-16)。

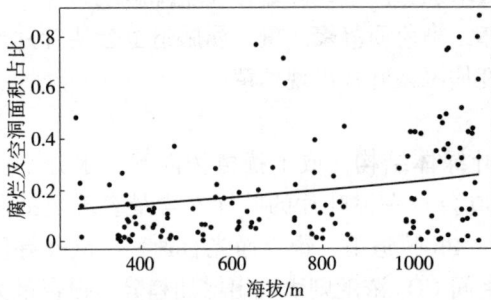

图 8-15 古树树干腐烂及空洞面积占比与
海拔的关系(张凤麟，2019)

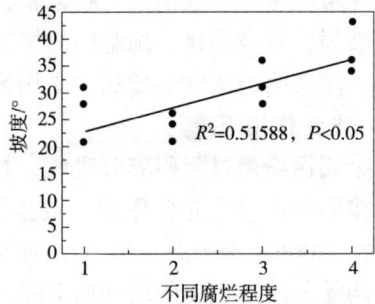

图 8-16 天目山柳杉古树腐烂程度与
坡度的关系(林毅博，2020)

地形造成的微气候变化对古树的生长有着显著影响。在山谷、坡地和平原等不同地形条件下，古树所面临的风速、日照时长、湿度等微气候因素均有所不同。山谷可能会形成冷空气汇集的区域，而山脊上的古树可能经受更强的风力侵蚀。这些微气候条件均会影响古树的物种组成、分布和生长。

8.5 古树与微生物

土壤微生物是指生活在土壤中的各种微小生物，包括细菌、真菌、放线菌、原生动物和藻类等。这些微生物在土壤生态系统中扮演着重要的角色，它们参与了有机物的分解、养分循环、土壤结构的形成，并对植物健康的维护起到关键作用。

8.5.1 土壤微生物

(1)土壤微生物的类型

①细菌(bacteria) 是最为常见的土壤微生物，种类繁多，参与有机物的分解，氮循环和其他生物地球化学过程，如固氮菌(如根瘤菌)、硝化细菌、反硝化细菌等。

②真菌(fungi) 包括酵母菌、霉菌和蘑菇等。有助于分解木质素和纤维素等复杂的有机物质。

③放线菌(actinomycetes) 介于细菌和真菌之间的微生物，通常形成菌丝体，主要负责有机质的分解，尤其是复杂有机物，如链霉菌等。

④原生动物(protozoa) 单细胞动物，捕食细菌和其他微生物，通过捕食活动调节微生物群落结构，促进有机物的分解。

⑤藻类(algae) 包括蓝藻、绿藻等，能通过光合作用，为土壤提供有机物质，并参与土壤结构的稳定化。

(2) 土壤微生物的功能

①分解有机物 土壤微生物通过分解植物残体和其他有机物，释放出养分供植物再次利用。

②参与养分循环 土壤微生物参与 N、P、S 等元素的循环，保证这些元素在土壤和植物之间的流动。

③参与土壤结构的形成 微生物的代谢产物，如多糖、黏液等，有助于土壤颗粒的团聚，改善土壤的结构和透气性。

④维护植物健康 某些土壤微生物能与植物根系形成共生关系，如根瘤菌与豆科植物、菌根真菌与多数植物，通过产生抗生素和竞争抑制有害病原体，帮助植物抵御病害。

土壤微生物是土壤生态系统中极其重要、最为活跃的部分。它们在植物残体降解、腐殖质形成、养分转化与循环、系统稳定性、抗干扰以及可持续利用中占据主导地位，控制着土壤生态系统功能的关键过程。土壤中的微生物种类繁多、数量庞大，通过其代谢活动促进土壤的形成和发育，改善土壤的理化性质，进行 N、P、K 等物质和能量的转化。因此，土壤微生物对植物生长的土壤环境影响不容忽视，土壤微生物特性间接反映土壤环境的优劣。李芳等(2013)研究表明，古侧柏的土壤微生物数量与树龄有着密切的关系，二级古侧柏立地土壤微生物数量及作用强度均高于一级古侧柏，说明土壤微生物在古树生长发育过程中起到了重要作用。

8.5.2 古树与土壤微生物的共生关系

(1) 根系与微生物的共生

①菌根真菌 古树根系与菌根真菌形成共生关系，这些真菌能够扩大根系的吸收表面积，帮助古树吸收水分和矿物质(如 P、N)。反过来，古树通过光合作用合成的有机物质(如碳水化合物)也为菌根真菌提供了营养。

②固氮菌 一些古树与固氮菌共生，将大气中的氮转化为植物可利用的形式，提升土壤的肥力。

③土壤有机质分解 古树掉落的叶子、枝条和其他有机物成为土壤微生物的食物来源。微生物分解有机物，释放出营养物质供古树和其他植物吸收利用。放线菌、细菌和真菌在有机质的分解过程中发挥重要作用，确保养分循环。

(2) 树体与微生物共生

古树上的地衣比幼年树木具有更大的孢子和更厚的菌体(Johansson et al. , 2009)，地衣种类的数量会随着树龄的增长而增加(图 8-17)，同时随着古树树枝数量的增加，地衣多样性呈增加趋势(Lie et al. , 2009)，因此，在对古树进行立地保护和群落保留的同时，也保护了附生地衣的多样性。

8.5.3 古树对土壤微生物多样性的影响

(1) 根系分泌物

古树的根系会分泌多种化学物质(如糖类、氨基酸、有机酸等)，这些分泌物为土壤微

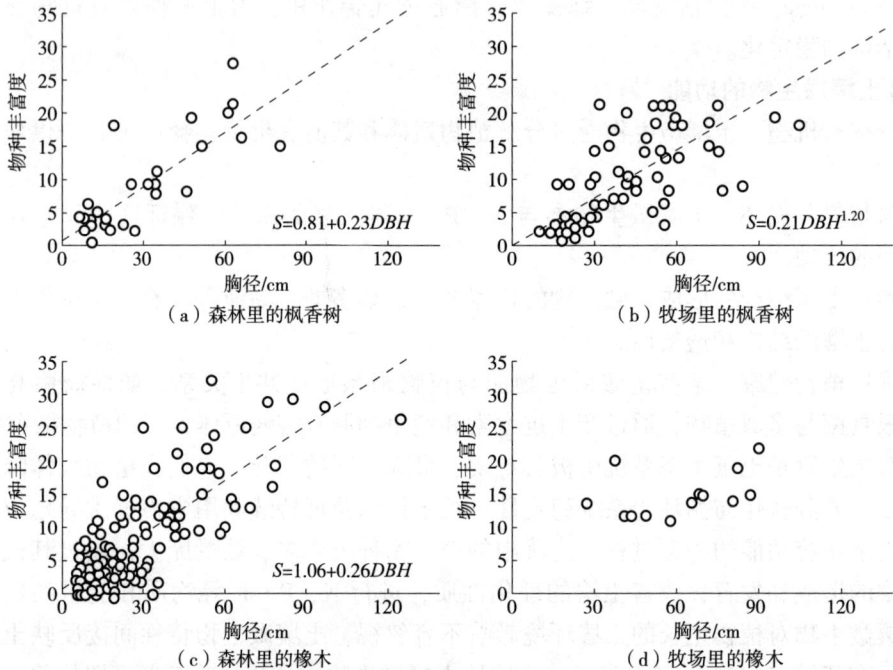

图 8-17　树木大小与附生植物物种丰富度的关系（Flores-Palacios & García-Franco，2006）

生物提供了营养，促进了特定微生物群落的繁殖和多样性。不同树种的根系分泌物组成存在差异，进而影响土壤微生物的群落结构和功能。

(2)微环境的创建

古树通过其庞大的根系和树冠影响土壤的物理和化学性质，如土壤湿度、温度和 pH值。这些变化创造了特定的微环境，有利于某些微生物的生长和繁殖，维持土壤微生物的多样性。

8.5.4　土壤微生物对古树健康的影响

(1)病原微生物的抑制

土壤中的有益微生物能够通过竞争、产生抗生素和诱导植物免疫等机制抑制病原微生物的生长，保护古树免受病害侵袭。如一些放线菌和真菌可以分泌抗生素，抑制根部病原菌的生长。

(2)促进养分吸收

微生物通过分解有机物质和矿物质，促进养分的释放和根系的吸收，有利于古树的健康生长。菌根真菌能够帮助古树更高效地吸收土壤中 Ca、Mg、Fe、Mn、Zn、N、P、K 等多种营养元素。如通过对白皮松、大别山五针松（*Pinus dabeshanensis*）、雪松（*Cedrus deodara*）和圆柏等古树施加美味牛肝菌，可以有效中和或降低土壤碱性。此外，该措施还能够提高土壤有效磷和有机质含量，进而提高古树根系活力，促进古树生长（宋路有，2016）。

综上所述，了解古树与土壤微生物的关系对古树保护和森林管理具有重要意义。通过研究微生物群落结构及其功能，可以开发出有效的生物技术手段，提升古树的健康和抗逆能力，如利用菌根真菌和有益细菌制剂，改善古树生长环境，提高其抵御环境胁迫的能力。保护古树周围的土壤环境，维持其土壤微生物的多样性和功能，是确保古树长寿和森林生态系统稳定的重要措施。

8.5.5　古树致病性微生物

古树因其树龄、体积和生长状况，常遭受可能来自真菌、细菌、病毒、线虫等的病害威胁。了解古树病害的类型、传播途径及防治措施，是保护古树和维持生态平衡的重要方面。我国古树发生比较严重的病害有很多，如松材线虫病、松干锈病、松针病害、叶部病害和木腐病等，其中，松材线虫病被称为松树的"癌症"，一旦感染，几乎无法挽救。自1982 年在南京紫金山首次发现松材线虫病以来，目前已传播扩散到我国南方十多个省份，威胁着南方松林古树的安全，是我国最具危险性和严重性的林木病虫害之一。

8.5.5.1　古树主要病害

古树主要病害包括真菌性病害、细菌性病害、病毒性病害和线虫病害。

(1) 真菌性病害

古树的真菌性病害包括腐烂病、霉菌病和腐皮病。腐烂病主要为真菌引起的木质部腐烂，导致树干、树枝变得脆弱，容易折断。常见的致病真菌包括红色腐朽菌(*Serpula lacrymans*)和根腐病菌(*Armillaria* spp.)。在福建福州采集的 74 个古树腐朽菌样品中，约有 13% 含有木腐菌，鉴定出 43 种，大部分属于灵芝科(Ganodermataceae)、锈革菌科(Hymenochaete)和多孔菌科(Polyporaceae)，包括一些常见属，如嗜蓝孢孔菌属(*Fomitiporia*)、灵芝属(*Ganoderma*)、纤孔菌属(*Inonotus*)、硬孔菌属(*Rigidoporus*)和栓菌属(*Basidiomycetes*)(李央央，2014)。霉菌病主要为霉菌侵染树叶、树皮，引起叶片黄化、脱落。腐皮病为由真菌引起的树皮腐烂。

(2) 细菌性病害

细菌性病害主要包括根癌病和溃疡病。根癌病主要由农杆菌(*Agrobacterium tumefaciens*)引起，造成根部和茎部肿瘤。溃疡病则主要是由细菌引起的树皮和木质部溃疡，如果树溃疡病(*Pseudomonas syringae*)。

细菌性症状包括溃疡和痂疮、冠部腐烂、软腐等。溃疡和痂疮主要表现为树干和枝条上形成水浸样溃疡或痂疮，常伴有黏液或胶状物质的排出，如柑橘溃疡病和梨火疮病；冠部腐烂主要表现为细菌感染导致根颈部组织腐烂，影响整株树的营养和水分吸收，进而引发整个树冠的枯死。软腐主要为由某些细菌引起的软腐病，会使植物组织变软并迅速分解，尤其在潮湿环境中容易发生。

(3) 病毒性病害

病毒性病害主要包括花叶病和短缩病。花叶病主要通过病毒感染导致叶片出现斑驳或花叶，如烟草花叶病毒。短缩病主要为病毒引起的树木矮小、生长受阻，如苹果短缩病毒。病毒性症状主要为叶片黄化和花叶以及畸形生长，从而影响整株健康。

(4) 线虫病害

线虫病害是由原生动物线虫引起一种严重的毁灭性病害。如松材线虫病(*Bursaphelenchus xylophilus*)，又称松枯萎病，是通过松墨天牛(*Monochamus alternatus*)等媒介昆虫入侵松树，感染松树后，导致针叶黄褐色或红褐色，萎蔫下垂，树脂分泌停止，最终造成整株干枯死亡。

8.5.5.2 病害对古树的主要影响

病害是古树健康和生存的主要威胁之一。病害可以通过多种方式影响古树，从根部到枝叶，都可能成为病原体的攻击目标。

(1) 树体结构损伤

病害会导致古树的结构组件（如枝干和树皮）受到损伤。如根癌病和溃疡病会导致树干上出现开裂和腐烂的伤口，并可能会进一步成为病虫害入侵的通道，造成树干内部出现腐烂及空洞，且随树龄增长有增大趋势。陕西古槐树的成型空洞和边材腐烂的比例随着树龄和胸径的增长而呈现上升趋势（严斌，2021）。浙江天目山柳杉古树受瘿瘤病侵害程度要重于幼年、成年和壮年期树木，树干内出现腐烂和空洞的比例也不断增加（图8-18）。

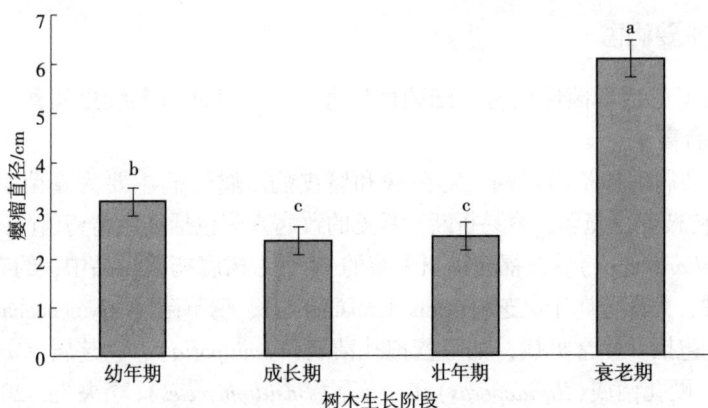

图8-18　浙江天目山柳杉古树瘿瘤直径与胸径的关系（黄一名，2014）

(2) 生长受阻

病害往往会导致古树生长速率下降，甚至停止生长。病原体侵入古树的组织，损害其养分和水分的输送系统，从而限制树木的生长能力，导致树木畸形等。

(3) 生理障碍

叶部病害导致叶片的光合组织受到破坏，降低叶绿素含量，减少叶片的总面积，从而降低光合作用的效率，不仅减少了古树的能量吸收，还影响整株的营养状态。

(4) 抵抗力下降

古树一旦受到病害的侵扰，其自身的抵抗力会下降，会更容易受到病害或害虫的攻击。特别是当病害影响到古树的主要生命维持系统时，如大面积的树皮受损或整个导管系统被堵塞，会导致古树严重衰弱，甚至死亡。

8.5.6　研究方法

(1) 显微观察法

利用光学显微镜、电子显微镜等观察微生物的形态、结构等特征，可以观察到微生物的大小、形状、细胞构造等。

(2) 培养法

将微生物在人工培养基上培养，观察其生长特性，包括分离培养、纯化培养等，用于微生物鉴定和分类。

（3）生理生化测定法

通过检测微生物的各种生理活性和生化特性来鉴定分类，如测定微生物的营养要求、代谢产物、酶活性等。

（4）分子生物学方法

利用核酸序列分析技术对微生物进行分类鉴定，常用 DNA–DNA 杂交、16S rRNA 基因测序等方法。16S rDNA 位于原核细胞核糖体小亚基上，包括 10 个保守区域和 9 个高变区域，保守区在细菌间差异不大，属或者种间的差异主要体现在高变区，能够体现细菌间的亲缘关系。因此，16S rDNA 代表细菌菌种的特征核酸序列，用作细菌分类鉴定和系统发育的指标。ITS（internal transcribed spacer）是核糖体 DNA 中介于 18S 和 5.8S 之间（*ITS1*）以及 5.8S 和 26S 之间（*ITS2*）的非编码转录间隔区，在不同物种间存在丰富变异，核苷酸序列变化大，可提供详尽的遗传学信息。*ITS* 常用作真菌物种的分子鉴定，以及属内物种间或种内差异较明显的菌群间的系统发育关系分析。

（5）生态调查法

通过对微生物在自然环境中的存在状况、数量、分布等进行调查，以了解微生物在生态系统中的作用和相互关系。

（6）生物信息学分析

利用计算机技术对微生物的基因组、代谢途径等进行分析，为微生物的分类、功能挖掘等提供辅助手段。

（7）高通量测序技术

宏基因组测序等高通量测序技术，可以直接获取环境样品中微生物的遗传信息，成为解析复杂环境中微生物群落物种组成和相对丰度的首选手段，为微生物的研究提供新方法。该技术不仅为研究者研究微生物群落结构的变化提供了可靠的手段，而且对深入认识土壤微生物与植物的相互作用，维护植物的健康生长和提高植物的抗逆性具有重要意义。

8.6　古树与动物

古树与有些动物是互利关系，有些则对古树有害（如虫害），土壤动物对古树大多有益。古树与动物之间的关系是指所有与古树有关的动物（包括昆虫等）及其产生的影响。一方面，动物会影响古树，如一些植食性昆虫和动物取食古树，对古树的生长造成危害，但也有一些昆虫和动物可以帮助古树传播花粉和种子；另一方面，古树是许多动物的栖息地，会影响动物的时空分布和丰度，进而影响整个生物群落的结构（Martin et al.，2004；Stahlheber et al.，2015）。如许多兽类和虫鸟以树根、树皮、树叶及花果为食，中空的树干和老化的树皮也是腐解性昆虫和洞穴动物的重要栖息地（Butler，2014；Falk，2014；Müller et al.，2014）。澳大利亚东南部大陆的王桉（*Eucalyptus regnans*）种群数量的迅速下降，依赖该树种栖息的鱼鼠逐渐濒危（Lindenmaycr et al.，2012）。意大利罗马市内的大型古树被砍伐，使受保护的腐解性昆虫种群处于危险之中（Carpaneto et al.，2010）。

8.6.1　有益动物

(1) 授粉者

对于虫媒传粉的树种而言，访花昆虫或其他动物，帮助古树传播花粉，扩大基因流、增加远缘杂交概率。昆虫(如蜜蜂、蝴蝶、甲虫)和鸟类(如蜂鸟)是古树常见的授粉者，帮助古树进行繁殖。

(2) 种子传播者

鸟类和哺乳动物(如松鼠、猴子)经常食用古树的果实，古树的种子经过其消化系统后在其他地方排出，在新的地点发芽生长，有利于古树自然更新。

(3) 害虫的天敌

捕食性昆虫(如瓢虫、蜘蛛)和鸟类(如啄木鸟、山雀)通过捕食害虫(如蚜虫、毛虫等)来帮助古树控制害虫的数量。如在北京市西山侧柏古树林观测到65种鸟类中，90%以上都可以捕食害虫(范宗骥 等，2013；董大颖 等，2013)。

8.6.2　有害动物

古树的有害动物主要包括害虫和大型有害动物。危害古树的害虫包括昆虫和螨类等，种类多、分布广、繁殖快、数量大，除直接造成树木的严重损失外，还是传播植物病害的媒介。

(1) 害虫

很多昆虫如蚜虫、叶螨、白蚁、树皮甲虫等侵害古树，它们通过吸食叶汁、侵入树皮造成树干伤口或在木质部挖洞不仅直接损害古树的健康，而且还可能为病原微生物的入侵开辟通道。危害古树的昆虫大多属于有翅亚纲的直翅目(口器咀嚼式)、等翅目(通称白蚁)、半翅目(通称蝽)、同翅目、缨翅目(通称蓟马)、鞘翅目(通称甲虫)、鳞翅目(通称蛾或蝶)、双翅目和膜翅目(多数通称蜂类)9类。危害植物的螨类，主要属于蜱螨目的叶螨科、走螨科、叶瘿螨科。如果按照侵害部位分类，害虫可分为叶部害虫和驻干害虫。

叶部害虫又分刺吸式害虫和食叶害虫两类。刺吸式害虫主要包括蚜虫类、木虱类、网蝽类和蝉类等，个体小，但数量庞大，常成群聚集在嫩枝、叶、芽、花蕾、果上，汲取植物汁液，导致枝叶及花卷曲，甚至整株枯萎或死亡，并且本身是病毒病的传播媒介。食叶害虫以幼虫形态取食叶片，常咬成缺口或仅留叶脉，少数潜入叶内取食叶肉组织，或在叶面形成虫瘿，并且某些种类常呈周期性暴发，如栎粉舟蛾。蛀干害虫俗称钻心虫，是树木的"心腹之患"，钻蛀枝条和茎干内，造成孔洞或隧道，引起植物的叶片枯萎、黄化等症状，严重时造成整株树木死亡。常见的蛀干害虫有天牛类、小蠹类、吉丁虫类和象甲类等(图8-19)。

(2) 啮齿动物

松鼠、鼠类和兔子等啮齿类动物可能会啃食古树的树皮，危害古树，特别是在冬季食物稀缺时发生较多。树皮的严重损伤会影响营养物质的传输，导致古树枝叶枯萎甚至整株死亡。

(3) 大型动物

一些大型动物也会对古树产生有害影响。如在野外森林，鹿类(如梅花鹿、白尾鹿)、

图 8-19　天牛危害下的古树（叶广荣　摄）

野猪等会啃食古树的树皮、枝叶等。在牧区，饲养的牲畜也会对古树造成危害。在澳大利亚，由于家畜的密集放牧，50~100 年内失去了数千万株古树。在北美洲、南美洲和欧洲南部的集中放牧地区，也有类似问题出现（Gibbons et al.，2008）。

（4）鸟类

一些鸟类也会对古树造成损害。如啄木鸟在古树上啄食寻找昆虫时，会在树干上留下许多洞口，这些洞口可能会成为其他病虫的入侵通道。

8.7　古树与植物

8.7.1　寄生性植物

大多数植物是自养生物，但也有少数植物失去了自养能力，需要从其他植物获取营养物质而营寄生生活，称为寄生性植物（parasitic plants）。寄生性植物大多数属于高等植物中的双子叶植物，能够开花结籽，又称寄生性种子植物。根据寄生植物对寄主的依赖程度和获取寄主营养成分的不同，可将其分为全寄生和半寄生两种类型。

①全寄生植物（holoparasitic plant）　是指从寄主植物获取它自身生活需要的所有营养物质（包括水分、无机盐和有机物质）的寄生性植物，如菟丝子、列当等。这些植物叶片退化，叶绿素消失，根系褪变为吸根，其中的导管和筛管与寄主植物的导管和筛管相连，不断吸取各种营养物质。

②半寄生植物（hemiparasite）　是指寄生植物的茎、叶内含有叶绿素，自身能够进行一定的光合作用，但根系退化，吸根的导管与寄主维管束相连，主要从寄主体内吸取水分和无机营养元素，以供其生长。如桑寄生和槲寄生，它们叶片退化成茎叶，呈绿色，含有叶绿素，根系为吸根，茎、叶可进行光合作用提供部分营养。

寄生性植物对寄主植物的致病作用主要表现为对营养物质的争夺。一般来说，全寄生植物比半寄生植物的致病能力强。如菟丝子和列当主要寄生在一年生草本植物上，可引起寄主植物黄化和生长衰弱，严重时造成大片死亡，对产量影响极大；而半寄生植物（如槲寄生和桑寄生等）则主要寄生在多年生的木本植物上，寄生初期对寄主生长无明显影响，当寄生植物群体较大时会造成寄主生长不良和早衰，虽有时也会造成寄主死亡，但与全寄生植物相比，发病速度较慢。除了争夺营养外，有些寄生性植物(如菟丝子)还能起桥梁作用，将病毒从病株传导到健康植株上。一些寄生性藻类可引起园艺植物的藻斑病或红锈病，除影响树势外，还能影响果品的商品价值。根据寄生性植物在寄主植物上的寄生部位，又可将其分为根寄生(如列当和独脚金)和茎寄生(如菟丝子和槲寄生)等。

寄生植物有 3000 多个种，分布于 17 个科，主要包括：樟科(Lauracene)、檀香科(Santalaceae)、桑寄生科(Loranthaceae)、蛇菰科(Balanophoraceae)、羽毛果科(Misodendraceae)、房底珠科(Bremolepidaceae)、菌花科(Hydnoraceae)、帽蕊草科(Mitrastemonaceae)、大花草科(Rafflesiaceae)、旋花科(Convolvulaceae)、玄参科(Serophulariaceae)和列当科(Orobanchaceae)等。

8.7.2 寄居植物

寄居植物(外来物种)与被寄居的古树(宿主)之间的相互关系可表现为偏利共生、互利共生和寄生等形式。前两种属于正相互作用，后一种是负相互作用。古树上附生的维管植物与古树之间的关系大多属于偏利共生，附生植物仅利用古树为其拓展生长空间，并借此更有效地利用各种环境资源，对古树一般不会造成严重的不良影响。然而，当附生植物的数量过多(尤其是硬叶兰、万代兰等附生兰花的种群数量较大)时，会加重宿主的载荷，容易造成其枝条折损，对古树造成不利影响。此外，雅榕(*Ficus concinna*)等气生根特别发达的桑科榕属植物附生到古树上时，容易造成绞杀现象，对古树生长不利。

8.7.3 古树寄生植物

寄生植物的分布与古树的树龄、树种及生境有一定的关系，其繁殖体主要通过风媒或鸟媒等途径传播，并且对生活环境有良好的适应性。云南腾冲红花油茶古树的寄生植物主要有 3 种，即地衣、苔藓和桑寄生(谢胤，2012)；喀斯特地区报道 68 种寄居植物，包括4 种寄生植物和 64 种附生植物，属于 40 个科和 59 个属(覃勇荣 等，2008)。根据化感作用等选择古树混植植物、地被植物，对于健康维持、古树保护等具有重要实践价值。

(1)竞争

古树通常具有庞大的体积和广阔的树冠，这可能会影响附近植物的养分和水分供应，尤其在资源有限的环境中更为明显。吴伟尧(2013)报道，广西玉林市现存古树 944 株，隶属 28 科 46 属 49 种，其中一级(500 年以上)3 株；二级(300~499 年)32 株；三级(100~299 年)909 株，其中 65% 的古树都曾不同程度地受到寄生茶、寄生树的危害。

寄生植物以草本植物种类居多，其中蕨类(fern)、兰科(Orchidaceae)植物的种群数量较大。苏驰等(2012)报道，一种高价值寄生植物螃蟹脚，是桑寄生科、槲寄生属(*Viscum*)的多年生草本植物，扁枝槲寄生，形状像小珊瑚，因其枝条为节状带毫，被当地人称为"螃蟹脚"，常发现寄生在云南高原某些特定的原始森林边缘且树龄较高的乔木古茶树上。严朝东等(2021)报道，细叶榕、木棉(*Bombax ceiba*)、樟树等 18 种、142 株古树受到植物寄生。

(2)共生

许多古树与地下菌类(如真菌)形成共生关系，菌类可以帮助树木更有效地吸收土壤中的养分；相反地，菌类能够获得由树木光合作用产生的碳源。固氮植物(如豆科植物)能够将大气中的氮气转化为土壤中的氮化合物，提高土壤肥力，间接促进古树的生长。

（3）互利

古树通过其庞大的树冠影响周围环境的微气候，如降低地表温度、增加空气湿度等，通常能够支持多种植物物种的生存，这种多样性的植物群落有助于维持整个生态系统的健康和稳定。覃勇荣等（2008）报道，桂西北岩溶地区古树寄居植物共有 40 科 59 属 68 种，其中附生植物 64 种。

8.8 古树与人为因子

人为因子是指对古树及其生态系统产生直接或间接影响的各种人类活动的总称。受人为采伐（Linder & Östlund，1998）、薪柴收集（Driscoll et al.，2000）、农业集约化（Maron & Fitzsimons，2007）等因素影响，古树通常作为砍伐或移除的目标（Linder & Östlund，1998）。在许多非森林生态系统中，如草原、沙漠、受严重干扰的农业和城市环境，古树以小群分散的树木（Manning et al.，2006）或单个孤立的树木存在（Carpaneto et al.，2010；Moga et al.，2016）。

（1）直接破坏

人类活动如采伐、开发、施工等，会直接导致古树的毁坏和生物量的损失。另外，栖息地丧失、破碎化和长期的放牧也会导致许多古树种群数量下降（Laurance et al.，2000；Lindenmayer et al.，2012；Bennett et al.，2015）。例如，在瑞典中部地区，由于密集的砍伐，胸径为 45cm 的大树已经从 19 株/hm^2 降至 1 株/hm^2（Jönsson et al.，2009）。20 世纪 60~90 年代，澳大利亚新南威尔士州部分农业景观的大型古树数量下降了 20%（Ozolins et al.，2001）。在 20 世纪 60 年代，生物量高的大型古树是木材的主要来源，导致各地大量古树被砍伐（Wang & Delang，2011）。在我国东北地区，超过一半的古树在 1896—1948 年被砍伐（Yu et al.，2011）。

（2）城市化影响

城市建设活动如道路铺设、建筑施工等会破坏古树的根系，影响其稳定性和吸收水分及养分的能力。建筑物的遮挡会减少古树接受的光照，影响光合作用。此外，城市空气污染（如尘埃、有害气体等）会损害古树的叶片功能，降低光合效率。房屋道路的修建会破坏古树原有生境（谢兴刚 等，2015）。调查发现，甘肃省天水市秦州区城市建设、道路拓展和土地利用等影响了当地 26.9% 的古树生长（廖永峰 等，2020）。土地利用变化也会影响古树群落的生物量增加、碳储量和生态系统服务功能（Kauppi et al.，2015）（表 8-5）。古树树干周围用水泥砖或其他材料铺装会影响其地下与地上部分气体交换及根系的活动（姜秀婉，2020）。

表 8-5 102 个县市地区古树受威胁因素（董锦熠 等，2021）

	自然灾害	城市化进程	土地利用程度	病虫害	乱砍偷盗
地区数量/株	68	47	52	83	58
百分比/%	66.7	46.1	51.0	81.4	56.9

(3)游憩干扰和管理不善

一些旅游观光活动也会对古树产生不利影响。如游人踩踏、盗伐等干扰会损害古树的生长环境。一些古树修剪、施肥等管理不当，也可能加速古树的衰老和死亡。种植、浇水和病虫害管理等可以有效改善古树生长环境，使其在特定区域能长期生存（Hartel et al.，2018）。例如，在历史遗迹、寺庙和神社附近的古老林地中，大量的古树被有意保护起来（Chen，2010；Frascaroli et al.，2016；Zhang et al.，2017）。

研究发现，古树群的密度与人口密度存在一定的负相关关系。有以下几方面原因：

①人类土地利用方式对大型古树群产生显著的负面影响　如清理土地（砍伐森林）、建立人类基础设施（如道路和房屋）（Forman，2014）、择伐和皆伐（Lindenmayer et al.，2016；Schiermeier，2016）、农业和放牧。

②社会和制度的不稳定也会威胁到古树群的数量。

(4)生境破碎化

人类建设活动破坏了古树的生存环境，造成生境片段化。这种生境破碎化，降低了古树的更新能力和生存质量。但在森林生态系统中，古树群数量却正在增加，如芬兰的北方和半北方生态系统、美国东部和西部的森林生态系统（Kauppi et al.，2015），以及非洲和南美洲的一些热带生态系统（Fashing et al.，2004；Lewis et al.，2009）。主要原因是土地利用的变化，特别是砍伐减少、农业土地废弃和火灾发生率下降，从而驱动一些古树群数量的增加（Kauppi et al.，2015）。

(5)污染破坏

工业、农业、生活等人为活动排放的污染物，会对古树造成危害。如酸雨、重金属、农药等严重影响了古树的健康。在热带森林地区，由于人为干扰较少，大气中 CO_2 浓度增加，森林生长速率上升，从而使该区域内保留了大量古树（Mackey et al.，2012）。

(6)古树保护

古树不仅为人类提供食物，而且具有重要的文化和生态价值。人们经常为了水果、可食用花卉和药物等有形利益而保护古树（Hartel et al.，2018），也因为其独特的文化和景观价值而保护古树。同时，古树也因具有重要的生态价值而受到保护（Lindenmayer & Laurance，2017），如维持生态系统的稳定，以及作为牲畜的庇荫地（Hartel et al.，2017）和动物的栖息地（Van der Hoek et al.，2017）等。

小　结

环境的基本要素包括温度、湿度、光、降水、风、雷电和土壤理化性质和土壤污染等非生物因子，以及地上和地下微生物、动物和植物等生物因子。非生物因子与古树之间的关系主要体现在它们对古树生长、发育、繁殖和分布的直接或间接影响。古树与生物因子之间的关系主要表现为古树与其生存环境中植物、动物、微生物之间的相互作用，包括竞争、共生、寄生、附生等。通过古树与环境的研究可以为古树营造更好的生存环境提供依据。

思考题

1. 古树生长过程中受哪些环境因素的影响？
2. 土壤的理化性质如何影响古树的生长发育？
3. 环境胁迫如何影响古树的生长发育？
4. 有利于古树生长和健康的微生物有哪些？为什么？
5. 古树病害有哪些典型症状？
6. 危害古树的主要害虫有哪些？试举例说明危害症状。

推荐阅读书目

土壤学. 林大仪，谢英荷. 中国林业出版社，2011.

园林树木栽培学(第 2 版). 吴泽民，何小弟. 中国农业出版社，2012.

植物生理生态学. 蒋高明. 高等教育出版社，2004.

植物生态学(第 2 版). 姜汉侨，段昌群，杨树华等. 高等教育出版社，2010.

森林生态学(第 2 版). 李景文. 中国林业出版社，1999.

森林生态学. 李俊清. 高等教育出版社，2008.

植物病原微生物学(第 2 版). 张国珍. 中国农业大学出版社，2021.

第 *9* 章

古树群

本章提要

本章概述了生态学中种群与群落的概念及主要特征，介绍了古树群的基本概念与特征，以及古树群内的种间关系及其动态变化。重点介绍了环境变化下各类干扰因子对古树群的影响，为古树群保护和可持续发展提供了科学参考。

在森林、丛林、稀树草原以及村庄和城市中，古树是重要的生态组成成分（Lindenmayer et al.，2014）。古树群（community of ancient trees）是指一定区域范围内由一个或多个树种组成，相对集中生长于特定生境的古树群体。古树群内的每个个体之间存在不同的相互联系，都是其他个体生存环境的一部分。组成古树群的古树种类可以是乔木、灌木和藤本，不同类型的古树群在生态和保护价值上存在差异。古树群的保护则需要兼顾整个生态系统的健康和稳定。

全球气候变化、土地利用与覆盖改变、森林丧失与退化、生境破碎化、生物入侵及人为干扰加剧，不仅导致全球古树数量的急剧减少，还严重影响了古树群结构的完整性和生态系统功能的发挥。深入理解古树群的概念、主要特征及其变化趋势，对揭示古树群的形成过程及其与环境关系、评估环境变化对古树群的影响，并制定有效的保护措施具有重要作用。

9.1　种群和群落

9.1.1　种群概念和特征

（1）种群概念

生态学中的种群（population）是指在同一时期内占有一定空间的同种生物个体的集合（孙儒泳，2002）。不同的物种会形成独立的种群，以樟树种群为例，同一地点所有樟树构成一个种群，而其他树种则各自形成独立的种群。虽然一个种群中的生物会随着时间消亡，但新个体的加入可以维持种群的延续性。在一个更大的区域内，一个物种可形成多个种群，如果这些种群之间存在基因交流，可以称为集合种群(metapopulation)。当不同种群之间存在明显的地理隔离或者位于不同的生境岛，这些种群有可能会分化为不同的亚种，甚至形成新的物种。因此，种群是物种存在的基本单位、繁殖单位和进化单位，也是古树群保护和研究的核心单元。

(2)种群特征

林木种群特征涵盖了种群的组成、结构、分布、生长状况以及与环境的相互关系等。这些特征反映了林木种群对生境的适应性、生存策略和进化过程，主要包括以下几个方面：

①种群密度　是指种群在单位面积或体积内的个体数量，反映了资源利用强度，种群密度的高低会影响种群内部的竞争关系。

②树龄结构　是指种群中不同生长发育阶段的个体比例分布，如幼苗、成熟个体、老龄个体等所占比例，反映了种群的年龄组成和未来发展潜力。

③生长特性　是指种群中个体的平均生长速率、最终体型大小等特点，受资源、环境条件等因素的影响，直接影响种群的适应能力和生物量积累。

④更新机制　是指种群通过种子、营养器官等方式实现自我更新，决定了种群的延续和扩展潜力。

⑤遗传多样性　是指种群内部个体间在基因型和表型上的多样性水平，反映了种群的适应能力和进化潜力，是维持种群长期生存的基础。

⑥群落关系　是指种群与其他共生物种的互作关系，如竞争、共生等，维系了种群在群落中的生态地位。

9.1.2　群落概念和主要特征

(1)群落概念

在相同的时间聚集在同一地段上的各物种种群的集合，形成生物群落(biotic community)，简称群落(community)，包括植物群落、动物群落和微生物群落等不同类型。在每个群落中，各种群之间及其与环境之间彼此相互影响和作用，具有一定的形态结构和营养结构。

(2)群落特征

群落的主要特征之一是物种的多样性，涵盖了动植物及微生物等多个类群。植物群落内的物种并非随意聚集，而是经过自然选择和物种间的相互竞争，在一定区域内物种库中筛选出适应当地环境的种群，逐渐形成特定的局部生态群落。这要求群落中的物种需要适应周围的生物和非生物环境，并在群落内部建立起一种和谐的关系。群落中物种个体间可能出现争夺资源的竞争(如争夺阳光、水分、营养等)，或者彼此间的互助(如通过遮阴为喜阴植物提供合适的光照条件和土壤湿度，或是通过菌根网络交换不同的矿物质)，这些相互作用共同构成了群落的和谐关系。

植物群落中的生物不仅能够适应其生存环境，而且对环境具有巨大的影响作用。如群落内部的温度、湿度、光照、土壤养分等都不同于群落外部，而且这种差异随着距离群落边缘的增加更为明显。群落的结构和功能受到许多内在和外在因素的影响，包括物种的多样性、物种之间的相互作用、环境条件，以及时间的变化等。群落的主要特征如下：

①种类组成　群落由多种不同的植物物种组成，呈现一定的物种多样性，优势种、建

群种、伴生种等组成了群落的基本结构。

②生活型谱　群落中包含了各种生活型(如乔木、灌木、草本植物等)的植物，生活型的搭配和分层构成了群落的垂直结构特征。

③生物量分配　不同植物在群落中积累的生物量存在差异，通常乔木层的生物量占主导，草本层居其次。

④优势度变化　群落中各物种的相对多度和相互覆盖度会随环境变化而动态调整，一些物种可能随环境改变而逐渐成为优势种。

⑤物种关系　群落中的植物物种会表现出不同程度的相互作用，如竞争、共生等，这些种间关系塑造了群落的内部结构和功能。

⑥群落演替　在一定时间尺度内，群落会经历由简单到复杂的演替过程，演替过程反映了植物群落对环境的长期适应与变迁。

9.2　古树群

从定义上可以看出，古树群既包括由一个树种组成的种群，也包括多个树种组成的群落。一般认为，古树群至少应包括数十株古树，并且这些古树之间应有一定的生态联系。古树群不仅是生态系统的重要组成部分，还具有调节小气候、固碳释氧、维持群落稳定、为动物提供栖息地等生态服务功能，且由于古树树体庞大，古树群与一般树木种群和群落相比，其作用更为显著。古树群中多个树种间关系复杂，单株古树间也存在密切关系，但是环境条件或者优势种的不同导致不同树种之间的关系存在差异，不同古树之间通常通过地下根系、共生真菌等形成紧密联系的生态网络，通过资源互利等方式共同维持个体生长。但是相对于自然群落而言，一般情况下古树群的结构相对简单，近年来的气候变化和人为干扰加剧，导致部分古树面临退化或消失的风险。

9.2.1　古树群特征

(1) 树龄结构

古树群的显著特征是其成员具有较长的生命周期和显著的树龄跨度。树龄结构可以反映古树群的生长状态和稳定性。谢春平等(2022)研究发现，福建连城南方红豆杉古树群随着径级增大，存活数逐渐减少，死亡率有所波动(表9-1)。个体生命期望值能反映生命力和生存能力，随着径级增大，古树群的生命期望值也存在一定变化规律，在达到中等径级后开始下降，古树群活力也有相似的趋势。

表 9-1　福建连城南方红豆杉古树种群静态生命表(谢春平 等，2022)

地　点	龄　级	ax	lx	lnlx	dx	qx	Lx	Tx	ex	Kx
赖源乡 郭地村	Ⅰ	0	0	—	−1000	—	500	4000	—	—
	Ⅱ	3	1000	6.91	667	0.67	667	4000	4	1.1
	Ⅲ	1	333	5.81	−333	−1	500	3000	9	−0.69
	Ⅳ	2	667	6.5	333	0.5	500	2667	4	0.69

（续）

地 点	龄 级	*ax*	*lx*	*lnlx*	*dx*	*qx*	*Lx*	*Tx*	*ex*	*Kx*
赖源乡 郭地村	V	1	333	5.81	333	1	167	2000	6	5.81
	VI	0	0	—	−333	—	167	1667	—	−5.81
	VII	1	333	5.81	−333	−1	500	1667	5	−0.69
	VIII	2	667	6.5	333	0.5	500	1333	2	0.69
	IX	1	333	5.81	0	0	333	667	2	0
	X	1	333	5.81	—	—	167	333	1	—
曲溪乡 白石村	I	2	500	6.21	−500	−1	750	5500	11	−0.69
	II	4	1000	6.91	250	0.25	875	5000	5	0.29
	III	3	750	6.62	0	0	750	4000	5.33	0
	IV	3	750	6.62	0	0	750	3250	4.33	0
	V	3	750	6.62	250	0.33	625	2500	3.33	0.41
	VI	2	500	6.21	250	0.5	375	1725	3.5	0.69
	VII	1	250	5.52	0	0	250	1250	5	0
	VIII	1	250	5.52	0	0	250	1000	4	0
	IX	1	250	5.52	−250	−1	375	750	3	−0.69
	X	2	500	6.21	—	—	250	500	1	—

另外，由于古树群中的个体具有较高的树龄，更新不足则易呈现老龄化状态。如广东省古树群树龄分布呈金字塔形，古树群数量随着树龄的增加而逐渐减少，树高和胸径的结构特征均为正态分布（表9-2）。

表9-2 古树群生态学特征与立地条件的 Pearson 相关性分析（李涛 等，2022）

指 标	树 龄	树 高	胸 径	土层厚度	海 拔	坡 度
树 龄	1	0.130**	0.309**	0.017	0.028	0.077*
树 高	0.130**	1	0.084*	0.175**	0.082*	0.186**
胸 径	0.309**	0.084*	1	0.066	0.05	−0.029
海 拔	0.028	0.082*	0.05	−0.048	1	0.04
土层厚度	0.017	0.175**	0.066	1	−0.048	0.056
坡 度	0.077*	0.186**	−0.029	0.056	0.04	1

注：* 表示在 0.05 水平上相关显著（$P<0.05$），** 表示在 0.01 水平上相关显著（$P<0.01$）。

（2）空间分布

古树群在空间上的分布可能是随机聚集的，其分布模式受到生境条件、历史因素和人为干预等多种因素的影响。一些古树群因受到保护而集中在特定的位置，如寺庙、古战场或历史遗址周围。根据全国第二次古树名木资源普查广东省报告的数据，广东省共有古树群826处，其中粤北和粤东地区有417处，占比达50.48%。

(3)密度

古树群的密度通常较低，这反映了它们对生境资源的高度依赖。由于古树的生长需要大量的空间和资源，如果密度过大可能会导致资源竞争，影响古树的健康和生长。

(4)遗传多样性

尽管古树种群在数量上相对不多，但它们在长时间的生命周期中可能积累了丰富的遗传变异，显著提高了物种的适应性和生态系统的稳定性。从湖北省采集 259 个银杏古树样本，利用 ISSR 分子标记技术分析其遗传多样性结果显示，多态性带百分率(PPB)为 95.00%。在物种水平，Nei's 基因多样性(He)为 0.2591，Shannon's 多态性信息指数 Ho 为 0.3971，这说明银杏在物种水平上具有较高的遗传多样性(表 9-3)。

表 9-3　湖北 6 个县市银杏群体的遗传多样性分析(郭新安，2006)

群体	样本数	PPB/%	Ao	AE	He	Ho
随　州	121	85.83	1.8583	1.3997	0.2403	0.3694
标准差			0.3502	0.3545	0.3545	0.2504
安　陆	62	78.33	1.7833	1.3479	0.2127	0.3297
标准差			0.4137	0.3438	0.1823	0.2552
巴　东	39	63.33	1.6333	1.3131	0.1877	0.2868
标准差			0.4839	0.355	0.1919	0.2735
麻　城	19	55.83	1.5583	1.3234	0.1869	0.2797
标准差			0.4987	0.3819	0.2031	0.2884
罗　田	10	55.83	1.5583	1.3028	0.1788	0.2713
标准差			0.4987	0.3644	0.1954	0.2784
红　安	8	38.33	1.3833	1.1872	0.1146	0.1775
标准差			0.4882	0.3076	0.1701	0.2492
群体水平	8~121	62.91	1.6291	1.3124	0.1868	0.2857
标准差			0.4556	0.3512	0.1876	0.2659
物种水平	259	95.00	1.95	1.4348	0.2591	0.3971
标准差			0.2189	0.3579	0.1804	0.2415

注：PPB 表示多态位点；Ao 表示平均观测等位基因数；AE 表示有效等位基因数；He 表示期望杂合度；Ho 表示平均观测杂合度。

(5)结构层次

古树本身就是一个多层次的生态系统，其树冠、树干、根系等不同部位为不同生物提供了多样化的生态位。古树群通常表现出明显的垂直分层和复杂的空间分布，从地面到树顶各层均有生命活动。如在对福建连城南方红豆杉古树群的物种组成和结构进行分析后发现，该古树群中共有 41 科 66 属 74 种维管植物，而且不少是单一属种的科，其中，乔木层由南方红豆杉、毛竹和杉木构成，灌木层中连蕊茶、檵木和椤木石楠较为丰富，草本层中的繁缕、铁芒萁和芒重要值最高(表 9-4)。

表 9-4 福建连城南方红豆杉古树群落乔灌层优势植物重要值(谢春平 等，2023)

单位：%

层次	物种	相对频度	相对多度	相对优势度	重要值
乔木	南方红豆杉(*Taxus wallichiana* var. *mairei*)	27.78	46.6	77.91	50.76
	毛竹(*Phyllostachys edulis*)	16.67	18.45	7.87	14.33
	杉木(*Cunninghamia lanceolata*)	8.33	7.77	3.73	6.61
	枫香树(*Liquidambar formosana*)	5.56	3.88	1.89	3.78
	棕榈(*Trachycarpus fortunei*)	5.56	2.91	1.5	3.32
	野漆(*Toxicodendron succedaneum*)	2.78	2.91	1.14	2.28
	木荷(*Schima superba*)	2.78	1.94	0.81	1.84
	檫木(*Sassafras tzumu*)	2.78	1.94	0.81	1.84
	青冈(*Cyclobalanopsis glauca*)	2.78	1.94	0.66	1.79
	冬青(*Ilex chinensis*)	2.78	1.94	0.58	1.77
灌木	连蕊茶(*Camellia fraterna*)	4.33	3.83	4.07	4.07
	檵木(*Loropetalum chinense*)	3.9	3.83	4.02	3.91
	椤木石楠(*Photinia davidsoniae*)	2.16	3.83	4.82	3.6
	野桐(*Mallotus tenuifolius*)	3.9	2.81	3.81	3.5
	秤星树(*Ilex asprella*)	3.46	1.79	4.78	3.34
	山矾(*Sumplocos sumuntia*)	4.33	3.32	2.32	3.32
	绣线菊(*Spiraea salicifolia*)	3.9	3.57	2.04	3.17
	蜡瓣花(*Corylopsis sinensis*)	2.6	3.83	2.99	3.14
	乌药(*Lindera aggregata*)	3.9	2.81	2.67	3.12
	毛冬青(*Ilex pubescens*)	2.16	2.3	4.6	3.02
草本	繁缕(*Stellaria media*)	12.69	11.26	15.95	13.3
	铁芒萁(*Dicranopteris linearis*)	10.66	16.89	3.44	10.33
	芒(*Miscanthus sinensis*)	9.64	8.11	11.7	9.82
	沿阶草(*Ophiopogon bodinleri*)	7.61	9.46	12.12	9.73
	鬼针草(*Bidens pilosa*)	9.64	7.43	11.06	9.38
	凤丫蕨(*Coniogramme japonica*)	7.11	6.98	9.57	7.89
	水鬼蕉(*Hymenocallis littoralis*)	6.6	4.05	6.59	5.75
	蛇莓(*Duchesnea indica*)	5.58	9.23	0.96	5.26
	阿拉伯婆婆纳(*Veronica persica*)	6.09	8.33	1.13	5.18
	珠芽狗脊(*Woodwardia prolifera*)	4.57	4.05	5.74	4.79

9.2.2　古树群种间关系

古树与其他植物、动物和微生物共同组成生物群落，尽管古树群的物种数量较低，但是古树与其他动植物和微生物存在不同形式的种间关系。古树群中的古树是决定群落特征的主要因素，其树种类型、个体大小、林冠构筑型、空间分布等特征均显著影响群落的结构和组成，古树通常影响其他植物和动物个体的时空分布和丰富度，从而影响整个生物群落的结构。古树群中的种间关系包括竞争、共生、捕食等。

（1）竞争

竞争（competition）是指两个物种或者更多物种共同利用相同的有限资源时而产生的相互制约关系。在古树群中，不同物种会因为光照、水分、营养和空间等有限资源而产生竞争。长期竞争会影响物种的分布和群落结构。种间竞争通常导致一方种群优势明显，另一方受到抑制。古树可能通过遮蔽阳光限制其他植物生长。在竞争过程中，古树个体通常以单株形式存在，避免过度的资源竞争。种间竞争会导致生态位分化，因此要适当减少竞争强度，保持古树群整体稳定性。田文斌等（2016）对浙江杭州普陀山岛慧济寺旁的台湾蚊母树（*Distylium gracile*）群落和罗汉松（*Podocarpus macrophyllus*）群落研究发现，台湾蚊母树群落的物种关系较为松散，而罗汉松群落的物种关系较为紧密。这种差异主要源于物种的生态习性、生境需求，以及群落的历史演化过程。群落中树龄最大的罗汉松有550年，罗汉松群落具有更为稳定的群落结构，表现出较紧密的种间关系。

（2）共生

共生（symbiosis）是指两种或多种不同物种之间形成的共同存在、相互依存的互利关系。在古树群落中，互利共生、共栖和寄生构成了生物间的重要互动方式。如某些古树与真菌互利共生，古树供给真菌所需有机物，真菌帮助古树吸收营养，促进了古树的生长，提高了环境适应性。古树之间、古树与其他植物、动物之间的种间关系复杂多样。此外，古树广阔的树冠为多个物种提供了栖息地，促进了生态多样性。许多古树成为生物多样性的聚焦点，以澳大利亚东南部为例，约57%的古树树体空洞为哺乳动物和爬行动物所占据，空洞越多，越易吸引动物栖息（Gibbons et al.，2002）。

互利共生（mutualism），如古树提供阴凉有利于喜阴植物生长，其落叶促进土壤微生物活动。古树也从其他生物那里获益，如动物遗留的食物残渣和排泄物，为其提供必需营养，而生长在其上的固氮植物可增加氮源供给。研究发现，中美洲热带雨林古树树体洞穴中的蝙蝠粪便为古树生长提供了丰富的养料（Pierson，1998）。

（3）捕食

捕食（predation）是指一种生物以其他生物个体的全部或部分为食的现象。捕食关系在维持古树群落生态平衡中起着重要作用，不仅包括动物对植物的捕食（如昆虫侵害古树），也包括动物与动物之间的捕食关系（如鸟类捕食树上的昆虫）。这种关系有助于控制害虫数量，保护古树群落的健康。

9.2.3　古树群动态

群落动态主要涵盖了周期性的内部变化（如季节变化和年度变化）、群落的连续演变以及地质时期的群落进化。对古树群来说，重点是研究其内部动态，特别是在全球气候变化、人类干预和生态环境破碎化等影响下，古树群中的个体在面对新的气候条件、水文和土壤物理化学性质而发生的变化。因此，研究古树群的季节性周期变化(如萌芽、展叶、开花、结果等周期性活动)与年度变化(包括生长率、衰老速度、死亡率)尤为重要。

(1)自然演替

自然演替是指在自然状态下，在一个生态系统内的植物和动物群落逐渐变化和演变的过程。古树群会经历一个自然的更替过程，这个过程将一个原始的生态系统逐步演变为一个更为成熟的系统，涉及物种组成的变化、结构的复杂化、功能的增强等。古树群是植物长期适应区域气候和土壤环境条件的自然群落，通常也是该地区的顶极群落。古树群中各个植物的种群统计学过程——生长、死亡和补充等内部过程能够影响群落的动态。古树群通常处于生态演替的晚期，树木在众多因素影响下达到了一个相对平衡的状态，展现出较高的稳定性。

气候变迁、人类活动、疾病和外来物种侵入等因素，均会影响古树群落对环境的适应性。如安徽九华山的古树群在2007—2017年，物种数量从230种降至203种，尽管乔木层物种数保持在48种不变，但灌木和草本层的物种数却有所减少(表9-5)。在这10年间，39种植物消失，新增了12种植物，主要树种为细叶青冈(*Cyclobalanopsis myrsinaefolia*)、枫香树和蓝果树(*Nyssa sinensis*)，而金钱松(*Pseudolarix amabilis*)、白玉兰(*Magnolia denudate*)则减少。优势种在利用资源等方面的能力上存在差异，尤其是细叶青冈、白玉兰等乔木层和阔叶箬竹(*Indocalamus latifolius*)、细叶青冈小树、常春藤(*Hedera nepalensis* var. *sinensis*)等灌木层物种，表现出较强的资源利用能力。

表9-5 安徽九华山古树群落2007—2017年优势种重要值(Ⅳ)的变化特征(董冬 等，2019)

编号	物 种	重要值/%		重要值排序	
		2007年	2017年	2007年	2017年
乔木层(前10位)					
A1	细叶青冈(*Cyclobalanopsis myrsinaefolia*)	16.12	19.34	1	1
A2	枫香树(*Liquidambar formosana*)	11.38	13.28	2	2
A3	毛竹(*Phyllostachys pubescens*)	10.31	4.25	3	6
A4	金钱松(*Pseudolarix amabilis*)	9.26	8.43	4	4
A5	灯台树(*Cornus controversa*)	7.23	8.92	5	3
A6	蓝果树(*Nyssa sinensis*)	5.18	5.43	6	5
A7	白玉兰(*Magnolia denudate*)	4.94	4.11	7	7
A8	杉木(*Cunninghamia lanceolata*)	4.12	3.28	8	9
A9	马尾松(*Pinus massoniana*)	3.63	1.28	9	14
A10	青钱柳(*Cyclocarya paliurus*)	3.51	3.62	10	8
灌木层(前10位)					
S1	阔叶箬竹(*Indocalamus latifolius*)	45.24	49.72	1	1
S2	灯台树(*Cornus controversa*)	4.86	4.18	2	2
S3	细叶青冈(*Cyclobalanopsis myrsinaefolia*)	3.66	3.15	3	4

（续）

编号	物　种	重要值/%		重要值排序	
		2007 年	2017 年	2007 年	2017 年
S4	淡竹(*Phyllotachys glauca*)	3.48	2.23	4	7
S5	构树(*Broussonetia papyrifera*)	3.14	2.89	5	5
S6	常春藤(*Hedera nepalensis* var. *sinensis*)	2.58	3.33	6	3
S7	山櫃(*Lindera reflexa*)	2.17	2.42	7	6
S8	茶(*Camellia sinensis*)	1.73	1.58	8	9
S9	山蚂蝗(*Desmodium racelmosum*)	1.67	1.68	9	8
S10	毛竹(*Phyllostachys pubescens*)	1.52	1.32	10	10
草木层(前 10 位)					
H1	求米草(*Oplismenus undulatifolius*)	6.24	4.92	1	4
H2	蓖麻(*Ricinus communis*)	5.9	5.18	2	1
H3	紫金牛(*Ardisia japonica*)	5.82	5.15	3	2
H4	牛膝(*Achyranthes bidentata*)	5.74	3.83	4	6
H5	粗齿鳞毛蕨(*Dryopteris juxtaposita*)	5.29	4.7	5	5
H6	石血(*Trachelospermum jasminoides*)	4.16	5.03	6	3
H7	马唐(*Digitaria sanguinalis*)	3.52	2.78	7	9
H8	细叶麦冬(*Ophiopogon japonicus*)	3.15	3.78	8	7
H9	酸模叶蓼(*Polygonum lapathifolium*)	3.14	2.94	9	8
H10	过路黄(*Lysimachia nummularia*)	2.43	2.32	10	10

（2）外部干扰

古树群受到多种干扰的影响，如火灾、风暴、洪水和病虫害等自然干扰，以及砍伐、城市化、旅游开发和污染等人为干扰。这些干扰导致了古树群生境破碎化、物种丧失和生态功能下降。如美国加利福尼亚州、哥斯达黎加和西班牙密集放牧地区的古树数量正在急剧下降，预计这些区域的古树可能会在 90~180 年内显著减少。在澳大利亚东南部广阔的牧场地区，预计在 50~100 年后，古树数量将减少至历史最大数量的 1.3%。无论是在高纬度地区还是低纬度地区，古树的数量都普遍呈现下降趋势。瑞典南部的树木密度已经从历史上的 19 株/hm^2 降至 1 株/hm^2；在美国加利福尼亚州的优胜美地国家公园，从 1930—1990 年，古树密度减少了 24%。王桉(地球上最高的开花植物)的数量预计会从 1997 年的每公顷 5.1 株锐减至 2070 年时的每公顷 0.6 株(Lindenmayer et al.，2012)。在其他生态系统中，古树的数量也正在迅速减少，包括北美西部、美国东南部和澳大利亚东南部、欧洲部分地区和澳大利亚南部的农业区，以及非洲和澳大利亚的稀树草原等(Lindenmayer et al.，2012)。

9.3　环境对古树群的影响

气候、生物和人为因素等自然环境，以及砍伐、农业、基础设施建设等人为因素均会对古树群产生多方面的影响。这些因素既可单独影响古树不同的生命阶段，各因素之间也可能以叠加、协同或相反的方式相互作用，最终对古树群生存造成威胁。

9.3.1　非生物环境对古树群的影响

全球变暖引发的气温升高和降水方式的改变对古树群产生了显著影响。温度升高可能会使一些古树的寿命缩短，而不稳定的降水量可能会引发水资源紧张，进而影响古树的生长和繁殖。风暴、干旱、洪水等极端气象事件的频率和强度增加不仅会对古树群造成直接的物理损伤，还可以改变古树群的结构和生态功能。孤立的古树容易受到风害和雷击。由于森林边缘比森林内部更干燥、更热，在此区域内对干燥敏感的古树往往会出现死亡的情况。草场或农作物等周围植被产生的蒸发量要少得多，因此，一些新形成的微气候区域对古树群可能产生不利影响。在澳大利亚东南部的农业景观中，也存在少量因古树阻碍农业生产而被清除的现象。

自然的火灾或人为对林分及周边的火烧，均会对古树种群产生不利影响。然而，许多树种的更新须依赖火的作用来打破休眠或获得生长空间。火灾的频率、严重程度和间隔，对古树及其种群更新均具有重要影响。在亚马孙热带雨林中，雷击会袭击数千株热带树木，通过雷击定位系统与对雷击地点的实地调查发现，平均每次雷击会直接造成约 3 株胸径≥10cm 的树木死亡，以及约 11 株树的损伤(Yanoviak et al.，2020)。

9.3.2　生物因素对古树群的影响

对于古树来说，其进化速度远远慢于病原微生物、食草或蛀木昆虫等物种，这导致古树群容易受到入侵物种的威胁。如栗疫病菌(*Cryphonectria parasitica*)使美国东部的美洲古板栗群数量锐减。新西兰的澳洲贝壳杉(*Agathis australis*)古树，也容易受到入侵真菌病原体(疫霉属)的侵害。我国自 20 世纪 80 年代起陆续暴发的松材线虫病，对主要的松属古树有致命危害。

人类活动，如城市扩张、农业发展、旅游活动和工业污染等，会对古树群落造成直接或间接的影响。土地利用性质的变化导致生境破碎化，污染物的排放导致古树疾病和死亡率增加。一些散生古树下的区域可以用作牛羊"牲畜营地"，一方面对古树树干造成机械损伤；另一方面，牲畜粪便的过度积累也会导致土壤中的养分浓度过高，从而影响古树的生长。

小　结

了解古树群的形成、演替及其影响因素，是理解自然生态系统动态过程的重要内容。古树群内存在复杂的种间关系，因此，仅保护古树是不够的，关键在于保护它们所在的群落。古树群的生存环境影响古树个体的生长和死亡过程，进而影响古树群的组成和结构。

因此，对古树群进行系统研究，在生态保护、文化传承等方面都具有重要价值和应用前景。

思考题

1. 简述植物种群概念和主要特征。
2. 简述植物群落概念和主要特征。
3. 简述古树群概念和主要特征。
4. 古树群的种间关系有哪些？
5. 环境对古树群有哪些影响？

推荐阅读书目

植物生理生态学．蒋高明．高等教育出版社，2004.

植物生态学(第 3 版)．段昌群，苏文华，杨树华等．高等教育出版社，2020.

基础生态学(第 4 版)．牛翠娟，娄安如，孙儒泳等．高等教育出版社，2023.

第 10 章

古树持续生长的生物学基础

本章提要

　　古树持续生长受内外环境因素的综合影响，形成了一系列独特的生物学特性，以应对环境变化。本章阐述了古树持续生长在形态学、细胞学、生理学、遗传学和生态学等方面的特征和机制，介绍了古树独特的形态结构、分生组织再生潜力、ROS 代谢调控能力及抗逆基因表达调控等方面的研究进展。本章为阐释古树持续生长机制和环境适应能力提供了理论依据。

10.1　古树持续生长的形态学基础

10.1.1　坚韧的树干

　　树干不仅支撑着庞大的树冠和根系，维持树木的结构稳定，其内部的木质部和韧皮部还承担着输送水分、养分的功能。树干木质部的密度和化学组成在树木的生长、存活和长寿中起着重要的作用。树干木质部的化学组分和结构特征可以通过体积燃烧热（J/cm^3）进行量化，木质部的燃烧热也与其长寿命相关（Loehle，1988）。在一些热带树种中，较高的木质部密度通常与较低的死亡率相关，尤其是在树木幼年期更为明显。这表明高密度木质部可以提供较强的机械支撑和抗逆性，从而增加古树持续生长的机会（Osazuwa-Peters et al.，2017）。

　　树干通过木质部和韧皮部的功能协同，贮存和运输水分及养分，维持古树的生长和代谢。木质部中的导管将水分和无机矿物质从根系输送到叶片，供给光合作用和其他代谢过程；而韧皮部中的筛管则将光合作用产生的有机物质（如可溶性糖和碳水化合物）从叶片运输到树干和根系，为树木的次生生长和能量供应提供养分。树干储备物质可以被动员，为古树新生组织的生长提供能量。

　　树干木质部的化学成分，如木质素和单萜化合物等，使古树具有抗病和抗腐能力等特性（Taylor et al.，2002）。木质素是树木细胞壁的主要组成成分之一，具有坚硬和抗腐的特性，能防止病原微生物的入侵，并增强树木对外界环境胁迫的抵御能力。单萜化合物则具有抗菌、抗虫和抗病毒的作用，能够有效抑制病原微生物的生长繁殖，从而提高树木的抗病性。如长寿松和狐尾松(*Pinus balfouriana*)的树干中含有丰富的单萜化合物、发达的树脂道和较高的木材密度，这些特性增强了抵御山松大小蠹(*Dendroctonus ponderosae*)的侵害能力力(Bentz et al.，2017)。因此，树干木质部的化学组成及其抗病虫害的能力直接影响古树的抗逆性和生长特性。

10.1.2 树皮防护

树皮是古树抵御外界物理损伤的重要防线，其坚韧的质地能防止动物啃食、风力摩擦等机械损伤，同时阻碍病原体(如真菌、细菌)和害虫的侵入。树皮在古树适应不同气候和环境条件的过程中具有重要作用，在调节水分平衡、调温和防火等方面。如树皮有助于减少水分的蒸发，尤其是在干旱或炎热的环境中维持了树木的水分平衡。树皮颜色和厚度的变化能调节古树内部温度。在寒冷气候中，深色树皮能吸收更多的太阳辐射热量，保持树体温度；在炎热气候中浅色树皮反射阳光，减少热量吸收，使树体降温。古树的树皮厚实、多层的结构具有较强的防火能力，如红杉和巨杉的树皮，可以保护内部组织免受高温损伤。

随着古树树龄的增长，树皮厚度和纹理特征通常会增厚，提高古树的适应能力。如云杉树皮的厚度与树龄呈显著正相关(Sönmez，2009)。非洲成年钩毛树(*Barbeya oleoides*)的树皮厚度随树龄呈线性增长，显著提升了其对恶劣环境的适应能力(Wilson & Witkowski，2003)。随着树龄的增长，古树的树皮常形成深龟裂、扭曲或不规则的纹理结构，这些特征能增加表面积，减少水分蒸发速率，并通过限制病原体的附着和传播路径，降低和病原传播的风险。在半干旱地区，长寿针叶树的条状树皮是一种适应干旱环境的特征，可减少树木水分蒸发并增强树木抗逆性(Bunn et al.，2003)。

随着古树树龄的增长，树皮中的化学物质含量发生显著变化，能够增强抗逆性。例如，黄檗的老树树皮中小檗碱的含量显著高于幼树。此外，栓皮栎的木栓层中树脂、单宁等化学物质的浓度随树龄的增长而升高，树脂能够封堵伤口，防止病原体入侵，而单宁具有抗菌和抗氧化作用。这些物质的积累能够增强树木的抗真菌能力(Chang et al.，2023；Bigler & Veblen，2009)(图10-1)。针叶树通过分泌富含酚类化合物的树脂来抵御小蠹虫等害虫的侵袭(Kane & Kolb，2010)。

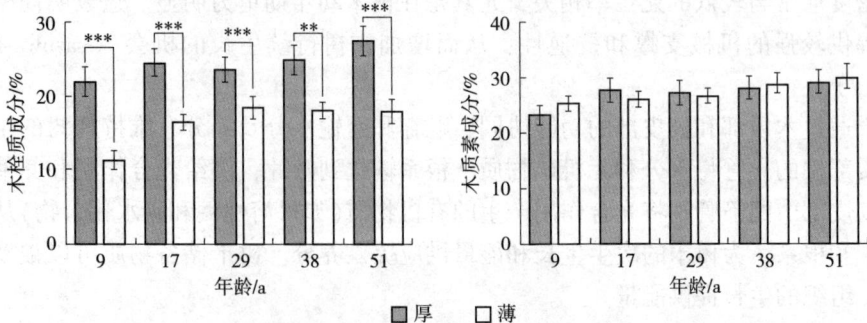

图 10-1　不同树龄栓皮栎的厚栓皮、薄栓皮木栓质和木质素含量(Chang et al.，2023)

注：** $P < 0.01$，*** $P < 0.001$。

10.1.3　协调的根冠关系

古树协调的根冠关系是指地下根系和地上部分(包括树干和冠层)之间长期维持的动态平衡和功能协同性。这种关系体现在古树树体生物量分配、碳水化合物等储备物质的调控与再分配，以及对环境胁迫的响应等方面。不同树种在不同环境下展现出独特的资源分配策略，如非洲热带和亚热带地区的猴面包树将生物量优先分配给树干，形成独特的水分贮存器官。这种适应性策略使其能够在周期性干旱环境中长期生存(Patrut et al.，2018)。在土壤贫瘠或干旱环境中，古树能从深层土壤中吸收水分和矿质养分，增强树体的机械稳定性，减少倒伏风险(图 10-2)。在荒漠地区，长寿树木(如杜松属树种)的根系深度可达20m(Canadell et al.，1996)。在西伯利亚冻土地带，落叶树通常将生物量优先分配给根系，以扩大其对水分和养分的吸收面积，从而提高根冠比增强生存能力，其根冠比高达0.4~0.5，远高于温带地区树种的典型值(0.2~0.3)(Meng et al.，2018)。

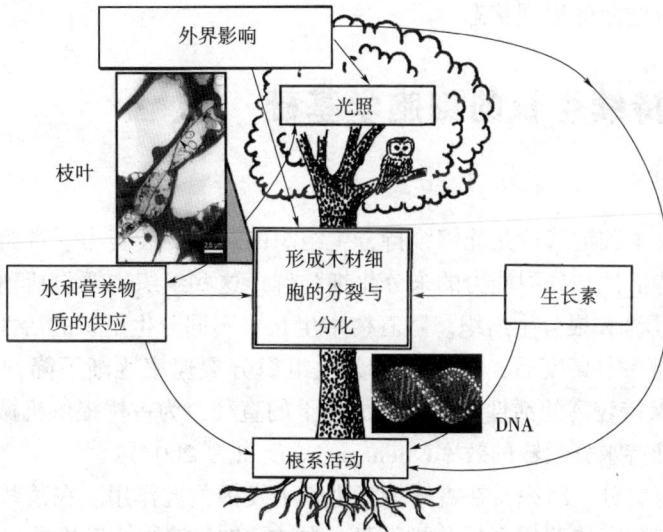

图 10-2　树木的根冠关系以及外界因子的影响(Schmitt et al.，2016)

古树的生长是一个动态平衡的过程，其根系与地上部分的生物量分布呈现协同生长的特点。这种协同关系并非固定不变，而是随着树木年龄的增长和环境条件的变化而不断调整。青壮年树木通常具有较大的根系生物量比例，以确保充分的水分和养分供应。随着树木的生长，根系和地上部分的生物量分配会发生变化，通常地上部分的生长会逐渐占主导地位。一般情况下，古树的生物量主要集中在树干，其次是枝叶和根系。在树木的衰老阶段，表现出根冠比降低的趋势(Stahle，1996；Evstigneev & Korotkov，2016)。如华山松(*Pinus armandii*)的根冠比从 2 年生时的 0.32 降至 65 年生时的 0.22，反映了树木在长期生长过程中对资源分配的动态调整。

10.1.4　冠层可塑性

古树冠层可塑性是指高龄树木的树冠结构能够随时间和环境条件的变化而进行适应性调整的能力，包括形态调整、分枝模式、叶片分布、再生能力、季节性响应和长期适应等。研究表明，当古树生长到一定高度时，树冠上部的叶片密度会降低，但光合效率可能会提高，这种现象反映了树木在水分运输成本和光合产出之间的平衡策略（Koch et al.，2004）。在不利环境条件下，古树通过调整冠层以提高其生存和适应能力。如在光照不足的环境中，北美香柏（*Thuja occidentalis*）通过控制树高、减少叶片数量或呈现较小的叶面积等来改变冠层结构，从而提高光合作用效率（Matthes et al.，2008）。在干旱、强风等逆境条件下，古树常常通过减少叶面积或降低树冠密度来降低水分蒸发，减轻物理损伤。

资源分配是古树冠层可塑性的另一个重要方面。古树通过动态调整资源分配，维持新枝叶的生长和现有结构维护之间的平衡。这种调整有助于树木在不同生长阶段和环境条件下优化其生长策略。当树冠受到损害时，古树会优先维持健康部分的生长，减少损害进一步扩大，以避免整体衰退（Bernard et al.，2020）。火灾后，古桉树能迅速隔离受损部分，并从未受损的形成层重新生长。当主干顶部受损时，巨杉能激活侧枝生长，形成新的树冠结构。这种适应性反应既维持了树木的整体健康，又提高了光合作用效率。因此，冠层的可塑性使古树保持健康的生理状态。

10.2　古树持续生长的细胞学基础

10.2.1　持续分裂的分生组织

古树生长的一个关键特征是能够维持分生组织的持续分裂能力。古树的分生组织是指在古树中能够保持活性和分裂能力的未分化细胞群。这些组织主要包括顶端分生组织、侧生分生组织（形成层）和根分生组织。随着树木生长，不同分生组织的活性表现出差异化的趋势。当古树达到一定高度后，茎的顶端分生组织分裂速率逐渐下降，而侧生分生组织（如形成层）通常保持较高的活性，持续增加树干的直径，为古树提供机械支撑，并通过产生新的木质部来维持水分运输的效率（Mencuccini et al.，2007）。

形成层作为重要分生组织，在古树持续生长中发挥关键作用。在某些古树的整个生命周期中，形成层细胞保持着较高的分裂活性，如在4700年的长寿松中，形成层活力未随树龄增长而明显降低（Lanner & Connor，2001；Lanner，2002）。一些古树树干从髓到树皮的年轮宽度呈下降趋势，表明其径向生长量随树龄增长逐渐减小（Cook et al.，1990；Panyushkina et al.，2003）。如银杏树龄在超过200年后，其形成层的细胞层数会减少，但平均横断面积增长量（BAI）仍随树龄增长而增加，这表明其形成层能够维持长期的细胞活性，使古树具有持续生长的能力（Wang et al.，2020）。

当古树遭受物理损伤时，分生组织细胞能够被激活，通过分裂和分化形成愈伤组织，防止病原体入侵和减少水分流失（Bernard et al.，2020）。即使古树受到严重损伤，分生组织也能表现出较强的修复和再生能力，使其从根部或树干重新再生。

古树通过分生组织的细胞分裂与生长调控机制来适应环境变化。分生组织通过以下方式发挥作用，一是通过趋光性实现向光生长；二是调整根系形态以提高水分和养分吸收效率；三是调控侧向分生组织的活动，调节木质部和韧皮部的发育。这些机制共同增强了古树对季节变化和环境胁迫的适应能力（图10-3）。

植物干细胞主要位于分生组织中，能够长时间保持未分化状态，并具有分化为多种细

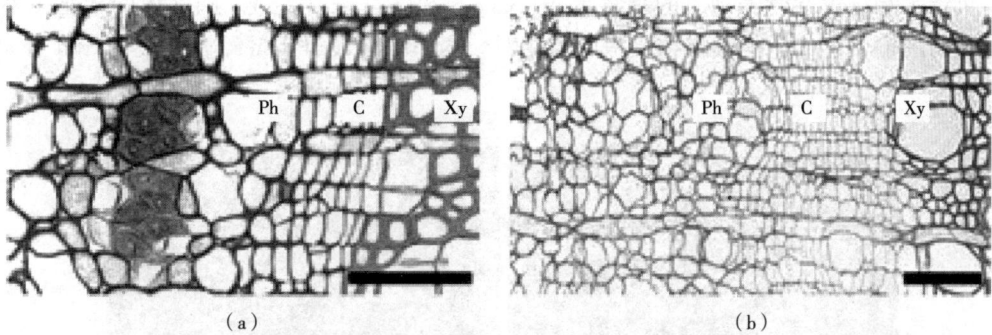

图 10-3　杂交杨树干维管形成层休眠期(a)和活跃期(b)横切图(Funada et al.，2016)

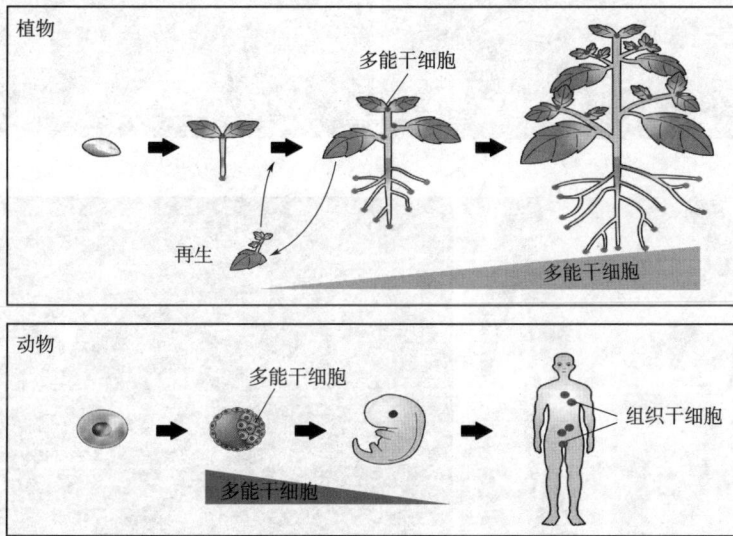

图 10-4　植物和动物的干细胞对比(Umeda et al.，2021)

胞类型的潜力，包括导管细胞、韧皮细胞等。①古树长寿与其根和茎分生组织的能力有关，分生组织在植物的整个生命周期中都具有分化能力(图 10-4)。②长寿树种的干细胞分裂和修复模式通常具有较高的环境适应性，能够应对干旱、极端温度和贫瘠土壤等环境胁迫。当古树受到损伤时，干细胞能被激活并分化成所需的细胞类型来修复受损组织(Schippers et al.，2015)。③长寿树种分生组织中的干细胞分裂速率相对较慢，有助于减少因快速细胞增殖引起的突变累积。这与高效的 DNA 修复机制和抗氧化系统相关，共同保护细胞免受自由基损伤(Munné-Bosch，2018)。

10.2.2　导管(管胞)的作用

导管(存在于被子植物中)和管胞(存在于裸子植物中)是植物木质部(xylem)的细胞结构。从进化角度看，被子植物的导管被认为是由管胞演化而来。导管和管胞的主要区别在于导管分子之间通过穿孔直接沟通，形成连续的输导通道，而管胞则通过侧壁上的纹孔间接连接，输导效率较低。这些结构不仅负责水分和矿质养分的长距离运输，还通过木质化细胞壁提供树体的机械支撑，增强植物的结构稳定性。导管和管胞具有纵向排列和孔状结构，负责水和溶解性营养物质的垂直运输（Sano，2016；图 10-5）。阔叶树的导管虽然提供了较高的输水能力，但其机械支撑能力相对较弱（Baillie & Pilcher，1973；Carroll et al.，2014）。

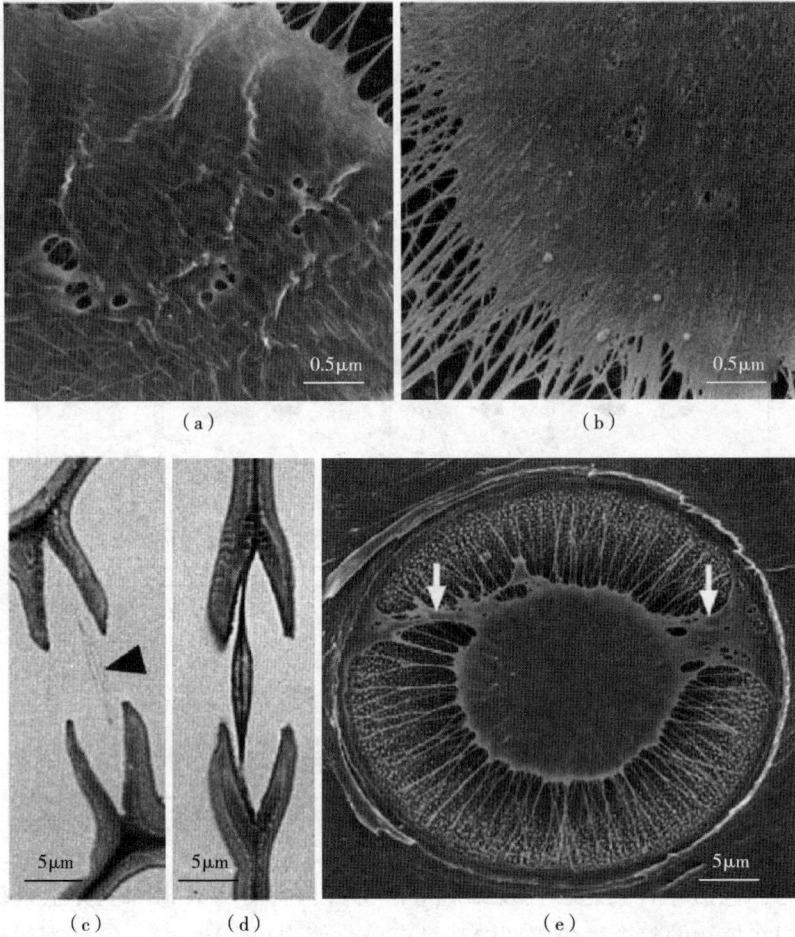

图 10-5 针叶树具缘纹孔的扫描及透射电子显微结构（Sano，2016）

长寿树种的导管（管胞）不仅要确保水分的高效输送，还要防止水分运输中断和栓塞形成。如在渐新世较干燥的气候中，杜松（*Juniperus rigida*）和侧柏形成了抗旱能力较强的木质部结构特征（如小管腔面积的管胞）和叶片功能性状（如小而紧密排列的叶片，有助于减少水分蒸发）（Pittermann et al.，2012）。古树生长速率小主要受到水力安全机制的限制（Roskilly et al.，2019），这种适应性变化虽然降低了水力效率和光合作用速率，但提高了树木的抗逆性。

木质部通过形成层的持续分裂和分化，不断产生新的导管（或管胞），维持古树水分和养分运输的长期稳定性（Spicer & Groover，2010）。成熟的导管和管胞在发育过程中经历程序性细胞死亡后，其细胞壁会进一步木质化和硬化。这一过程不仅增强了古树的结构强度以抵御强风、积雪等机械损伤，还形成了物理屏障，降低了病原体侵入的风险（Nieminen et al.，2015）。

10.2.3　维持叶绿体结构稳定

叶绿体是叶肉细胞中对环境变化和衰老过程较为敏感的细胞器之一。在植物衰老过程中，叶绿体通常先于其他细胞器被降解，导致光合速率下降（Hörtensteiner & Feller，2002；Saco et al.，2013）。然而，在遭受环境胁迫时，古树叶绿体表现出较强的结构和功能适应性（图 10-6）。如通过改变内膜结构来提高光合效率，以及增加类胡萝卜素等抗氧化剂来保护自身免受光损伤。随着树龄的增长，古树的叶绿体结构表现出较高的稳定性，如树龄高达 2000 年的侧柏，其叶绿体结构特征也未发生明显变化（图 10-7、表 10-1）。此外，树龄对健康状态下白皮松古树的叶绿体结构和叶绿素含量也无明显影响。

图 10-6　不同健康水平古侧柏一年生鳞叶的结构解剖（Zhou et al.，2019）

（a）树枝　（b）健康古树　（c）亚健康古树　（d）衰老古树叶片形态　（e）健康古树　（f）亚健康古树

（g）衰老古树一年生叶片解剖[（b）~（d）中黑色矩形上的图像对应于 1 年生鳞叶]

e. 表皮　p. 栅栏叶肉细胞　s. 海绵状叶肉细胞　v. 叶脉　rc. 树脂道

图（a）~图（d）为 1cm。图（e）~图（g）为 200μm

表 10-1　不同健康水平古侧柏鳞叶的解剖特征参数（Zhou et al.，2019）

参　数		叶子厚度 /μm	角质层厚度 /μm	表皮厚度 /μm	海绵状薄壁组织细胞厚度 /μm	栅栏状薄壁细胞组织厚度 /μm	栅栏/海绵的比例
古　树	健康	387.11± 46.18c	5.68± 1.29a	21.68± 1.78a	36.53± 2.40a	61.93± 6.23b	1.70±0.21a
	亚健康	645.68± 41.79b	3.91± 0.84b	18.37± 2.04b	30.75± 3.10b	54.01±5.90c	1.77±0.25a
	衰老	1009.85± 19.83a	3.15± 0.75c	18.74± 2.82b	39.00± 3.90a	68.56± 7.12a	1.77±0.24a

注：数值为平均值±标准差，不同小写字母代表处理之间在 0.05 水平存在显著性差异。

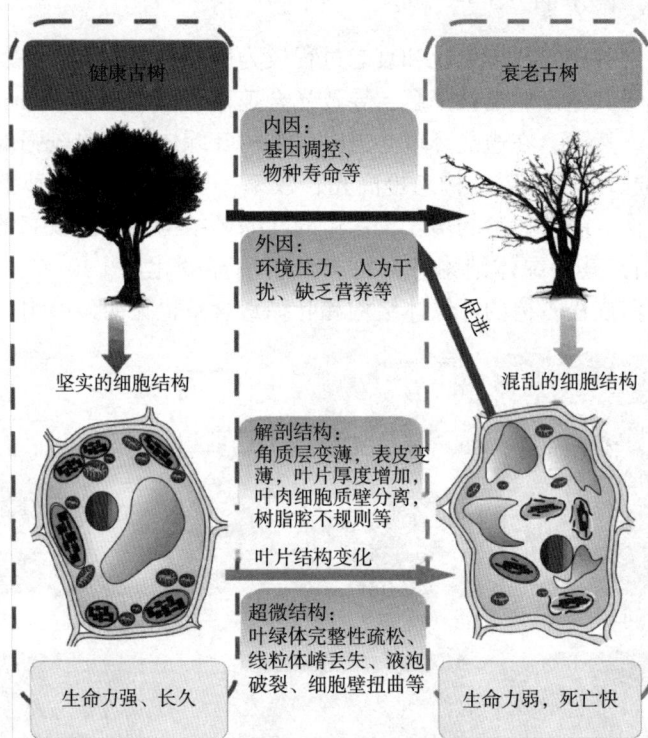

图 10-7　叶肉细胞结构对古树衰老的响应（Zhou et al.，2019）

　　叶绿体通过代谢途径合成次生代谢物，并具备一定的 DNA 修复能力，这有利于古树抵御逆境胁迫并维持生长。叶绿体参与多种次生代谢物的合成过程，如类胡萝卜素和萜类化合物，这些物质在古树抵御生物和非生物胁迫中发挥重要作用（Bassard et al.，2012）。叶绿体携带独立的遗传信息（DNA），编码光合作用相关的蛋白质和酶。长寿树种的叶绿体具有增强核苷酸切除修复能力，并且能够减少 DNA 突变积累（Golczyk et al.，2014）。古树稳定的叶绿体结构有助于维持 DNA 损伤修复能力，使遗传信息准确传递，从而在复杂和极端环境中持续生长。

10.2.4　保持线粒体功能

　　线粒体是真核细胞中的关键细胞器，主要通过氧化磷酸化过程为细胞提供能量。其主要功能是分解糖类、脂肪和蛋白质等有机物，生成 ATP，从而支持细胞的各种代谢活动。除能量供应外，线粒体还参与细胞的能量代谢和适应性调节、调控 ROS 和 PCD、维护线粒体基因组功能等。

　　①线粒体通过呼吸作用进行能量供应，即使在光合作用受限的条件下（如夜间或光照不足时），线粒体通过消耗储备的有机物维持能量生产。如在干旱、极端高温或低温等环境胁迫下，一些古树线粒体能够调整其能量代谢途径，通过激活替代氧化酶（AOX）通路，减少能量损耗并保护细胞免受氧化损害。

　　②线粒体是细胞内 ROS 的主要生成场所，适量的 ROS 可作为信号分子参与调控植物

对逆境的响应。然而，过量的 ROS 会导致细胞损伤，尤其在衰老过程中更加明显。随着古树树龄的增长，线粒体通过增强抗氧化酶（如 CAT 和 SOD）的活性，清除多余的 ROS，从而减轻损伤并减缓衰老速率（Finkel et al.，2005）。

③线粒体在植物程序性细胞死亡（PCD）中起关键作用。线粒体通过释放细胞色素 c 等因子来触发 PCD，促进组织再生和器官更新。PCD 在古树的叶片脱落、花朵凋谢、伤口愈合以及病变组织清除等过程中发挥调节作用。古树通过 PCD，清除受损或功能失效的细胞，以保持其整株健康。

④线粒体 DNA 编码多种与能量代谢相关的蛋白和酶，包括呼吸链不同复合体的 13 个核心亚单位，对维持古树细胞正常代谢和持续生长具有重要作用。古树通过高效的线粒体 DNA 修复机制，如碱基切除修复（BER）和同源重组修复（HRR），减少 DNA 突变的累积。此外，线粒体的融合、分裂和自噬（mitophagy）过程对维持线粒体功能和细胞健康起着重要作用。

10.2.5　稳固的细胞壁

细胞壁是植物细胞外部的一层结构，主要由纤维素、半纤维素、木质素以及果胶等成分组成。细胞壁的纤维素网络提高了细胞机械强度，使植物能够支撑自身重量并维持形态，并防止细胞遭受机械性损伤以及病原体（如细菌和真菌）的侵袭。细胞壁中木质素和木栓质的沉积是一种重要的防御机制，增加了细胞壁的刚性和疏水性，防止病原体侵入和水分过度流失。栓皮栎随着树龄增长，细胞壁逐渐增厚（图 10-8），木质化程度加深，显著增强了细胞壁的刚性和屏障功能，提高了对外界环境胁迫的适应能力（Chang et al.，2023）。

植物通过调整细胞壁的成分和结构以适应环境胁迫。在盐碱胁迫条件下，古树通常通过增加细胞壁中多糖（如半纤维素）的比例，减轻盐分对细胞内渗透压的负面影响，以提高细胞壁的保水能力。细胞壁中的果胶甲基酯酶（PME）在植物抵御热胁迫中起到重要的调节

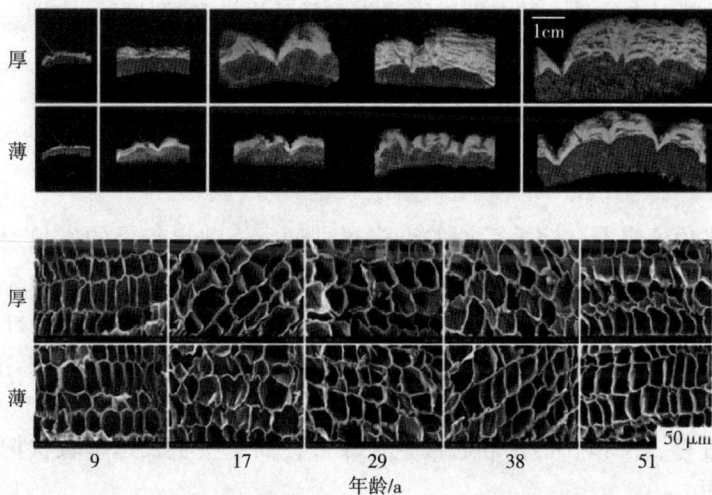

图 10-8　不同树龄栓皮栎厚栓皮和薄栓皮的细胞壁特征（Chang et al.，2023）

作用，通过改变细胞壁的硬度，增强细胞壁与质膜之间的连接，维持细胞的稳定性。

植物细胞壁控制着细胞的生长和扩张，影响细胞和整个植物体的形态。细胞壁参与物质的胞内外运输和信息传递，如质外体运输途径。WAKs（wall-associated kinases）能感知细胞壁的完整性和环境变化，并通过磷酸化级联反应触发相应的信号传导，从而调节植物的生理过程。细胞壁能够感知和响应机械刺激，通过重塑其结构来适应外部压力；如扩展蛋白（expansins）和内切葡聚糖酶（endo-β-1,4-glucanases）在细胞壁松弛和重构过程中发挥重要作用，调节细胞壁的弹性和强度（Cosgrove，2015）。细胞壁保护机制的共同作用，有助于古树在遭受环境胁迫时持续生长。

10.2.6　端粒的维持

端粒（telomere）是真核细胞线状染色体末端的一种特殊 DNA-蛋白质复合体，由高度保守的 DNA 重复序列构成，如（TTAGGG）$_n$。端粒的主要功能包括保护染色体末端免受降解、防止染色体端部融合，以及调控细胞分裂周期。随着细胞分裂次数增加，端粒长度逐渐缩短（Harley et al.，1990）。端粒长度的变化不仅能够预测细胞的潜在分裂能力，还对理解细胞衰老和古树寿命具有重要的意义（Allsopp et al.，1992）。

古树细胞通过端粒酶活性和同源重组等机制，保持端粒长度相对稳定。端粒酶是一种特殊的逆转录酶，能够在染色体末端合成重复序列，补偿端粒长度的缩短。端粒长度和端粒酶活性可能对长寿松树的寿命产生积极作用（Flanary & Kletetschka，2006）。如在树龄超过 1400 年的银杏中，发现端粒长度变化不显著（Song et al.，2010）。此外，同源重组是不依赖端粒酶的端粒维持机制，它通过 DNA 重组来修复和延长端粒。这些端粒结合蛋白（如 TRF1、TRF2 和 POT1 等）通过形成复合体，参与端粒结构的维护和端粒长度的调控。

细胞通过调控端粒相关基因的表达，维持端粒的结构和功能稳定。侧柏在 NaCl 和 H_2O_2 胁迫以及外源 ABA 处理下，端粒结合蛋白基因（如 *TRF1*、*WHY1*、*POT1* 和 *Kub$_3$*）的表达水平显著上调。*PoKub$_3$* 基因在拟南芥中的高表达能够提高其对 NaCl 和干旱胁迫的抗性。因此，这些基因表达量上调有助于增强细胞的抗逆性和端粒的稳定性。

10.3　古树持续生长的生理生化代谢基础

10.3.1　适当的生长速率

从物种进化角度来看，演替后期的许多树种通常表现出较慢的生长速率。慢生树种将较多的碳水化合物和养分等资源分配用于防御性化合物的合成（如酚类、黄酮类化合物）和维持树体结构稳定（如树皮、韧皮部和根系）（Loehle，1988）。这种资源分配策略增强了树体对病虫害、干旱和其他环境胁迫的抵御能力，使慢生树种在许多情况下相较于速生树种具有更长的寿命（Burns & Honkale，1990；Pederson，2009）（表 10-2）。一些长寿树种如红杉、巨杉、柏树等通常生长较慢，而一些生长速率较快树种如白杨、杉木等则寿命较短。

表 10-2　不同演替阶段树木最大树龄和最老记录个体

演替状态	树　种	典型最大树龄/a	最老的记录/a
早期演替	大齿白杨	70~100	113
	油松	200~300	375
演替中期	黑橡木	150~200	257
	栗橡木	300~400	427
	红橡木	200~250	326
	白橡木	400~450	464
演替后期	黑桉树	500+	679
	铁杉	500+	555

　　"快速增长—短寿命"与"缓慢增长—长寿命"之间的权衡反映了植物在长期进化过程中形成的不同生存策略。在森林群落中，快速生长的树种(如欧洲山杨)在早期竞争中具备优势，如获取上层光照、避免草食性动物啃食叶片等。因此，速生树种通常较早达到树高生长的生理极限，但也容易遭受病原体感染，出现结构不稳定以及水力学限制的威胁，导致寿命较短。适宜的生长速率有助于维持碳固定和碳消耗之间的长期平衡，能高效地利用有限的水分和养分资源，有利于慢生树种(如红杉、巨杉和花旗松)持续生长(Issartel & Coiffard，2011)。

　　长寿树种适宜的生长速率使输导组织发育均衡，可以降低栓塞发生的概率。如红杉等长寿树种通过自然选择形成导管直径与木质密度的比例优化，既保证了水分传导效率，又增强了抗栓塞能力。慢生树种(欧洲云杉)表现出相对均衡的木质部结构，其导管大小分布均匀，这种平衡使树木能够在长期干旱等极端条件下生存。此外，长寿树种缓慢且稳定的生长减少了细胞分裂和代谢过程中产生的氧化损伤，降低了 DNA 复制错误和突变累积的风险，维持了基因组的稳定性。

10.3.2　高效的 ROS 清除系统

　　植物细胞具备一套复杂的抗氧化系统来维持 ROS 的平衡，避免氧化应激对细胞的损害。这一系统包含两大类抗氧化剂：①酶类抗氧化剂如 SOD、CAT 和谷胱甘肽过氧化物酶(GPX)，通过酶促反应将 ROS 转化为较为稳定的分子，以降低氧化损伤。②非酶类抗氧化剂如维生素 C(抗坏血酸)、维生素 E、β-胡萝卜素和 GSH，能够清除 ROS 或提供还原力，进而减轻氧化胁迫。

　　ROS 在树木生物学中起着双重作用，既参与许多重要信号传递反应，也是有氧代谢过程中产生的有毒副产物。叶绿体、线粒体、过氧化物酶体、质膜以及细胞壁是 ROS 产生的主要部位。随着树龄增长，古树可能面临 ROS 胁迫，而高效的 ROS 清除系统是古树延缓衰老或实现长寿的重要生理机制之一。随树龄增长，红杉古树叶片中的抗氧化酶活性(如 SOD 和 CAT)显著提高。橄榄树古树表现出独特的 ROS 调控机制，通过维持较高水平的非酶促抗氧化剂(如多酚和类胡萝卜素)，来增强抗氧化能力。这表明古树通过增强抗氧化系统功能来应对氧化胁迫，维持细胞稳态，从而增强其生理适应性和抗逆性(Waszczak et al.，2018)。

10.3.3　平衡的激素水平

激素在植物体内以低浓度存在，通过信号转导途径发挥作用。古树在长期适应环境的过程中，其激素水平常维持相对平衡状态，不同类型的植物激素，如 IAA、CTK、ABA 等，在不同的生理过程中发挥各自的作用，并且彼此之间通过相互作用形成复杂的调控网络。适宜的生长素水平能够促进根系的生长，而细胞分裂素则在促进分枝和组织发育中起到关键作用。脱落酸在应对逆境中发挥重要作用，能够调节气孔关闭和基因表达等机制，增强植物的抗旱和抗寒能力。古树通过调控激素的合成、分布和代谢，在各种环境胁迫下维持稳定的生长。

激素在古树的生长、发育、繁殖及逆境响应中发挥调控作用。随着意大利松（*Pinus pinea*）树龄的增长，生长速率降低，其叶片中的生长素水平呈下降趋势（Valdés et al.，2004）。银杏和槐树的脱落酸含量与树龄呈正相关，即树龄越大，脱落酸含量越高（张艳洁，2009），这可能与其增强抗逆能力的生理需求有关。在银杏古树中，细胞分裂素和赤霉素的协同作用能够有效减缓叶绿素的降解速率，提高古银杏叶片的光合作用效率（丁彦芬等，2000）。激素间的相互作用和调节机制使古树在面对环境胁迫时，维持生长、发育和逆境响应（王丽云 等，2019）。

激素信号转导和相关基因表达能调节细胞代谢和生理过程，增强古树的抗逆性和适应能力。一些长寿树种通过激素信号通路调控细胞增殖与分化，维持细胞生长平衡。其中 CTK 与 IAA 的平衡是古树长期生长的重要基础。在银杏古树中，ABA 信号途径相关的基因（如 *PP2C*、*SRK2E*、*ABF1* 和 *NCED9*）的转录水平通常较高。这些基因的表达在 ABA 信号传导中发挥关键作用，使古树在干旱等逆境中通过调节水分代谢基因表达和细胞代谢等多种机制，提高抗逆性，延缓衰老过程。此外，茉莉酸是植物应对逆境刺激的重要激素之一，通过与受体 COI1 结合，激活转录因子 MYC2，进而调控茉莉酸响应基因的表达。这一信号通路可使古树在逆境中调节生理过程，增强抗逆性。这些结果表明，激素平衡在古树的长期生长、环境适应及延缓衰老中起着重要作用。

10.3.4　光合作用和呼吸作用的协调

古树通过控制代谢水平、碳同化与分配策略、酶活性调节以及整体生理响应，调控光合作用（碳固定）和呼吸作用（能量释放）之间的平衡关系，从而维持碳平衡，适应环境变化。随着树龄的增长，古树叶片的光合速率通常呈逐渐下降趋势（Bond，2000），反映了古树从快速生长转向稳定维持的策略转变，这种转变有利于树木在有限资源条件下维持长期的生理稳定。古树叶片通常具有较高的叶比重和更低的 N 含量，这与光合速率下降相对应，也增强了叶片的耐受性（Niinemets et al.，2002）。

在资源匮乏（如干旱、养分不足）或极端环境条件（如高温、低温）下，古树通过降低呼吸速率以减少能量消耗，调整光合作用以提高能量利用效率，改变碳分配模式，优先分配给关键器官。"碳贮存优先假说"认为古树通过特殊的碳分配策略，在不利条件下优先进行碳储备，以应对环境胁迫。此外，较低的光合速率能减少 ROS 的产生，这可能是古树应对长期氧化应激的一种保护机制。因此，光合作用和呼吸作用的平衡是古树长期生长的能量基础，被认为是解释古树持续生长的潜在机制之一（Issartel & Coiffard，2011）。

10.3.5　抗逆物质的积累

古树抗逆物质的积累是指在其长期生长过程中，通过代谢和生理调节机制合成一系列具有保护和适应功能的化合物。古树合成和贮存多种抗逆物质，包括酚类、类黄酮、萜类、生物碱、糖类和非蛋白氨基酸等，这些物质有助于其抵御极端温度、干旱、盐碱、病虫侵害等环境胁迫。如在长寿树种绿棕蒡叶茜（*Calycophyllum spruceanum*）的提取物中，发现了包括栀子苷在内的 5 种次生代谢物。这些物质增强了其对秀丽隐杆线虫（*Caenorhabditis elegans*）的抵御能力，同时减少了衰老相关物质的合成（Peixoto et al.，2018）。树脂道在松柏类植物，以及漆树科、五加科、梧桐科、伞形科等被子植物中较为常见。树脂的主要成分包括萜烯类和多酚类等物质，当植物的表面受到损伤时，流出的树脂能防止微生物的入侵，具有抗菌作用，同时能封闭伤口，减少水分的蒸发（Hood et al.，2020）。因此，抗逆物质的大量积累是长寿树种应对生物和非生物胁迫的重要机制之一。

10.4　古树持续生长的遗传学基础

古树持续生长的遗传学基础是调控其长期生长和适应的遗传因素及其相应分子机制的综合作用。遗传和变异是生物进化和物种形成的基础，树木通过遗传保持物种相对稳定，同时通过变异适应不同环境。基因组（genome）是指一个生物体内所有遗传物质的总和，主要包括 DNA 中携带的全部遗传信息。基因组包含了所有染色体上的遗传信息，是树种特性和表型形成的关键因素，如寿命、树高和胸径等关键性状。如松柏类树种通常具有较长的寿命，而杨柳类树种的寿命相对较短。近年来，从长寿树种的基因组稳定性、DNA 修复机制以及遗传多样性等方面，阐释了古树在长期进化中形成的维持长期生长和适应能力的遗传机制。

10.4.1　稳定的基因组

稳定的基因组是古树持续生长和适应性的重要基础，主要体现在基因组水平的完整性、染色体结构的保守性以及遗传信息的准确传递等方面。植物基因组包括细胞核中的编码 DNA 和非编码 DNA，以及线粒体 DNA 和叶绿体 DNA 等。细胞核 DNA 与组蛋白相互作用，形成核小体，并通过复杂的生物化学过程组装成染色体。在树木的生命周期中，DNA 经历了多次的复制过程。然而，复制过程中可能发生 DNA 断裂、损伤或其他复制错误。这些错误可能导致异常的转录和翻译过程，产生无功能或功能异常的蛋白质。当这些异常蛋白质超过临界值时，会引发生理功能障碍，加速树木的衰老甚至死亡。减少有害突变的积累，以维持基因组的完整性和遗传信息的准确传递，是古树持续生长的重要机制之一。

①长寿树种的染色体结构较为稳定，染色体末端的端粒区域具有保护染色体稳定性的作用。端粒通过调控染色体末端的稳定性，抑制染色体缩短来维持细胞分裂能力，延缓古树衰老进程。此外，长寿树种的基因组较少发生大规模的重排和变异，以维持基因组的相对稳定性。

②长寿树种通常具备高效的 DNA 修复机制，包括错配修复、核苷酸切除修复和双链断裂修复等，能够快速识别和修复 DNA。这些机制能够迅速修复由紫外线、化学物质或

ROS 等因素引起的 DNA 损伤，从而维持基因组的稳定性。通过对 61 种不同寿命植物的 DNA 修复基因拷贝数变异的比较分析，发现在 121 个 DNA 修复基因家族中，聚腺苷二磷酸核糖聚合酶基因(*PARP*)家族在长寿树木中显著扩张。*PARP1* 在长寿植物和动物物种中起到保护作用，其通过修复 DNA 损伤增强细胞的抗逆能力，延缓衰老过程(图 10-9)。

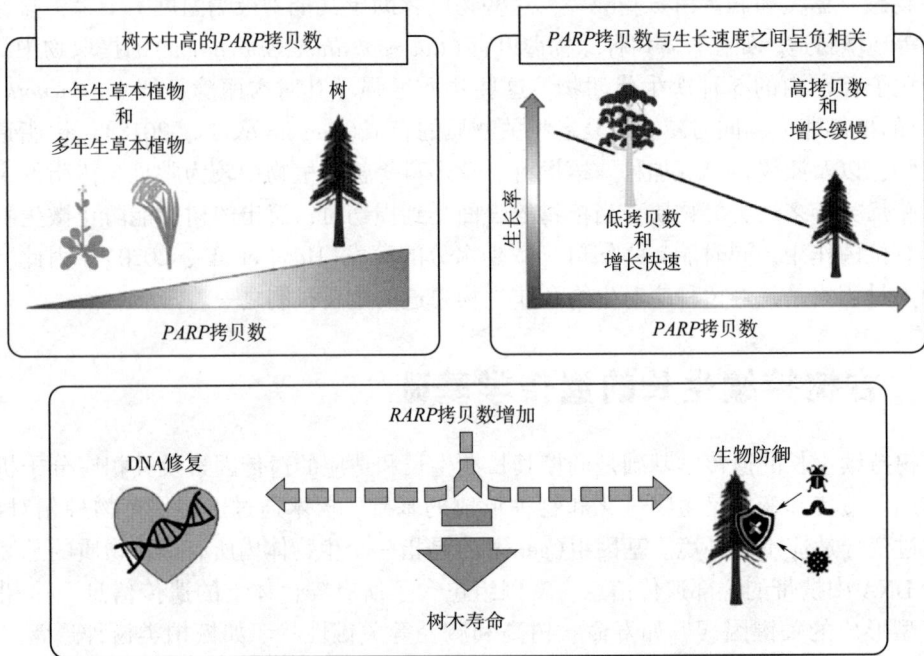

图 10-9　*PARP* 基因家族拷贝数与植物生长及长寿之间的关系(Blue et al.，2021)

③长寿树种通常具有高效的抗氧化防御系统(如 SOD、CAT、APX 等)，能够清除代谢活动和环境胁迫产生的 ROS，减少 DNA 氧化损伤的累积。这一机制能降低氧化损伤引起的突变率和基因组不稳定性，从而保护细胞遗传信息的完整性。

④长寿树种通常具有较低的体细胞突变率。一方面，体细胞突变可以为长寿古树适应不断变化的环境条件提供丰富的遗传变异；另一方面，体细胞突变由多种因素引发，包括环境胁迫、细胞分裂过程的错误或 DNA 修复机制的失效，可能对树木的生存与长期适应能力产生不利影响。长寿树种如巨云杉(*Picea sitchensis*)的体细胞碱基替换率较低，为 $2.7×10^8$，其年均突变率仅为水稻的 1%，低突变率可能与其高效的 DNA 修复机制和较低的环境诱导突变率有关(Hanlon et al.，2019)。并且较低的突变率还能保持细胞分裂时遗传物质的完整性，为古树在长期生长过程中维持细胞功能稳定提供保障。

⑤长寿物种基因组多倍化和高度的基因组冗余，有助于维持基因组的稳定性和功能完整性。一些长寿树种经历了全基因组或部分基因组的多倍化事件，额外的基因拷贝可以作为遗传缓冲，减轻有害突变的影响。多个基因拷贝可能演化出新的或专门的功能，增加树木的适应潜力。如银杏的基因组经过两次加倍事件，演化出大量基因，其中一些基因可能具有新的功能，增强了其适应性和表型可塑性。基因组冗余指的是基因或基因家族的多次重复，一些长寿树种具有复杂的基因组结构，其中包含大量的冗余基因。如挪威云杉的基因组大且重复序列多(19.6Gb，70%以上是重复的)，这些冗余基因可提供较多的表达调控

选择，有助于精细调节对环境变化的响应。虽然基因组多倍化和高度的基因组冗余在多个长寿树种中存在，但并非所有长寿树种都具有这些特征。

10.4.2　丰富的抗逆和生长相关的基因

古树抗逆性和生长相关基因的数量、多样性和功能复杂性，是其适应极端环境、延缓衰老、保持持续生长的重要基础。在一些长寿的树种中，与抗逆性相关的基因家族(如抗氧化、胁迫响应、修复和保护基因)在进化过程中表现出显著扩张。这些基因的扩张增强了树木的适应能力和抗逆性，例如，油松基因组中有 3623 个与生物和非生物应激反应相关的基因显著扩张(Niu et al.，2022)。在栎属的长寿树种中，夏栎基因组内与生物应激响应有关的核苷酸结合—亮氨酸富集重复(*NB-LRR*)和受体激酶基因(*RLK*)家族大规模扩张(图 10-10)。孟加拉榕(*Ficus benghalensis*)和菩提树，有 90% 多重适应性进化迹象的基因与生物和非生物胁迫耐受性有关(Chakraborty et al.，2022)。

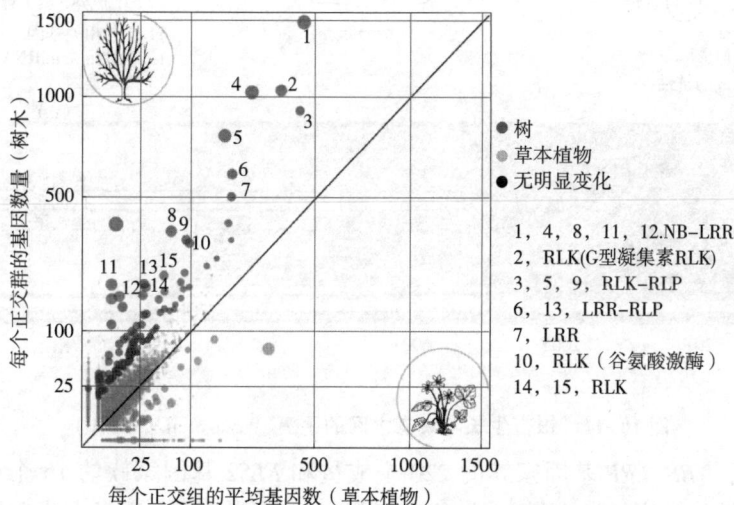

图 10-10　树木和草本植物中的正交群扩展散点图(Plomion et al.，2018)

植物生长基因通过调控细胞增殖、分化和组织扩展，影响植物的生长发育模式，并增强其对环境的适应能力。植物生长过程中涉及多种关键的调控基因包括顶端分生组织的维持基因(如 *WUS* 和 *CLV*)、形成层活性调控基因(如 *ANT* 和 *AIL*)、细胞周期的调控基因(如 *CDKs*)、激素信号通路基因(如 *ARF* 和 *IPT*)、木质部发育调控基因(如 *VND*)、碳固定与分配基因(如糖转运体基因)以及 miRNA 调控网络基因(如 *miR156* 和 *miR172*)等。在百岁兰(*Welwitschia mirabilis*)基因组中，与细胞生长、分化和代谢相关的基因家族和转录因子显著扩张，如 *R2R3-MYB* 和 *SAUR*。这些基因的表达与叶片的伸长和高纤维含量相关，有助于增强叶片的机械强度，抵御食草动物的啃食和风沙的侵蚀。此外，分生组织相关基因 *KNOX1* 在百岁兰叶片基部高度表达，使其叶片由有限生长模式转变为无限生长模式，并调控叶基部分生组织的持续分裂(Wan et al.，2021)。

高表达的抗逆基因调控古树抵御内外部环境的胁迫，延缓细胞老化。与长寿相关的基因参与调节生长速率、应对氧化应激和修复 DNA 损伤等生命过程。如抗逆相关的基因在 3000 年树龄侧柏的生长过程中发挥了重要作用(Chang et al.，2017)。不同树龄银杏古树

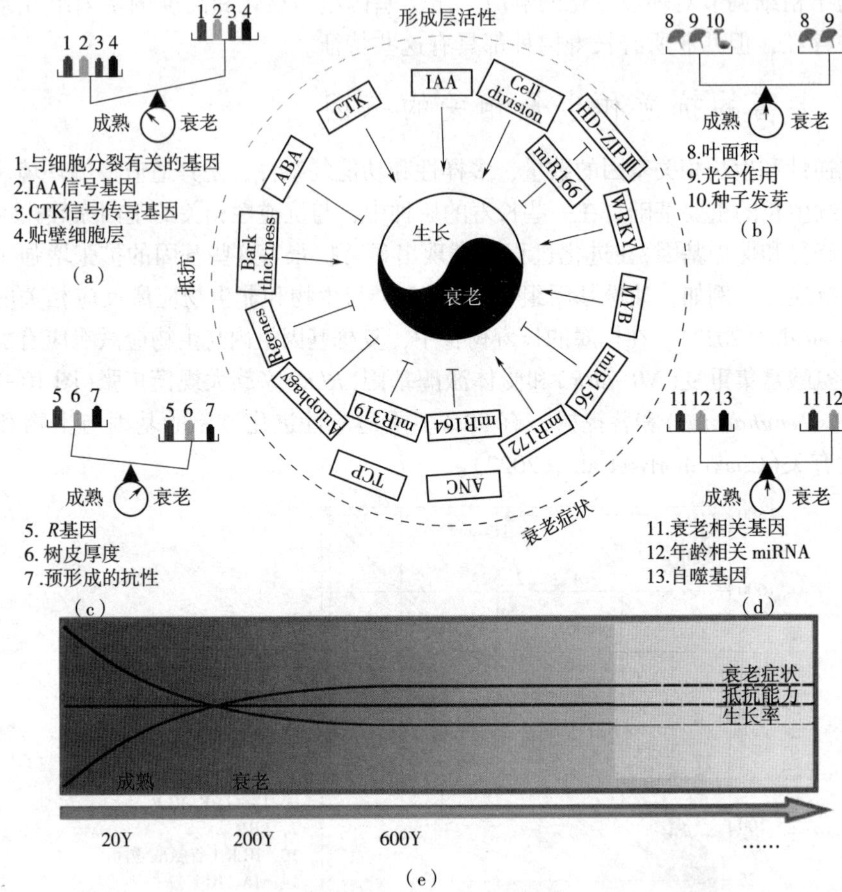

图 10-11　银杏生长与衰老之间的平衡(Wang et al., 2020)

形成层细胞中，*NBS-LRR* 基因家族的 220 个成员和 *FLS2* 基因家族的 15 个成员的表达差异不显著。随着树龄增长，心材/边材比例增加，但古树中单木质素合成基因及黄酮途径基因表达未显著降低，从而维持了古树的环境适应性和抗性(图 10-11)(Wang et al., 2020)。

10.4.3　表观遗传调控

表观遗传调控是在不改变 DNA 序列的前提下，通过 DNA 甲基化、组蛋白修饰、染色质重塑和非编码 RNA 调控等途径来调控基因表达。表观遗传调控基因表达和基因组稳定性，在古树应对环境胁迫的过程中起重要作用。在百岁兰基因组中，检测到较高的甲基化水平，其中 CHH 位点的甲基化修饰特征尤为显著。这种甲基化模式通过抑制转座子元件(TEs)的活性，可以减少转座活性对基因组完整性的潜在破坏，降低了由转座子激活引起的突变积累。针叶树进化出一套严密的表观遗传调控系统，有效抑制转座元件的活性，减少基因组突变的风险，如 DNA 甲基化在油松基因组稳定性方面起重要作用(Niu et al., 2021)。

长寿植物的表观遗传调控有利于基因组演化趋向高效的资源利用。例如，在百岁兰中，基因组甲基化模式的改变使基因组朝着"小且低能耗"的方向演化(Wan et al., 2021)。

这种表观遗传调控机制在极端环境中使古树较大限度地减少能量消耗，有利于其维持生长。

表观遗传调控通过影响与生长、抗逆性和代谢相关基因的表达水平，使古树能够灵活应对环境变化。基因组甲基化模式的动态调控使古树在遭遇环境胁迫（如干旱、高温或病害）时，通过激活相关防御基因和 DNA 修复基因，调节 DNA 甲基化修饰状态，促进损伤修复和胁迫抵御。

10.4.4　遗传变异

同一物种内个体之间基因组的差异表现在 DNA 序列、基因表达水平、染色体结构等多个层面。这些差异通过与环境因素的相互作用，导致表型特征的变化，影响古树的生理、形态和生态特性。遗传变异涉及基因突变、基因重组、基因表达调控、染色体结构变异和基因组倍性变化等多种机制，个体间的遗传差异为物种的进化和适应提供了重要的基础。在高海拔环境中，一些长寿树种基因组中与抗寒、抗旱相关的基因通过突变和基因家族扩张提高了环境适应能力。在新生代的演化过程中，松科狐尾松亚组（Subsection Balfourianae）和柏科圆柏属（Sabina）树种，通过遗传变异适应了寒冷与干旱的大陆性气候，形成了生长季短，树冠开阔等特征（图 10-12），表明遗传变异在长寿树种的长期适应和持续生长中起重要作用。

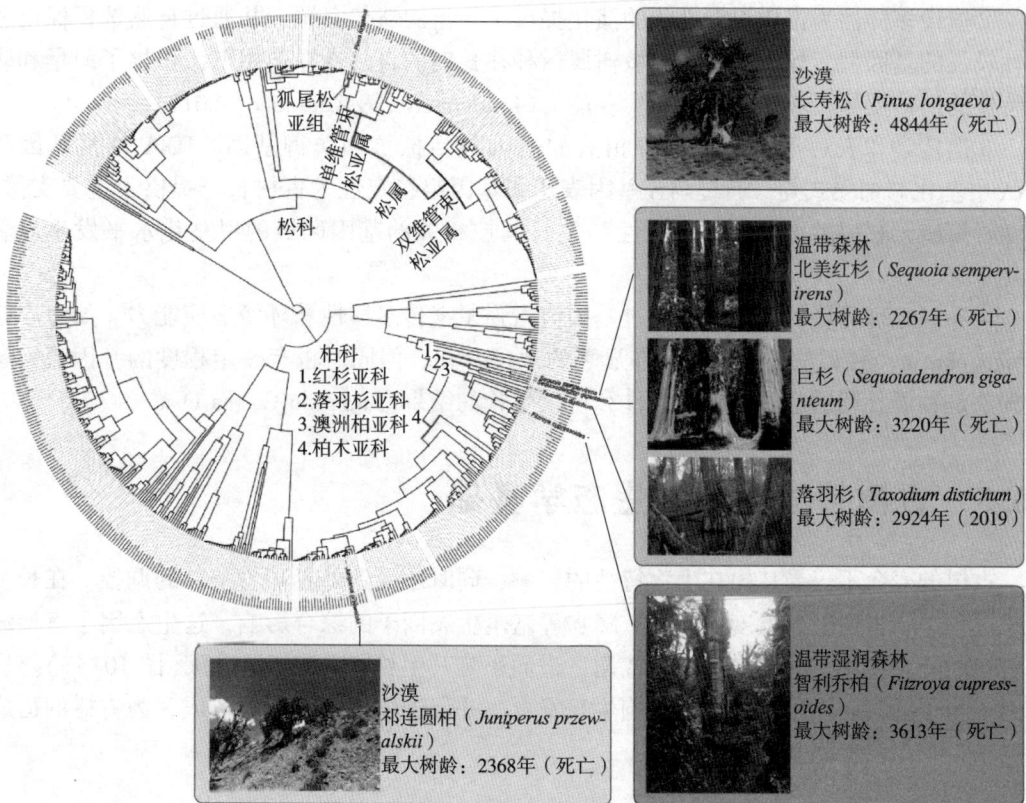

图 10-12　6 种 2000 年以上针叶树种的系统发育树（Piovesan & Biondi，2021）

古树通过自然选择和遗传漂变积累遗传变异，以适应环境变化。有利的遗传变异能使古树产生新的适应性特征，如增强抗逆性和生长发育能力等。自白垩纪晚期以来，一些松树种群因新兴被子植物的竞争和自然灾害的影响，迁移至亚高山和沙漠等边缘生境（Keeley，2012）。这些松树在干旱的环境中经过长期的遗传变异，演化出较强的抗旱性和缓慢的生长策略。柏科的一些早期分化树种，如北美红杉、巨杉和落羽杉（*Taxodium distichum*），依靠其庞大的树体超越了其他竞争者，在温带湿润环境中生存并持续生长。这种适应性策略也是长期遗传变异和自然选择的结果。

10.4.5　遗传多样性

遗传多样性是指生物个体、种群或群落中基因、基因型和种群间遗传结构的多样性。包括基因的多样性（不同等位基因的存在）、基因型的多样性（不同基因组合的存在）以及遗传结构的多样性（种群间的遗传差异），通过增强环境适应性、提高抗逆性、促进长寿性状进化以及维持生态系统稳定，为古树的持续生长提供了遗传基础。主要表现在以下几个方面：

①遗传多样性使古树能够在长期的进化过程中适应不同的环境变化，保持其生存能力。红杉种群表现出高度的遗传多样性，使北美红杉能够适应不同的微环境（如干旱和潮湿等）（Douhovnikoff & Dodd，2011）。

②遗传多样性为古树长寿性状的演化提供了丰富的遗传资源，并通过自然选择保留适应性较强的基因型。如澳大利亚的桉树属树种在长期的自然选择作用下，积累了耐旱和防火特性的遗传变异，增强了种群的生存能力（Lindenmayer & Laurance，2017）。

③遗传学和表观遗传学中长寿相关的基因包括抵抗和防御基因、DNA修复基因和DNA甲基化修饰模式等，通过调控基因表达和基因组稳定性为古树长寿提供了重要支撑。如随着挪威云杉树龄增长，其抗逆性和生长调控相关的基因区域的甲基化水平发生显著变化。

④不同地理环境的古树种群通过基因流增强了遗传多样性和环境适应能力。如海岸松（*Pinus pinaster*）种群的遗传结构存在显著的地理分化，但同时也有一定程度的基因流，这种现象是种群长期适应不同环境条件和持续生长的结果（Jaramillo-Correa et al.，2015）。

10.5　古树持续生长的生态学基础

古树的寿命不仅受其内在生物特性的影响，同时还受到外界环境条件的调控。在长期生长过程中，古树受到温度、光照、降水等基本生态因子的综合影响，这生态因子直接调节古树的光合作用、蒸腾作用及碳代谢，进而影响其生长速率和资源分配（图10-13）。生态因子与干扰共同作用于古树，影响生长发育，并促进遗传多样性的形成，为古树的适应与持续生长提供生态基础。

10.5.1　环境适应性强

古树通过多种生理适应机制在不同环境胁迫下表现出强大的适应能力。古树在生长过

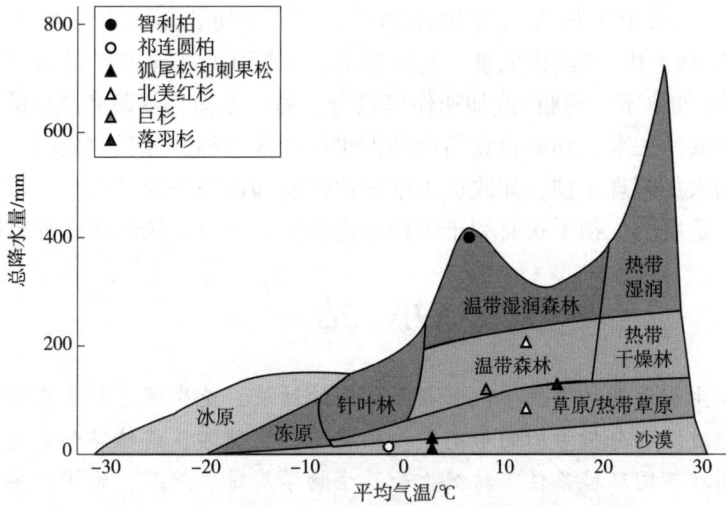

图 10-13　树龄大于 2000 年的古树分布与年均气温和
年总降水量的关系（Piovesan & Biondi，2021）

程中，通过调整自身结构（如根系深度、叶面积等）来适应环境，使其应对气候变化、土壤
侵蚀、病虫害等多种环境胁迫。在洪泛平原地区，许多古树表现出较强的耐贫瘠性和耐水
涝能力，使其能够在营养缺乏和频繁洪水干扰的环境中持续生长（Brienen et al.，2016；
Liu et al.，2024）。长期生长在干旱胁迫地区的古树通常会采取适应性的碳分配策略，如
增加碳水化合物的积累、减少用于生长的碳分配、降低生长速率、积累更多的非结构性碳
水化合物等。这种碳分配策略有利于古树在应对干旱及其他极端环境事件时，维持生理稳
定性和应激能力（Granda & Camarero，2017；Piper et al.，2017）。

在年降水量较低的地区，古树通常具有致密的树干，这种结构特征能减少水分蒸发，
并降低病虫害的发生率。在气温较低的地区，古树中较高的树脂含量抑制了真菌的入侵，
从而减少腐烂现象的发生（Liu et al.，2019）。在高海拔、寒冷环境中，一些古树通过增加
细胞内的抗冻蛋白和糖分浓度等生理适应，防止细胞因冻结而导致损伤。近年来，青藏高
原冬季温度的持续上升显著缓解了低温对古树生长的限制，减少了极寒天气对细胞结构的
损害，同时延长了生长季，促进了古树的持续生长（Mu et al.，2021）。

10.5.2　稳定的生存环境

湿润的气候条件能够为古树的生存提供相对稳定的环境，减少干旱、暴风雪等极端气
候事件的干扰。如适宜的气温有利于川西云杉（*Picea balfouriana*）进行光合作用并促进其持
续生长（朱海峰 等，2004）。肥沃的土壤和合理的林分结构为古树提供了充足的营养和良
好的生长条件。在竞争压力较小的林分结构中，古树能获取更多的光照、水分和养分，增
强其生理功能和抗逆性。偏远山区由于人为活动（如伐木、农业开发和污染）较少，对古树
的破坏性影响也相对较小（Difilippo et al.，2012；Reotheli et al.，2012），从而实现持续
生长。

10.5.3　适度的生物干扰

远离人类活动干扰、相对隔离的地理环境为古树提供了相对稳定的生境。古树常生长在

海拔较高的地区，减少了病虫害等生态因子的干扰(Difilippoetal.，2012；Reothelietal.，2012)。适度的生物干扰(如昆虫取食、真菌感染)一方面可诱导古树增强防御机制，如分泌抗病虫害物质(如单宁、树脂)或加速伤口愈合；另一方面，真菌和昆虫的适度干扰能强化古树与生物的共生关系，如菌根真菌帮助古树提高水分和养分吸收效率，从而增强其生存能力。适度的人为管理干预，如改良土壤理化性质和调整林分结构，可以减少古树的环境胁迫。因此，适度的生物干扰有利于维持稳定的生长环境，从而促进古树持续生长。

小　结

古树的持续生长是多种生物学机制相互作用的结果，是生理学和生态学等多学科研究的重要课题。通过综合分析古树的形态学、细胞学、生理学、遗传学和生态学特征，可以更好地理解古树在不同环境条件下持续生长的生物学基础。然而，古树的持续生长机制可能因树种和生长环境的不同而存在差异。因此，开展长期的古树生理生态研究，揭示古树对环境变化的响应模式，是深入理解古树持续生长规律和生态适应机制的基础。

思考题

1. 简述古树持续生长的形态学基础。
2. 简述古树持续生长的细胞学基础。
3. 简述古树持续生长的生理学基础。
4. 简述古树持续生长的遗传学基础。
5. 简述古树持续生长的生态学基础。

推荐阅读书目

植物生理生态学(第2版).蒋高明.高等教育出版社，2022.

树木年轮与气候变化.吴定祥.气象出版社，1990.

木本植物生理学(第3版).斯蒂芬·帕拉帝.科学出版社，2011.

植物生物化学与分子生物学(第2版).B.B.布坎南，W.格鲁伊森姆，R.L.琼斯.科学出版社，2015.

次生木质部发育.尹思慈，赵成功，龚士淦.科学出版社，2013.

遗传学：从基因到基因组(第6版).L.H.哈特韦尔.科学出版社，2020.

参考文献

蔡施泽，乐笑玮，谢长坤，等，2017. 3种上海市常见古树粗根系分布特征及保护对策[J]. 上海交通大学学报(农业科学版)，35(4)：7-14.

曾小平，彭少麟，赵平，2000. 广东南亚热带马占相思林呼吸量的测定[J]. 植物生态学报，24(4)：420-424.

常二梅，2012. 侧柏古树抗衰老分子机理研究[D]. 北京：中国林业科学研究院.

常二梅，史胜青，刘建锋，等，2011. 古侧柏针叶活性氧产生及其清除机制[J]. 东北林业大学学报，39(11)：8-11.

程程，2018. 国槐古树光合特性和生理特性的研究[D]. 杨凌：西北农林科技大学.

董冬，许小天，周志翔，等，2019. 安徽九华山风景区古树群落主要种群生态位的动态变化[J]. 生态学杂志，38(5)：1292-1304.

董锦熠，胡军和，金晨钟，等，2021. 我国古树资源的生存现状评估及威胁因素分析[J]. 应用生态学报，32(10)：3707-3714.

董娟娥，张康健，梁宗锁，2009. 植物次生代谢与调控[M]. 杨凌：西北农林科技大学出版社.

郭米山，丁国栋，高广磊，等，2019. 非生物逆境中外生菌根对宿主植物抗逆性的增强作用[J]. 世界林业研究，32(5)：15-21.

李程，罗鹏，邓秀秀，等，2015. 古树名木生长状况与环境因子关系研究——以浙江省古樟树为例[J]. 中南林业科技大学学报，35(11)：86-93.

李东林，严景华，曹恒生，等，1998. 黄山松不同龄阶针叶衰老指标的比较研究[J]. 林业科学研究，11(2)：218-221.

李方民，王勋陵，岳明，等，2003. 人为扰动对黄帝陵侧柏生理生态学特性的影响[J]. 西北植物学报，23(2)：239-241.

李合生，2012. 现代植物生理学[M]. 3版. 北京：高等教育出版社.

林大仪，谢英荷，2011. 土壤学[M]. 北京：中国林业出版社.

刘梦颖，2018. 黄帝陵古侧柏细根特性研究[D]. 杨凌：西北农林科技大学.

倪妍妍，常二梅，刘建锋，等，2017. 不同树龄侧柏接穗光合生理的比较研究[J]. 西北林学院学报，32(1)：19-24.

聂立水，王登芝，王保国，2005. 北京戒台寺古油松生长衰退与土壤条件关系初步研究[J]. 北京林业大学学报，27(5)：32-36.

唐丽，李菁，龙华，等，2015. 不同生长龄铁皮石斛茎与叶中总多糖、总生物碱及总黄酮含量的差异[J]. 广东农业科学，42(8)：17-21.

田文斌，周刘丽，周伟平，等，2016. 浙江普陀山古树群落木本植物种间关系[J]. 福建林业科技，43(2)：36-40，48.

工丽云，刘小金，徐大平，等，2019. 林木营养生长和生殖生长调控技术研究进展[J]. 世界林业研究，32(6)：6-12.

吴楚，王政权，范志强，2004. 树木根系衰老研究的意义与现状[J]. 应用生态学报，15(7)：1276-1280.

吴泽民，何小弟，2012. 园林树木栽培学[M]. 2版. 北京：中国农业出版社.

武维华，2008. 植物生理学[M]. 2 版. 北京：科学出版社.

谢春平，沈顺霆，刘大伟，等，2022. 福建连城南方红豆杉古树种群结构及动态特征[J]. 四川农业大学学报，40(3)：379-386.

许大全，2013. 光合作用学[M]. 北京：科学出版社.

杨贤松，2014. 银杏叶片生长和衰老过程中叶绿体超微结构的变化[J]. 电子显微学报，33(4)：363-367.

臧润国，刘华，张新平，等，2009. 天山中部天然林分中不同龄级天山云杉光合特性[J]. 林业科学，45(5)：60-68.

张艳洁，丛日晨，赵琦，等，2010. 适用于表征古树衰老的生理指标[J]. 林业科学，46(3)：134-138.

周凯凯，张胜，赵忠，2018. 不同树龄银杏叶片差异蛋白组学研究[J]. 西北林学院学报，33(1)：105-112.

ACOSTA M, POKORNÝ R, JANOUŠ D, et al., 2010. Stem respiration of Norway spruce trees under elevated CO_2 concentration[J]. Biologia Plantarum, 54(4): 773-776.

BACHOFEN C, TUMBER-DAVILA S J, MACKAY D S, et al., 2024. Tree water uptake patterns across the globe [J]. New Phytologist, 242(5): 1891-1910.

BOND B J, 2000. Age-related changes in photosynthesis of woody plants[J]. Trends in Plant Science, 5(8): 349-353.

BOSC A, DE GRANDCOURT A, LOUSTAU D, 2003. Variability of stem and branch maintenance respiration in a *Pinus pinaster* tree[J]. Tree Physiology, 23(4): 227-236.

BUCHANAN-WOLLASTON V, 1997. The molecular biology of leaf senescence[J]. Journal of Experimental Botany, 48(2): 181-199.

CHAKRABORTY A, MAHAJAN S, BISHT M S, et al., 2022. Genome sequencing and comparative analysis of *Ficus benghalensis* and *Ficus religiosa* species reveal evolutionary mechanisms of longevity[J]. Iscience, 25(10): 105100.

CHANG E, GUO W, XIE Y, et al., 2023. Changes of lignified-callus and wound-induced adventitious rooting in ancient *Platycladus orientalis* cuttings as affected by tree age[J]. Industrial Crops and Products, 203: 117183.

CHANG, E, ZHANG J, YAO X, et al., 2019. *De novo* characterization of the *Platycladus orientalis* transcriptome and analysis of photosynthesis-related genes during aging[J]. Forests, 10(5): 393.

COOMES D A, ALLEN R B, 2007. Effects of size, competition and altitude on tree growth[J]. Journal of Ecology, 95(5): 1084-1097.

DAY M, GREENWOOD M, DIAZ-SALA C, 2002. Age-and size-related trends in woody plant shoot development: regulatory pathways and evidence for genetic control[J]. Tree Physiology, 22(8): 507-513.

DAY M E, GREENWOOD M S, WHITE A S, 2001. Age-related changes in foliar morphology and physiology in red spruce and their influence on declining photosynthetic rates and productivity with tree age[J]. Tree Physiology, 21(16): 1195-1204.

ENGLAND J R, ATTIWILL P M, 2006. Changes in leaf morphology and anatomy with tree age and height in the broadleaved evergreen species, *Eucalyptus regnans* F. Muell[J]. Trees, 20(1): 79-90.

EPSTEIN E, BLOOM A J, 2005. Mineral nutrition of plants: principles and perspectives[M]. 2nd ed. Sunderland: Sinauer Associates, Inc.

FLANARY B E, KLETETSCHKA G, 2006. Analysis of telomere length and telomerase activity in tree species of various lifespans, and with age in the bristlecone pine *Pinus longaeva*[J]. Rejuvenation Research, 9(1): 61-63.

FLEXAS J, ORTUÑO M, RIBAS-CARBO M, et al., 2007. Mesophyll conductance to CO_2 in *Arabidopsis thaliana* [J]. New Phytologist, 175(3): 501-511.

FUNADA R, YAMAGISHI Y, BEGUM S, et al., 2016. Xylogenesis in trees: from cambial cell division to cell death: In secondary xylem biology[M]. Boston: Acdemic Press: 25-43.

GUO Y, 2013. Towards systems biological understanding of leaf senescence[J]. Plant Molecular Biology, 82(6): 519-

528.

GUO Y, REN G, ZHANG K, et al. , 2021. Leaf senescence: progression, regulation, and application[J]. Molecular Horticulture, 1: 5.

HANLON V C, OTTO S P, AITKEN S N, 2019. Somatic mutations substantially increase the per-generation mutation rate in the conifer *Picea sitchensis*[J]. Evolution Letters, 3(4): 348-358.

KANE J M, KOLB T E, 2010. Importance of resin ducts in reducing ponderosa pine mortality from bark beetle attack [J]. Oecologia, 164(3): 601-609.

KOCH GEORGE W, SILLETT S C, JENNINGS G M, et al. , 2004. The limits to tree height[J]. Nature, 428(6985): 851-854.

LARJAVAARA M, 2014. The world's tallest trees grow in thermally similar climates[J]. New Phytologist, 202(2): 344-349.

LI W, JIANG Y, LIN Z, WANG J, et al. , 2024. Warming-driven increased synchrony of tree growth across the southernmost part of the Asian boreal forests[J]. Science of The Total Environment, 938: 173389.

LI W, ZHU L, ZHU L, et al. 2024. Old *Pinus massoniana* forests benefit more from recent rapid warming in humid subtropical areas of central-southern China[J]. Journal of Forestry Research, 35(88): 1-16.

LINDENMAYER D B, LAURANCE W F, 2017. The ecology, distribution, conservation and management of large old trees[J]. Biological Reviews, 92(3): 1434-1458.

LINDENMAYER D B, LAURANCE W F, FRANKLIN J F, 2012. Global decline in large old trees[J]. Science, 338 (6112): 1305-1306.

LIU B, YAO J, XU Y, 2024. Latitudinal variation and driving factors of above-ground carbon proportion of large trees in old-growth forests across China[J]. Science of The Total Environment, 917: 170586.

LIU J, LINDENMAYER D B, YANG W, et al. , 2019. Diversity and density patterns of large old trees in China [J]. Science of The Total Environment, 655: 255-262.

LIU J, XIA S, ZENG D, et al. , 2022. Age and spatial distribution of the world's oldest trees[J]. Conservation Biology, 36(4): e13907.

LIU J, YANG B, LINDENMAYER D B, 2019. The oldest trees in China and where to find them[J]. Frontiers in Ecology and the Environment, 17(6): 319-322.

LIU S, HUANG J, ZHANG C, et al. , 2022. Probing the growth and mechanical properties of *Bacillus subtilis* biofilms through genetic mutation strategies[J]. Synthetic and Systems Biotechnology, 7(3): 965-971.

LIU X, WANG X, YUAN W, et al. , 2024. Tree rings recording historical atmospheric mercury: a review of progresses and challenges [J]. Critical Reviews in Environmental Science and Technology, 54(6): 445-462.

LOUIS J, GENET H, MEYER S, et al. , 2012. Tree age-related effects on sun acclimated leaves in a chronosequence of beech(*Fagus sylvatica*)stands[J]. Functional Plant Biology, 39(4): 323-331.

MARTÍNEZ-VILALTA J, VANDERKLEIN D, MENCUCCINI M, 2007. Tree height and age-related decline in growth in Scots pine(*Pinus sylvestris* L.)[J]. Oecologia, 150(4): 529-544.

MUNNÉ-BOSCH S, 2007. Aging in perennials[J]. Critical Reviews in Plant Sciences, 26(3): 123-138.

MUNNÉ-BOSCH S, 2008. Do perennials really senescence?[J]. Trends in Plant Science, 13(5): 216-220.

MUNNÉ-BOSCH S, 2018. Limits to tree growth and longevity[J]. Trends in Plant Science, 23(11): 985-993.

NIU S, LI J, BO W, et al. , 2022. The Chinese pine genome and methylome unveil key features of conifer evolution [J]. Cell, 185(1): 204-217.

PEDERSON N, 2010. External characteristics of old trees in the eastern deciduous forest[J]. Natural Areas Journal, 30 (4): 396-407.

PEIXOTO H, ROXO M, KOOLEN H, et al. , 2018. *Calycophyllum spruceanum*(Benth.), the amazonian "tree of youth" prolongs longevity and enhances stress resistance in *Caenorhabditis elegans*[J]. Molecules, 23(3): 534.

PIOVESAN G, BIONDI F, 2021. On tree longevity[J]. New Phytologist, 231(4): 1318−1337.

PLOMION C, AURY J M, AMSELEM J, et al., 2018. Oak genome reveals facets of long lifespan[J]. Nature Plants, 4 (7): 440−452.

ROSKILLY B, KEELING E, HOOD S, et al., 2019. Conflicting functional effects of xylem pit structure relate to the growth-longevity trade-off in a conifer species[J]. Proceedings of the National Academy of Sciences of the U. S. A, 116(30): 15282−15287.

RUST S, ROLOFF A, 2002. Reduced photosynthesis in old oak (*Quercus robur*): the impact of crown and hydraulic architecture[J]. Tree Physiology, 22(8): 597−601.

RYAN M G, PHILLIPS N, BOND B J, 2006. The hydraulic limitation hypothesis revisited [J]. Plant, Cell and Environment, 29(3): 367−381.

RYAN MICHAEL G, YODER B J, 1997. Hydraulic limits to tree height and tree growth [J]. BioScience, 47(4): 235−242.

SÁNCHEZ-SALGUERO R, CAMARERO J J, ROZAS V, et al., 2018. Resist, recover or both? Growth plasticity in response to drought is geographically structured and linked to intraspecific variability in *Pinus pinaster*[J]. Journal of Biogeography, 45(5): 1126−1139.

SANO Y, 2016. Bordered Pit Structure and Cavitation Resistance in Woody Plants[M]. Boston: Academic Press: 113−130.

SONG H, LIU D, CHEN X, et al., 2010. Change of season-specific telomere lengths in *Ginkgo biloba* L. [J]. Molecular Biology Reports, 37(2): 819−824.

TARELKINA T V, SERKOVA AA, GALIBINA N A, et al. 2024. Estimation of phloem conductance at tree level in young, middle-aged and old-aged scots pine trees growing in different climatic conditions in boreal forests[J]. Tree Physiology, 44(8): 81.

UMEDA M, IKEUCHI M, ISHIKAWA M, et al., 2021. Plant stem cell research is uncovering the secrets of longevity and persistent growth[J]. The Plant Journal, 106(2): 326−335.

WANG L, CUI J, JIN B, et al., 2020. Multifeature analyses of vascular cambial cells reveal longevity mechanisms in old *Ginkgo biloba* trees[J]. Proceedings of the National Academy of Sciences, 117(4): 2201−2210.

WANG Q, JIANG Y, MAO X, et al., 2022. Integration of morphological, physiological, cytological, metabolome and transcriptome analyses reveal age inhibited accumulation of flavonoid biosynthesis in *Ginkgo biloba* leaves [J]. Industrial Crops and Products, 187: 115405.

ZHOU Q, JIANG Z, ZHANG X, et al., 2019. Leaf anatomy and ultrastructure in senescing ancient tree, *Platycladus orientalis* L. (Cupressaceae)[J]. Peer J(7): e6766.